全国科学技术名词审定委员会

公　布

科学技术名词·工程技术卷（全藏版）

24

# 机 械 工 程 名 词

CHINESE TERMS IN MECHANICAL ENGINEERING

（一）

机械工程基础　机械零件与传动

机械工程名词审定委员会

国家自然科学基金资助项目

科学出版社

北 京

# 内 容 简 介

本书是全国科学技术名词审定委员会审定公布的机械工程名词（机械工程基础、机械零件与传动）。全书分为机构学，振动与冲击，平衡，机械制图、公差与配合，疲劳，可靠性，摩擦学，腐蚀与防护，机械零件，传动等 10 部分，共 3091 条。这批名词是科研、教学、生产、经营以及新闻出版等部门应遵照使用的机械工程规范名词。

**图书在版编目（CIP）数据**

科学技术名词. 工程技术卷：全藏版 / 全国科学技术名词审定委员会审定.
—北京：科学出版社，2016.01
ISBN 978-7-03-046873-4

I. ①科… II. ①全… III. ①科学技术–名词术语 ②工程技术–名词术语
IV. ①N-61 ②TB-61

中国版本图书馆 CIP 数据核字 (2015) 第 307218 号

责任编辑：刘 青 黄昭厚 / 责任校对：陈玉凤
责任印制：张 伟 / 封面设计：铭轩堂

科 学 出 版 社 出版
北京东黄城根北街 16 号
邮政编码：100717
http://www.sciencep.com
北京厚诚则铭印刷科技有限公司印刷
科学出版社发行 各地新华书店经销
*
2016 年 1 月第 一 版 开本：787×1092 1/16
2016 年 1 月第一次印刷 印张：14 1/2
字数：313 000
**定价：7800.00 元（全 44 册）**
（如有印装质量问题，我社负责调换）

# 全国科学技术名词审定委员会
# 第四届委员会委员名单

特邀顾问：吴阶平　　　钱伟长　　　朱光亚　　　许嘉璐

主　　任：卢嘉锡

副 主 任：路甬祥　　　章　综　　　邵立勤　　　张尧学　　　马　阳　　　朱作言

　　　　　于永湛　　　李春武　　　王景川　　　叶柏林　　　傅永和　　　汪继祥

　　　　　潘书祥

委　　员（以下按姓氏笔画为序）：

| | | | | | |
|---|---|---|---|---|---|
| 马大猷 | 王 夔 | 王大珩 | 王之烈 | 王永炎 | 王国政 |
| 王树岐 | 王祖望 | 王窝骧 | 韦 弦 | 方开泰 | 卢鉴章 |
| 叶笃正 | 田在艺 | 冯志伟 | 冯英涛 | 师昌绪 | 朱照宣 |
| 仲增墉 | 华茂昆 | 刘瑞玉 | 祁国荣 | 许 平 | 孙家栋 |
| 孙敬三 | 孙儒泳 | 苏国辉 | 李行健 | 李启斌 | 李星学 |
| 李保国 | 李焯芬 | 李德仁 | 杨 凯 | 吴 奇 | 吴凤鸣 |
| 吴志良 | 吴希曾 | 吴钟灵 | 汪成为 | 沈国舫 | 沈家祥 |
| 宋大祥 | 宋天虎 | 张 伟 | 张 耀 | 张广学 | 张光斗 |
| 张爱民 | 张增顺 | 陆大道 | 陆建勋 | 阿里木·哈沙尼 | |
| 陈太一 | 陈运泰 | 陈家才 | 范少光 | 范维唐 | 林玉乃 |
| 季文美 | 周孝信 | 周明煜 | 周定国 | 赵寿元 | 赵凯华 |
| 姚伟彬 | 贺寿伦 | 顾红雅 | 徐 僖 | 徐正中 | 徐永华 |
| 徐乾清 | 翁心植 | 席泽宗 | 黄玉山 | 黄昭厚 | 康景利 |
| 章 申 | 梁战平 | 葛锡锐 | 董 琨 | 韩布新 | 粟武宾 |
| 程光胜 | 程裕淇 | 鲁绍曾 | 蓝 天 | 雷震洲 | 褚善元 |
| 樊 静 | 薛永兴 | | | | |

# 机械工程名词审定委员会委员名单

# 卢嘉锡序

科技名词伴随科学技术而生,犹如人之诞生其名也随之产生一样。科技名词反映着科学研究的成果,带有时代的信息,铭刻着文化观念,是人类科学知识在语言中的结晶。作为科技交流和知识传播的载体,科技名词在科技发展和社会进步中起着重要作用。

在长期的社会实践中,人们认识到科技名词的统一和规范化是一个国家和民族发展科学技术的重要的基础性工作,是实现科技现代化的一项支撑性的系统工程。没有这样一个系统的规范化的支撑条件,科学技术的协调发展将遇到极大的困难。试想,假如在天文学领域没有关于各类天体的统一命名,那么,人们在浩瀚的宇宙当中,看到的只能是无序的混乱,很难找到科学的规律。如是,天文学就很难发展。其他学科也是这样。

古往今来,名词工作一直受到人们的重视。严济慈先生60多年前说过,"凡百工作,首重定名;每举其名,即知其事"。这句话反映了我国学术界长期以来对名词统一工作的认识和做法。古代的孔子曾说"名不正则言不顺",指出了名实相副的必要性。荀子也曾说"名有固善,径易而不拂,谓之善名",意为名有完善之名,平易好懂而不被人误解之名,可以说是好名。他的"正名篇"即是专门论述名词术语命名问题的。近代的严复则有"一名之立,旬月踟蹰"之说。可见在这些有学问的人眼里,"定名"不是一件随便的事情。任何一门科学都包含很多事实、思想和专业名词,科学思想是由科学事实和专业名词构成的。如果表达科学思想的专业名词不正确,那么科学事实也就难以令人相信了。

科技名词的统一和规范化标志着一个国家科技发展的水平。我国历来重视名词的统一与规范工作。从清朝末年的科学名词编订馆,到1932年成立的国立编译馆,以及新中国成立之初的学术名词统一工作委员会,直至1985年成立的全国自然科学名词审定委员会(现已改名为全国科学技术名词审定委员会,简称全国名词委),其使命和职责都是相同的,都是审定和公布规范名词的权威性机构。现在,参与全国名词委领导工作的单位有中国科学院、科学技术部、教育部、中国科学技术协会、国家自然科学基金委员会、新闻出版署、国家质量技术监督局、国家广播电影电视总局、国家知识产权局和国家语言文字工作委员会,这些部委各自选派了有关领导干部担任全国名词委的领导,有力地推动科技名词的统一和推广应用工作。

全国名词委成立以后,我国的科技名词统一工作进入了一个新的阶段。在第一任主任委员钱三强同志的组织带领下,经过广大专家的艰苦努力,名词规范和统一工作取得了显著的成绩。1992年三强同志不幸谢世。我接任后,继续推动和开展这项工作。在国家和有关部门的支持及广大专家学者的努力下,全国名词委15年来按学科共组建了50多个学科的名词审定分委员会,有1800多位专家、学者参加名词审定工作,还有更多的专家、学者参加书面审查和座谈讨论等,形成的科技名词工作队伍规模之大、水平层次之高前所未有。15年间共审定公布了包括理、工、农、医及交叉学科等各学科领域的名词共计50多种。而且,对名词加注定义的工作经试点后业已逐渐展开。另外,遵照术语学理论,根据汉语汉字特点,结合科技名词审定工作实践,全国名词委制定并逐步完善了一套名词审定工作的原则与方法。可以说,在20世纪的最后15年中,我国基本上建立起了比较完整的科技名词体系,为我国科技名词的规范和统一奠定了良好的基础,对我国科研、教学和学术交流起到了很好的作用。

在科技名词审定工作中,全国名词委密切结合科技发展和国民经济建设的需要,及时调整工作方针和任务,拓展新的学科领域开展名词审定工作,以更好地为社会服务、为国民经济建设服务。近些年来,又对科技新词的定名和海峡两岸科技名词对照统一工作给予了特别的重视。科技新词的审定和发布试用工作已取得了初步成效,显示了名词统一工作的活力,跟上了科技发展的步伐,起到了引导社会的作用。两岸科技名词对照统一工作是一项有利于祖国统一大业的基础性工作。全国名词委作为我国专门从事科技名词统一的机构,始终把此项工作视为自己责无旁贷的历史性任务。通过这些年的积极努力,我们已经取得了可喜的成绩。做好这项工作,必将对弘扬民族文化,促进两岸科教、文化、经贸的交流与发展作出历史性的贡献。

科技名词浩如烟海,门类繁多,规范和统一科技名词是一项相当繁重而复杂的长期工作。在科技名词审定工作中既要注意同国际上的名词命名原则与方法相衔接,又要依据和发挥博大精深的汉语文化,按照科技的概念和内涵,创造和规范出符合科技规律和汉语文字结构特点的科技名词。因而,这又是一项艰苦细致的工作。广大专家学者字斟句酌,精益求精,以高度的社会责任感和敬业精神投身于这项事业。可以说,全国名词委公布的名词是广大专家学者心血的结晶。这里,我代表全国名词委,向所有参与这项工作的专家学者们致以崇高的敬意和衷心的感谢!

审定和统一科技名词是为了推广应用。要使全国名词委众多专家多年的劳动成果——规范名词——成为社会各界及每位公民自觉遵守的规范,需要全社会的理解和支持。国务院和4个有关部委[国家科委(今科学技术部)、中国科学院、国家教委(今教育部)和新闻出版署]已分别于1987年和1990年行文全国,要求全国各科研、教学、生产、经营以及新闻出版等单位遵照使用全国名词委审定公布的名词。希望社会各界自觉认真地执行,共同做好这项对于科技发展、社会进步和国家统一极为重要的基础工作,为振兴中华而努力。

值此全国名词委成立15周年、科技名词书改装之际,写了以上这些话。是为序。

卢嘉锡

2000年夏

# 钱 三 强 序

    科技名词术语是科学概念的语言符号。人类在推动科学技术向前发展的历史长河中,同时产生和发展了各种科技名词术语,作为思想和认识交流的工具,进而推动科学技术的发展。

    我国是一个历史悠久的文明古国,在科技史上谱写过光辉篇章。中国科技名词术语,以汉语为主导,经过了几千年的演化和发展,在语言形式和结构上体现了我国语言文字的特点和规律,简明扼要,蓄意深切。我国古代的科学著作,如已被译为英、德、法、俄、日等文字的《本草纲目》、《天工开物》等,包含大量科技名词术语。从元、明以后,开始翻译西方科技著作,创译了大批科技名词术语,为传播科学知识,发展我国的科学技术起到了积极作用。

    统一科技名词术语是一个国家发展科学技术所必须具备的基础条件之一。世界经济发达国家都十分关心和重视科技名词术语的统一。我国早在 1909 年就成立了科学名词编订馆,后又于 1919 年中国科学社成立了科学名词审定委员会,1928 年大学院成立了译名统一委员会。1932 年成立了国立编译馆,在当时教育部主持下先后拟订和审查了各学科的名词草案。

    新中国成立后,国家决定在政务院文化教育委员会下,设立学术名词统一工作委员会,郭沫若任主任委员。委员会分设自然科学、社会科学、医药卫生、艺术科学和时事名词五大组,聘任了各专业著名科学家、专家,审定和出版了一批科学名词,为新中国成立后的科学技术的交流和发展起到了重要作用。后来,由于历史的原因,这一重要工作陷于停顿。

    当今,世界科学技术迅速发展,新学科、新概念、新理论、新方法不断涌现,相应地出现了大批新的科技名词术语。统一科技名词术语,对科学知识的传播,新学科的开拓,新理论的建立,国内外科技交流,学科和行业之间的沟通,科技成果的推广、应用和生产技术的发展,科技图书文献的编纂、出版和检索,科技情报的传递等方面,都是不可缺少的。特别是计算机技术的推广使用,对统一科技名词术语提出了更紧迫的要求。

    为适应这种新形势的需要,经国务院批准,1985 年 4 月正式成立了全国自然科学名词审定委员会。委员会的任务是确定工作方针,拟定科技名词术语审定工作计划、实施方案和步骤,组织审定自然科学各学科名词术语,并予以公布。根据国务院授权,委员会审定公布的名词术语,科研、教学、生产、经营以及新闻出版等各部门,均应遵照使用。

全国自然科学名词审定委员会由中国科学院、国家科学技术委员会、国家教育委员会、中国科学技术协会、国家技术监督局、国家新闻出版署、国家自然科学基金委员会分别委派了正、副主任担任领导工作。在中国科协各专业学会密切配合下,逐步建立各专业审定分委员会,并已建立起一支由各学科著名专家、学者组成的近千人的审定队伍,负责审定本学科的名词术语。我国的名词审定工作进入了一个新的阶段。

这次名词术语审定工作是对科学概念进行汉语订名,同时附以相应的英文名称,既有我国语言特色,又方便国内外科技交流。通过实践,初步摸索了具有我国特色的科技名词术语审定的原则与方法,以及名词术语的学科分类、相关概念等问题,并开始探讨当代术语学的理论和方法,以期逐步建立起符合我国语言规律的自然科学名词术语体系。

统一我国的科技名词术语,是一项繁重的任务,它既是一项专业性很强的学术性工作,又涉及到亿万人使用习惯的问题。审定工作中我们要认真处理好科学性、系统性和通俗性之间的关系;主科与副科间的关系;学科间交叉名词术语的协调一致;专家集中审定与广泛听取意见等问题。

汉语是世界五分之一人口使用的语言,也是联合国的工作语言之一。除我国外,世界上还有一些国家和地区使用汉语,或使用与汉语关系密切的语言。做好我国的科技名词术语统一工作,为今后对外科技交流创造了更好的条件,使我炎黄子孙,在世界科技进步中发挥更大的作用,作出重要的贡献。

统一我国科技名词术语需要较长的时间和过程,随着科学技术的不断发展,科技名词术语的审定工作,需要不断地发展、补充和完善。我们将本着实事求是的原则,严谨的科学态度做好审定工作,成熟一批公布一批,提供各界使用。我们特别希望得到科技界、教育界、经济界、文化界、新闻出版界等各方面同志的关心、支持和帮助,共同为早日实现我国科技名词术语的统一和规范化而努力。

钱三强

1992 年 2 月

# 前　　言

　　机械工业是国家的支柱产业,在建设有中国特色的社会主义中起着举足轻重的作用。机械工业涉及面广,包括的专业门类多,是工程学科中最大的学科之一。为了振兴和发展机械工业,加强机械科学技术基础工作,促进科学技术交流,机械工程名词审定委员会(简称机械名词委)在全国科学技术名词审定委员会(简称全国名词委)和原机械工业部领导的指导下,于1993年4月1日成立。委员会由顾问和正、副主任及委员共45人组成。其中包括7名中国科学院和中国工程院的院士及一大批我国机械工程学科的知名专家和学者,为搞好机械工程名词的审定工作提供了可靠保障。

　　机械工程名词的选词和审定工作是在《中国机电工程术语数据库》的基础上进行的。《中国机电工程术语数据库》是原机械工业部的重点攻关项目,历经近十年的时间,汇集了数百名高级专家的意见。因此,可以认为,机械工程名词的选词质量是可信的,它反映了机械工程学科的最新科技成就。此外,机械工程名词在选词时还参考了大量国内外术语标准以及各种词典、手册和主题词表等,丰富了词源,提高了选词的可靠性。

　　机械工程名词的审定工作本着整体规划,分步实施,先易后难的原则,按专业分册逐步展开。审定中严格按照全国名词委制定的《科学技术名词审定的原则及方法》以及根据此文件制定的《机械工程名词审定的原则及方法》进行。为了保证审定质量,机械工程名词审定工作在全国名词委规定的"三审"定稿的基础上,又增加了审定次数。定稿后的机械工程名词各分册,经机械名词委主任委员扩大会议讨论批准,上报全国名词委审批、公布,在全国范围内推广使用。

　　机械工程名词包括:机械工程基础、机械零件与传动、机械制造工艺与设备(一)、机械制造工艺与设备(二)、仪器仪表、汽车及拖拉机、物料搬运机械及工程机械、动力机械、流体机械等9个部分,分5批公布。

　　现在公布的《机械工程名词》(一)由机械工程基础名词和机械零件与传动名词两部分组成,共有词条3 091条。两部分分别组成审定组进行了审定。机械工程基础由机构学,振动与冲击,平衡,机械制图、公差与配合,疲劳,可靠性,摩擦学,腐蚀与防护等组成。机械零件与传动由机械零件,传动组成。这两部分名词是机械工程名词中与基础学科名词关系最密切的部分。在选词和审定中特别注意了"选择本学科较基础的词、本学科特有的常用词、本学科的重要词",避免选取属于基础学科的词。这一类词有的未入选,如力、质量、速度、加速度等物理学名词,虽然在机械工程中经常使用,但不是机械工程的基础词。有些名词,如:制动衬片的表观面积、齿廓齿顶段圆弧半径等,因其专指度过低,也未作为本学科的基本词入选。

加注定义时尽量做到不用多余的重复的字与词,以使文字简练、准确。注意不使用未被定义的概念,而有些常用概念或基础学科的名词,如表面、电流、乘积等名词均直接使用,不再加注定义。对各种专业术语标准及各种专业词典已有的名词定义,如无不当之处尽量直接采用,不再重新定义。

名词的一审、二审是由审定组的专家来完成的。审定中注意了名词的单义性、科学性、系统性、简明性和约定俗成等原则。对实际应用中存在的不同命名,选用一个规范的汉文名词,其余用"又称"、"简称"、"全称"、"俗称"等加以注释,对一些缺乏科学性,易发生歧义的定名,予以改正。对于在不同类目下出现的重复词条作了归总和剔除。对于一些类目下词条偏少也根据专家的意见进行了增补。对个别类目不合适的也作了增删调整。

经过审定组专家两次认真修改后形成的征求意见稿,在较大范围征求更多的专家的意见,在汇总各位专家意见的基础上,邀请部分在京专家讨论研究。最后于 1998 年 12 月 4 日经委员会顾问、委员审查通过。1999 年 1 月全国名词委委托陆燕荪、练元坚、朱森弟、雷慰宗、朱孝录等 5 位专家进行复审。经机械名词委对他们的复审意见进行认真的研究,再次修改并定稿,上报全国名词委批准公布。

名词审定工作是一项浩繁的基础性工作,不可避免地存在各种错误和不足。同时,名词审定工作不可能一劳永逸,现在公布的名词的定名和定义,只能反映当前的学术水平,随着科学技术的发展,随着人们的认识的提高,今后还要不断修改和审定。

《机械工程名词》(一)在审定过程中,除了两个审定组成员付出了辛勤劳动之外,还得到了(按姓氏笔画)王义行、王焕德、孙训方、刘宏才、李兴廉、肖大准、吴宗泽、吴荫顺、张展、陈克栋、胡俏、姜琪、顾唯明等专家的大力支持,并参与了有关部分名词的审定及修改工作,在此一并表示感谢。

机械工程名词审定委员会
1999 年 9 月

# 编 排 说 明

一、本书公布的是机械工程基础和机械零件与传动的基本词,除少量顾名思义的名词外,均给出了定义或注释。

二、全书分 10 部分:机构学,振动与冲击,平衡,机械制图、公差与配合,疲劳,可靠性,摩擦学,腐蚀与防护,机械零件,传动。

三、正文按汉文名所属学科的概念体系排列,定义一般只给出基本内涵。汉文名后给出了与该词概念相对应的英文名。

四、当一个汉文名有两个不同的概念时,则用(1)、(2)分开。

五、一个汉文名一般只对应一个英文名,同时并存多个英文名时,英文名之间用","分开。

六、凡英文名的首字母大、小写均可时,一律小写;英文除必须用复数者,一般用单数;英文名一般用美式拼法。

七、"[  ]"中的字为可省略部分。

八、规范名的主要异名放在定义之前,用楷体表示。"又称"、"全称"、"简称"、"俗称"可继续使用,"曾称"为不再使用的旧名。

九、正文后所附英文索引按英文字母顺序排列,汉文索引按汉语拼音顺序排列,所示号码为该词在正文中的序号。

十、索引中带"＊"者为规范名的异名。

# 目　　录

机械零件与传动

# 01. 机 构 学

## 01.01 一般名词

**01.0001 机械工程** mechanical engineering
与机械和动力生产有关的一门工程学科。

**01.0002 机构学** theory of mechanisms
研究机构的结构原理、运动学和动力学的一门学科。包括机构的分析与综合两个方面。

**01.0003 机器** machine
由零件组成的执行机械运动的装置。用来完成所赋予的功能,如变换或传递能量、变换和传递运动和力及传递物料与信息。

**01.0004 机构** mechanism
由两个或两个以上构件通过活动联接形成的构件系统。

**01.0005 机械** machinery
机器与机构的总称。

**01.0006 机械系统** mechanical system
(1)由若干个机器与机构及其附属装置组成的系统。(2)由质量、刚度和阻尼各元素所组成的系统。

**01.0007 [机械]零件** machine element, machine part
又称"机械元件"。组成机械和机器的不可分拆的单个制件,它是机械的基本单元。

**01.0008 部件** assembly unit, subassembly
机械的一部分,由若干装配在一起的零件所组成。

**01.0009 构件** link
机构中的运动单元体。

**01.0010 刚性构件** rigid link
受力变形可忽略不计的构件。

**01.0011 弹性构件** elastic link
考虑弹性和弹性变形的构件。

**01.0012 挠性构件** flexible link
在运动过程中只承受拉力的柔性构件。如带、绳等。

**01.0013 固定构件** fixed link, ground link frame
又称"机架"。机构中固结于定参考系的构件。

**01.0014 运动构件** moving link
机构中可相对于定参考系运动的构件。

**01.0015 输入构件** input link
机构中输入运动或动力的构件。

**01.0016 输出构件** output link
机构中输出运动或动力的构件。

**01.0017 主动件** driving link
又称"原动件"。机构中作用有驱动力或力矩的构件。有时也指运动规律已知的构件。

**01.0018 从动件** driven link
机构中除了主动件以外随着主动件运动的其余可动构件。

**01.0019 构件的自由度** degree of freedom of link
构件相对于定参考系所能有的独立运动的

数目。

**01.0020 运动副** kinematic pair
两构件直接接触组成的可动连接，它限制了两构件之间的某些相对运动。

**01.0021 转动副** revolving pair, revolving joint
组成运动副的两构件只能绕某一轴线作相对转动的运动副。

**01.0022 铰链连接** hinge, pilot pin joint
转动副的一种具体形式，即由圆柱销和销孔及其两端面所组成的转动副。

**01.0023 复合铰链** compound hinges, multiple hinges, compound rotating joints
三个或更多个构件组成两个或更多个共轴线的转动副。

**01.0024 圆柱副** cylindrical pair
组成运动副的两构件能绕某一轴线作相对转动又能沿该轴线作独立的相对移动的运动副。

**01.0025 球面副** spherical pair
又称"球铰"。组成运动副的两构件能绕一球心作三个独立的相对转动的运动副。

**01.0026 球销副** sphere-pin pair
组成运动副的两构件能绕两条交于一点的轴线作两个独立的相对转动的运动副。

**01.0027 球槽副** sphere-trough pair
组成运动副的两构件能绕三条交于一点的轴线作独立的相对转动并沿着槽的轴线作独立的相对移动的运动副。

**01.0028 螺旋副** helical pair, screw pair
组成运动副的两构件只能沿轴线作相对螺旋运动的运动副。

**01.0029 平面副** planar contact pair, sandwich pair
组成运动副的两构件能沿与接触平面平行的两个方向作独立的相对移动并绕与平面垂直的轴线作独立的相对转动的运动副。

**01.0030 低副** lower pair
其元素为面接触的运动副。

**01.0031 高副** higher pair
其元素为点、线接触的运动副。

**01.0032 运动链** kinematic chain
用运动副连接而成的相对可动的构件系统。

**01.0033 闭式运动链** closed kinematic chain
每个构件至少与两个其他构件以运动副相连接的运动链。

**01.0034 开式运动链** open kinematic chain, mobile kinematic chain
在运动链中至少有一处未形成闭环的运动链。

**01.0035 树状运动链** tree-like kinematic chain
无闭环的运动链。

**01.0036 阿苏尔杆组** Assur group
自由度等于零并且不能再拆分的平面低副构件组。

**01.0037 平面机构** planar mechanism
机构中所有构件都只能在相互平行的平面上运动的机构。

**01.0038 空间机构** spatial mechanism
机构中至少有一构件不在相互平行的平面上运动或至少有一构件能在三维空间中运动的机构。

**01.0039 球面机构** spherical mechanism
机构中各运动构件上所有点都在同心球面上运动的机构。

**01.0040 低副机构** lower pair mechanism
机构中所有运动副均为低副的机构。

**01.0041 高副机构** higher pair mechanism
机构中至少有一个运动副是高副的机构。

**01.0042 单环机构** single-loop mechanism
只有一个闭环的机构。

**01.0043 多环机构** multi-loop mechanism
具有两个或更多个闭环的机构。

**01.0044 单自由度机构** mechanism with single degree of freedom
自由度为 1 的机构。

**01.0045 多自由度机构** mechanism with multiple degrees of freedom
自由度为 2 及 2 以上的机构。

**01.0046 局部自由度** local degree of freedom, redundant degree of freedom
机构中不影响其输出与输入运动关系的个别构件的独立运动自由度。

**01.0047 公共约束** general constraint
机构中由于各运动副的特性及其特殊配置而使所有运动构件共同失去自由度的约束。

**01.0048 虚约束** redundant constraint, passive constraint
在机构中与其他约束重复而不起限制运动作用的约束。

**01.0049 机构的结构** structure of mechanism
机构中各构件用各种运动副相互连接的构造形式。

**01.0050 机构简图** schematic diagram of mechanism
用特定的构件和运动副符号来表示机构的一种简化示意图,仅着重表示其机构组成特征。

**01.0051 机构运动简图** kinematic diagram of mechanism
用长度比例尺画出的代表机构运动特征的简图。

**01.0052 机构分析** analysis of mechanism
对机构进行结构、运动学和动力学分析。

**01.0053 机构结构公式** structural formula of mechanism
计算机构自由度的公式,该公式表达了机构的构件数目、各种运动副的数目与机构自由度之间关系。

**01.0054 替代机构** substitutive mechanism
按照高副低代的条件,将一个平面高副机构用另一个运动上等效的平面低副机构代替,该平面低副机构称为原机构的替代机构。

**01.0055 机构综合** synthesis of mechanism
根据对机构的结构、运动学和动力学要求进行机构设计。

**01.0056 液压机构** hydraulic mechanism
利用液体驱动的机构。

**01.0057 气动机构** pneumatic machanism
利用气体驱动的机构。

**01.0058 仿生机构** bio-mechanism
模拟生物运动的构造形态和功能而制作的机构。

## 01.02 机 构 运 动 学

**01.0059 机构运动学** kinematics of mechanism

不考虑产生运动的原因,仅从机构几何位置随时间变化的角度来研究机构的运动规律和进行机构设计的学科。

**01.0060 机构运动学分析** kinematic analysis of mechanism

不考虑引起运动变化的原因,仅从机构几何位置随时间变化的角度来分析机构的运动规律。

**01.0061 机构运动学综合** kinematic synthesis of mechanism

根据给定的运动学要求进行机构设计。

**01.0062 构件的速比** velocity ratio of link

构件瞬时速度的比值。

**01.0063 机构传动比** transmission ratio

机构中瞬时输入速度与输出速度的比值。

**01.0064 相对速度瞬心** instantaneous center of relative velocity

两平面运动构件上相对速度等于零的瞬时重合点。

**01.0065 绝对速度瞬心** instantaneous center of absolute velocity

在某给定瞬时,平面运动构件上绝对速度等于零的点,即构件相对定参考系的速度瞬心。

**01.0066 速度瞬心** instantaneous center of velocity

相对速度瞬心和绝对速度瞬心的总称。

**01.0067 三心定理** Kennedy-Aronhold theorem

作相对平面运动的三个构件共有三个速度瞬心,它们位于同一直线上。

**01.0068 极点速度** pole velocity

速度瞬心的位移对于时间导数的矢量。

**01.0069 瞬心线** centrode

两构件作相对平面运动时,相对速度瞬心在每一构件的运动平面上的轨迹。

**01.0070 定瞬心线** fixed centrode

绝对速度瞬心在定参考系平面上的轨迹。

**01.0071 动瞬心线** moving centrode

绝对速度瞬心在构件运动平面上的轨迹。

**01.0072 加速度瞬心** instantaneous center of acceleration

在某给定瞬时,平面运动构件上绝对加速度等于零的点。

**01.0073 法向圆** Bresse normal circle alternating circle

又称"交变圆"。在某给定瞬时,平面运动构件上切向加速度等于零的各点连成的圆。

**01.0074 切向圆** tangent circle, inflection circle

又称"拐点圆"。在某给定瞬时,平面运动构件上法向加速度等于零的各点连成的圆。

**01.0075 拐点中心** inflection center

拐点圆上所有各点切向加速度矢量方位线的交点。此极点也必位于该拐点圆上。

**01.0076 拐点** inflection point

在一轨迹或曲线上,曲率半径为无穷大的

点。

**01.0077 环点** circling point
又称"曲率驻点"。四个无限接近位置的圆点。

**01.0078 环点曲线** circling point curve
平面运动某一构件上的各环点所连成的曲线。即在某给定瞬时,平面运动构件上其轨迹的曲率半径具有极值的点所连成的曲线。

**01.0079 枢点** center point
又称"轴点"。四个无限接近位置的圆心点。

**01.0080 枢点曲线** center-point curve, pivot point curve
又称"曲率中心点曲线","轴点曲线"。平面运动某一构件上的各枢点在定参考系上所连成的曲线。即曲率驻点曲线上各点轨迹的曲率中心所连成的曲线。

**01.0081 鲍尔点** Ball's point
拐点圆与曲率驻点曲线的交点,但其中不包括绝对速度瞬心。

**01.0082 欧拉－萨弗里公式** Euler-Savery equation
描述运动点、轨迹或共轭曲线的曲率中心、速度瞬心和瞬心线、拐点圆和拐点中心等之间关系的公式。

**01.0083 平面旋转矩阵** planar rotation matrix
描述构件在平面运动中有限转动的矩阵。

**01.0084 轴旋转矩阵** axis rotation matrix
用绕某一轴线的转动来描述构件在三维空间中有限转动的矩阵。

**01.0085 欧拉角** Euler angles
构件在三维空间中的有限转动,可依次用三个相对转角表示,即进动角、章动角和自旋角,这三个转角统称为欧拉角。

**01.0086 欧拉旋转矩阵** Euler rotation matrix
用欧拉角来描述构件在三维空间中有限转动的矩阵。

**01.0087 位移矩阵** displacement matrix
描述构件平面或空间运动总位移的矩阵。

**01.0088 螺旋轴** screw axis
在有限或无限小的时间间隔内,非平动构件某直线上各点的位移方向如均与该直线重合,则该直线称为螺旋轴。

**01.0089 瞬时螺旋轴** instantaneous screw axis
非平动构件在三维空间运动中的某给定瞬时,某一条直线上各点的线速度如均平行于该构件的角速度矢量,则该直线称为瞬时螺旋轴。

**01.0090 螺旋位移矩阵** screw displacement matrix
构件在三维空间的任何位移,都可以认为是绕某一轴线的转动及同时沿此轴线的移动,亦即绕某螺旋轴的一个螺旋位移。螺旋位移矩阵就是描述构件这种运动的矩阵。

**01.0091 瞬轴面** axode
在两构件的相对空间运动中,瞬时螺旋轴在其中任一构件上形成的直纹曲面。

**01.0092 定瞬轴面** fixed axode
在定参考系上形成的瞬轴面。

**01.0093 动瞬轴面** moving axode
在动参考系上形成的瞬轴面。

**01.0094 线矢量** line vector
被约束在空间某一直线上的矢量。

**01.0095　旋量**　screw　　　　　　　　　主矢与主矩共线时的矩矢。

## 01.03　机构动力学

**01.0096　机械动力学**　dynamics of machinery
研究机械系统状态变化与作用力及外部条件的关系的学科。包括机械的动态力分析、功能关系、真实运动、速度调节和机械平衡等动力学问题。

**01.0097　扰动力**　perturbed force
又称"干扰力"。作用在机械系统上变化的外力,它将使机械系统产生振动。

**01.0098　驱动力**　driving force
驱使原动件运动的力。它与作用点的速度方向相同或成锐角,并作正功。

**01.0099　工作阻力**　effective resistance
又称"有效阻力"。为了使机械进行生产工作,需要克服的与生产工作直接相关的阻力,它所作的功为有用功。

**01.0100　有害阻力**　detrimental resistance
机械运转时,除工作阻力以外所受的其他阻力。

**01.0101　静载荷**　static load
(1)作用在给定物体系统上,大小、方向和作用点都不随时间变化的载荷。(2)当轴承套圈或垫圈相对旋转速度为零时(向心或推力轴承)或当滚动体在滚动方向无运动时(直线轴承),作用在轴承上的载荷。

**01.0102　动载荷**　dynamic load
(1)作用在给定物体系统上,大小、方向和作用点都随时间变化的载荷。(2)当轴承套圈或垫圈相对旋转时(向心或推力轴承)或当滚动体在滚动方向运动时(直线轴承),作用在轴承上的载荷。

**01.0103　离心力**　centrifugal force
由惯性产生的力沿着质点轨迹的主法线方向的分量。

**01.0104　向心力**　centripetal force
使质点(或物体)作曲线运动时所需的指向曲率中心(圆周运动时即为圆心)的力。

**01.0105　作用力**　active force, applied force
能够产生运动或运动趋势的力。

**01.0106　反作用力**　reaction
当物体受到外力作用时,在约束中产生并作用在被约束物体上的力。

**01.0107　动反力**　dynamical reaction
又称"动压力"。由于机械各运动构件的惯性力和惯性力偶矩在运动副中所引起的附加反力。

**01.0108　等效力**　equivalent force
在功率相等的条件下,用作用在某一点上给定方向的假想力代替作用在机构上的某些力和力矩,则该假想力是这些力和力矩的等效力。

**01.0109　冲力**　impulsive force
与力所作用的系统的弹变时间相比较,在很短时间间隔内存在的力。

**01.0110　冲量**　impulse
力在整个作用期间对时间的积分。

**01.0111　确定力**　deterministic force
在任何瞬时大小、方向都完全确定的力。

**01.0112　随机力**　stochastic force
由一组通常按概率变化的值所确定的力。

**01.0113　力矩**　moment
从给定点到力作用线任意点的向径和力本身的矢积。

**01.0114　力偶**　couple
数值相等但方向相反的两平行力,它可以用一个垂直于力偶平面的矢量来表示。

**01.0115　力偶矩**　moment of couple
组成一给定力偶的两个力对空间任意一点之矩的矢量和。

**01.0116　力臂**　arm of force, moment arm
从给定点到力作用线的最短距离。

**01.0117　扰动力矩**　perturbed moment
又称"干扰力矩"。作用在机构系统上周期性变化的外力矩,它将使机构系统产生受迫振动。

**01.0118　驱动力矩**　driving moment
驱使原动件转动的力矩,它与原动件的角速度方向相同,并作正功。

**01.0119　启动力矩**　starting moment
使机械启动所需的驱动力矩。

**01.0120　工作阻力矩**　effective resistance moment
为了使机械进行工作,需要克服的与工作直接相关的阻力矩,它所作的功为有用功。

**01.0121　惯性力偶矩**　inertia couple
全称"惯性力系主矩"。因运动的速度变化而引起的力偶矩。

**01.0122　等效力矩**　equivalent moment
在功率相等的条件下,用作用在某一构件上的假想力矩代替作用在机构上的力和力矩,则该假想力矩是这些力和力矩的等效力矩。

**01.0123　平衡力矩**　equilibrant moment
与作用在机构各构件上的已知外力矩和惯性力矩相平衡的待求外力矩。

**01.0124　振动力矩**　shaking moment
作用在机架上的、机械运动构件的全部惯性力矩的矢量和,它将引起机架的振动。

**01.0125　力平衡**　equilibrium
某一系统的合力和合力矩同时为零。

**01.0126　转矩**　torsional moment, torque
又称"扭矩"。作用在构件某截面上的力对过其形心且垂直于横截面的轴之力矩。

**01.0127　输入转矩**　input torque
作用在机构主动构件或输入构件上的转矩。

**01.0128　输出转矩**　output torque
由机构输出构件所给出的转矩。

**01.0129　力旋量**　wrench
由互相平行的一个力矢量和一个力偶矢量所组成的矢量。

**01.0130　等效力系**　equivalent force system
在合力和对某选择点的力矩相等的条件下,用一组力系代替原来的力系,此力系为原来力系的等效力系。

**01.0131　平行力系**　parallel force system
作用线相互平行的一组力。

**01.0132　力多边形**　force polygon
用图解法进行机构力分析时所作出的力矢量多边形。

**01.0133　速度多边形杠杆法**　velocity polygon lever method
按虚功原理在速度多边形上直接求出机构平衡力的一种方法。

**01.0134　自锁**　self locking
仅在驱动力或驱动力矩作用下,由于摩擦

使机构不能产生运动的现象。

**01.0135　自锁条件**　condition of self locking
机构产生自锁时的有关条件（包括驱动力的作用线、方向、摩擦系数和运动副结构参数等）。

**01.0136　碰撞**　impact
又称"撞击"。两物体之间接触点的相对法向速度不为零的突然接触。

**01.0137　碰撞力**　impact force
接触物体间因碰撞引起的力。

**01.0138　弹性碰撞**　elastic impact
两碰撞体的接触区域仅发生弹性变形的碰撞。

**01.0139　非弹性碰撞**　inelastic impact
两碰撞体的接触区域仅发生塑性变形的碰撞。

**01.0140　微元功**　elementary work
一个力和它的作用点处的微元位移的标量积。

**01.0141　单摆**　simple pendulum
用一根绝对挠性且长度不变、质量可忽略不计的线悬挂一个质点，在重力作用下在铅垂平面内作周期运动，就成为单摆。

**01.0142　复摆**　compound pendulum
在重力作用下绕一水平轴线作周期性自由摆动的刚体。

**01.0143　等效构件**　equivalent link
机构动力学方程式用与机构中某一构件运动状态相同的假想构件的动力学方程式来代替，则该假想构件称为机构的等效构件。

**01.0144　等效质量**　equivalent mass
又称"简化质量"。在动能相等的条件下，机构各构件的质量可用等效构件上一点的假想质量来代替，此假想质量称为机构的等效质量。

**01.0145　转动惯量**　moment of inertia
构件中各质点或质量单元的质量与其到给定轴线的距离平方乘积的总和。

**01.0146　极转动惯量**　polar moment of inertia
轴对称的构件相对于它的对称轴线的转动惯量。

**01.0147　惯性积**　product of inertia
构件中各质点或质量单元的质量与其到两个相互垂直平面的距离之乘积的总和。

**01.0148　惯性主轴**　principal axis of inertia
又称"主惯性轴"。三条相互垂直的坐标轴，其中构件惯性积等于零的某一坐标轴。

**01.0149　主转动惯量**　principal moment of inertia
构件相对于惯性主轴的转动惯量。

**01.0150　惯性张量**　inertia tensor
相对于固定在构件上的坐标轴系统，它是一个对称矩阵，其元素是三个转动惯量和三个惯性积的负值。

**01.0151　等效转动惯量**　equivalent moment of inertia
又称"简化转动惯量"。在动能相等的条件下，机构各构件转动惯量可用等效构件所具有的绕其转动轴线的假想转动惯量来代替，此假想转动惯量称为机构的等效转动惯量。

**01.0152　回转半径**　radius of gyration
又称"惯性半径"。在转动惯量不变的条件下，设想构件的质量集中在某一点，该点到转动轴线的距离。

**01.0153　效率**　efficiency

· 8 ·

有用功率对驱动功率之比值。

**01.0154 机械的瞬时效率** instantaneous efficiency of machinery

机械在某瞬时的有用功率对驱动功率之比值。

**01.0155 机械的循环效率** cyclic efficiency of machinery

在机械稳定运转的一个循环内,有用功对驱动功之比值。

**01.0156 机械效益** mechanical advantage

机械的输出力矩(或力)对其输入力矩(或力)之比值。

**01.0157 周期性速度波动** periodic speed fluctuation

机械在稳定运转时,通常由于驱动力与阻力的等效力矩或(和)机械的等效转动惯量的周期性变化所引起的主动轴角速度的周期性波动。

**01.0158 非周期性速度波动** aperiodic speed fluctuation

机械运转时由于驱动力或(和)阻力的无规律变化所引起的主动轴角速度波动。

**01.0159 飞轮** flywheel

具有适当转动惯量、起贮存和释放动能作用的转动构件。

**01.0160 飞轮矩** moment of flywheel

飞轮的质量与当量直径平方的乘积。

**01.0161 盈亏功** increment or decrement of work

在机械稳定运转阶段一个循环内的某一时间间隔中,驱动力所作功与阻力所作功的差值。

**01.0162 调速器** governor, speed regulator

调节机器的非周期性速度波动使之进入稳定运转状态的装置。

**01.0163 离心调速器** centrifugal governor

利用离心力的变化来进行非周期速度波动调节的调速器。

**01.0164 机构的平衡** balance of mechanism

为了减小或消除各构件的惯性力和惯性力偶矩所引起的振动、附加动压力和减少输入转矩波动而采用的改变质量分布、附加机构等的措施。

**01.0165 转子的静平衡** static balance of rotor

对于宽度不大(通常直径与宽度之比大于或等于5)的回转体,可以近似认为其不平衡质量分布在同一回转平面内,为消除质心与转动轴线不重合的影响而采用调整其质量分布的措施。

**01.0166 转子的动平衡** dynamic balance of rotor

不平衡质量分布在不同的几个回转平面内的回转体,为消除不平衡影响,调整其质量分布,使旋转轴线与主惯性轴之一相重合的措施。

**01.0167 机械的平衡** balance of machinery

机构平衡和转子平衡的总称。

**01.0168 平衡质量** balancing mass

在平衡措施中所增加或减少的质量。

**01.0169 平衡转速** balancing speed

转子在动平衡时所采用的转速。

**01.0170 质径积** mass-radius product

质量与其所在点的向径的乘积。

**01.0171 固定支承** fixed support

使物体上一个给定点位置保持不变的支承。

**01.0172 可动支承** movable support
限制物体上给定点只能有一个方向运动的支承。

**01.0173 弹性支承** elastic support
在被支承件的压力作用下会产生弹性变形的支承。

**01.0174 弹性动力学分析** elastodynamic analysis
分析弹性构件机构的位移、速度、加速度、外力、应力、应变等,其中假定构件的真实运动为刚性和弹性运动的叠加,而计算弹性运动时,除外力外仅考虑刚性运动时的惯性力。

**01.0175 运动弹性动力学** kineto-elastodynamics
运动弹性动力学分析和运动弹性动力学综合的总和。

**01.0176 运动弹性动力学分析** kineto-elastodynamic analysis
分析弹性运动时弹性构件的位移、速度、加速度、应力和应变量,此时除外力外,应计及弹性运动与刚性运动的耦合的惯性力。

**01.0177 运动弹性动力学综合** kineto-elastodynamic synthesis
满足预定运动速度条件下的位移、速度、加速度,传递的力和力矩,应力和应变等要求,设计具有弹性构件的机构。

**01.0178 几何约束** geometric constraint
与系统内质点的坐标有关,还可能与时间有关的约束。

**01.0179 微分约束** differential constraint
与系统内各质点的坐标和坐标对时间的一阶导数有关,还可能与时间有关的约束。

**01.0180 [机构动力学]连续系统** continuous system
各处的物理特性参数(如质量、刚度等)是连续分布的系统。

**01.0181 [机构动力学]离散系统** discrete system
各处的物理特性参数(如质量、刚度等)不是连续分布的系统。

**01.0182 变质量系统** variable mass system
总质量或(和)质量分布随时间而变化的系统。

## 01.04 连 杆 机 构

**01.0183 连杆机构** linkage mechanism
构件间只用低副连接的机构(除纯用移动副连接的楔块机构以外)。

**01.0184 杆** bar, link
机构中只具有低副元素的构件。

**01.0185 连架杆** side link
机构中与机架用低副相连的构件。

**01.0186 曲柄** crank
与机架用转动副相连并能绕该转动副轴线整圈旋转的构件。

**01.0187 摇杆** rocker
与机架用苡茂副相连但只能绕该转动副轴线摆动的构件。

**01.0188 连杆** coupler, floating link
机构中不与机架相连的杆件。

**01.0189 滑块** slider
机构中与机架用移动副相连又与其他运动构件用转动副相连的构件。

**01.0190 导杆** guide bar, guide link
机构中与另一运动构件组成移动副的构

件。

**01.0191 导块** guide block
在机构简图中画成方块形状的导杆。

**01.0192 平面连杆机构** planar linkage mechanism
所有构件间的相对运动均在平行平面内运动的连杆机构。

**01.0193 空间连杆机构** spatial linkage mechanism
各构件间的相对运动包含有空间运动的连杆机构。

**01.0194 低副运动链** linkage
构件间只用低副连接的运动链。

**01.0195 四杆运动链** four-bar linkage
具有四个构件的低副运动链。

**01.0196 四杆机构** four-bar mechanism
具有四个构件(包括机架)的连杆机构。

**01.0197 平面铰链四杆机构** planar pivot four-bar mechanism
简称"铰链四杆机构"。构件间用四个转动副相连的平面四杆机构。

**01.0198 球面铰链四杆机构** spherical pivot four-bar mechanism
构件间用四个轴线汇交于一点的转动副相连的四杆机构,构件上各点的轨迹位于同心球面上。

**01.0199 曲柄摇杆机构** crank-rocker mechanism
具有一个曲柄和一个摇杆的铰链四杆机构。

**01.0200 双摇杆机构** double-rocker mechanism
具有两个摇杆的铰链四杆机构。

**01.0201 双曲柄机构** double-crank mechanism
具有两个曲柄的铰链四杆机构。

**01.0202 平行四边形机构** parallel-crank mechanism
连杆与机架的长度相等、两个曲柄长度相等且转向相同的双曲柄机构。

**01.0203 逆平行四边形机构** antiparallel-crank mechanism
连杆与机架的长度相等、两个曲柄长度相等但转向相反的双曲柄机构。

**01.0204 曲柄滑块机构** slider-crank mechanism
通常指具有一个曲柄和一个滑块的平面四杆机构。

**01.0205 对心曲柄滑块机构** centric slider-crank mechanism
滑块上转动副中心的移动方位线通过曲柄旋转中心的曲柄滑块机构。

**01.0206 偏置曲柄滑块机构** offset slider-crank mechanism
滑块上转动副中心的移动方位线不通过曲柄旋转中心的曲柄滑块机构。

**01.0207 摇杆滑块机构** slider-rocker mechanism
具有一个摇杆和一个滑块的平面四杆机构。

**01.0208 双滑块机构** double-slider mechanism
具有两个滑块的平面四杆机构。

**01.0209 导杆机构** guide-bar mechanism
连架杆中至少有一个构件为导杆的平面四杆机构。

**01.0210 曲柄摆动导杆机构** crank and

swing guide-bar mechanism, crank and oscillating guide-bar mechanism

具有一个曲柄和一个摆动导杆的导杆机构。

**01.0211 曲柄转动导杆机构** crank and rotating guide-bar mechanism

具有一个曲柄和一个能整圈旋转的导杆的导杆机构。

**01.0212 曲柄移动导杆机构** crank and translating guide-bar mechanism, scotch-yoke mechanism

具有一个曲柄和一个移动导杆的导杆机构。当输入曲柄等速旋转时,输出导杆的位移呈简谐运动规律。

**01.0213 摆动导杆滑块机构** slider and swing guide-bar mechanism

具有一个滑块和一个摆动导杆的导杆机构。当输入导杆作等速摆动时,输出滑块的位移呈正切运动规律。

**01.0214 双导杆机构** double guide-bar mechanism

两个连架杆均为导杆的导杆机构。

**01.0215 偏心轮机构** eccentric mechanism

曲柄作成偏心轮形状的平面四杆机构。

**01.0216 肘杆机构** toggle mechanism

某些相邻构件接近共线位置时,机械效益接近于无穷大的连杆机构。

**01.0217 急回运动机构** quick-return mechanism

主动构件等速旋转时,作往复运动的从动构件在某一行程中的平均速度大于另一行程的平均速度的连杆机构。

**01.0218 间歇运动连杆机构** dwell linkage mechanism

输入构件连续旋转时,输出构件作周期性停歇的连杆机构。

**01.0219 可调连杆机构** adjustable linkage mechanism

构件长度可以调节的连杆机构。

**01.0220 同源机构** cognate mechanism

能再现同一运动的不同平面连杆机构。

**01.0221 直线机构** straight-line mechanism

连杆上某一点能再现直线轨迹的连杆机构。

**01.0222 正确直线机构** exact straight-line mechanism

连杆上某一点的轨迹,能在全域或一定区间再现理论上正确直线的连杆机构。

**01.0223 近似直线机构** approximate straight-line mechanism

连杆上某一点的轨迹能在一定区间再现近似直线的连杆机构。

**01.0224 行程** travel

机构中输出构件两极限位置间的移动距离或摆动角度。

**01.0225 行程速度变化系数** coefficient of travel speed variation, advance-to-return-time ratio

在急回运动机构中,输入构件作等速旋转时,作往复运动的输出构件其往返两行程平均速度之比值大于1。

**01.0226 极位夹角** crank angle between two limit positions

在急回运动机构中,输出构件处于两极限位置时,对应的输入曲柄两位置间所夹的锐角。

**01.0227 曲柄存在条件** Grashof's criterion

在平面铰链四杆机构中,某一连架杆能成

为曲柄的条件。

## 01.05 凸 轮 机 构

**01.0228  凸轮**  cam
具有曲线或曲面轮廓且作为高副元素的构件,该轮廓按输出运动学特性和动力学特性的要求设计。

**01.0229  凸轮机构**  cam mechanism
含有凸轮的机构。

**01.0230  凸轮轴**  camshaft
装有一个或多个凸轮的轴。

**01.0231  平面凸轮机构**  planar cam mechanism
所有构件间的相对运动均为平面运动的凸轮机构。

**01.0232  空间凸轮机构**  spatial cam mechanism, three-dimensional cam mechanism
各构件间的相对运动包含空间运动的凸轮机构。

**01.0233  盘形凸轮**  plate cam, disk cam
仅具有径向廓线尺寸变化并绕其轴线旋转的凸轮。

**01.0234  移动凸轮**  translating cam
作移动的平面凸轮。

**01.0235  固定凸轮**  stationary cam
固结在机架上的凸轮。

**01.0236  圆柱凸轮**  cylindrical cam, drum cam
轮廓曲线位于圆柱面上并绕其轴线旋转的凸轮。

**01.0237  端面凸轮**  end cam, face cam
轮廓曲线位于圆柱端部并绕其轴线旋转的凸轮。

**01.0238  圆锥凸轮**  conical cam
轮廓曲线位于圆锥面上并绕其轴线旋转的凸轮。

**01.0239  凹弧面凸轮**  concave globoid cam
凹圆弧回转面凸轮。

**01.0240  凸弧面凸轮**  convex globoid cam
凸圆弧回转面凸轮。

**01.0241  球面凸轮**  spherical cam
圆弧回转面为球面的凸弧面凸轮。

**01.0242  圆弧凸轮**  circular arc cam
以若干段光滑连接的圆弧作为轮廓曲线的盘形凸轮。

**01.0243  圆弧－直线凸轮**  tangent cam
以光滑连接的直线和圆弧作为轮廓曲线的盘形凸轮。

**01.0244  力封闭的凸轮机构**  force-closed cam mechanism
利用从动件的重力、弹簧力或其他外力使从动件与凸轮保持接触的凸轮机构。

**01.0245  形封闭的凸轮机构**  form-closed cam mechanism
依靠凸轮与从动件的特殊几何结构来保持两者接触的凸轮机构。

**01.0246  等宽凸轮**  yoke radial cam with flat-faced follower, onstant-breadth cam
其轮廓上两平行切线间的距离保持定值的平底从动件盘形凸轮。

**01.0247　等径凸轮**　yoke radial cam with roller follower, onstant-diameter cam
其理论轮廓上相反的两向径值之和为常数的滚子从动件盘形凸轮。

**01.0248　沟槽凸轮**　groove cam
利用沟槽以实现形封闭的凸轮。

**01.0249　共轭凸轮**　conjugate cam
相互固结的一对凸轮轮廓分别与同一从动件上相应的运动副元素接触的凸轮。

**01.0250　确动凸轮**　positive-return cam
等径、等宽、沟槽与共轭等凸轮的总称。

**01.0251　圆柱分度凸轮机构**　cylindrical indexing cam mechanism
凸轮连续转动,从动件产生步进分度运动的圆柱凸轮机构。

**01.0252　弧面分度凸轮机构**　globoid indexing cam mechanism, mechanism Ferguson cam mechanism
凸轮连续转动,从动件产生步进分度运动的弧面凸轮机构。

**01.0253　反凸轮机构**　inverse cam mechanism
由凸轮输出运动的凸轮机构。

**01.0254　凸轮从动件**　cam follower
直接从凸轮处获得运动的构件。

**01.0255　直动从动件**　translating follower
作往复直线移动的从动件。

**01.0256　对心直动从动件**　radial translating follower
尖顶或滚子中心的轨迹直线通过凸轮轴心的直动从动件。

**01.0257　偏置直动从动件**　offset translating follower
尖顶或滚子中心的轨迹直线不通过凸轮轴心的直动从动件。

**01.0258　摆动从动件**　oscillating follower
作摆动的从动件。

**01.0259　凸轮工作轮廓**　cam contour, cam profile
凸轮上与从动件直接接触的轮廓。

**01.0260　凸轮理论轮廓**　cam pitch curve
以滚子从动件为代表时,滚子中心相对于凸轮的运动轨迹。

**01.0261　凸轮理论轮廓基圆**　base circle of cam pitch curve, prime circle
在盘形凸轮机构中,以凸轮轴心为圆心,凸轮理论轮廓最小向径值为半径所作的圆。

**01.0262　凸轮工作轮廓基圆**　base circle of cam contour
在盘形凸轮机构中,以凸轮轴心为圆心、凸轮工作轮廓最小向径值为半径所作的圆。

**01.0263　推程**　rise travel
又称"升程"。从动件远离凸轮轴心靠近的行程。

**01.0264　回程**　return travel
从动件移向凸轮轴心的行程。

**01.0265　推程运动角**　motion angle for rise travel
与从动件推程相对应的凸轮转角。

**01.0266　回程运动角**　motion angle for return travel
与从动件回程相对应的凸轮转角。

**01.0267　近休止角**　nearest dwell angle
从动件在距凸轮轴心最近处停歇时对应的凸轮转角。

**01.0268 远休止角** farthest dwell angle

从动件在距凸轮轴心最远处停歇时对应的凸轮转角。

**01.0269 无停歇运动** non-dwell motion, rise-return-rise motion

又称"升－回－升运动"。从动件行程两端均无停歇的运动。

**01.0270 单停歇运动** one-dwell motion

从动件仅在其行程的起点或终点具有停歇的运动。

**01.0271 升－停－回运动** rise-dwell-return motion

凸轮近休止角等于零的单停歇运动。

**01.0272 升－回－停运动** rise-return-dwell motion

凸轮远休止角等于零的单停歇运动。

**01.0273 双停歇运动** two-dwell motion, rise-dwell-return-dwell motion

又称"升－停－回－停运动"。从动件在其行程的起点和终点均具有停歇的运动。

**01.0274 基本运动轨迹** basic motion curve

由单一的函数式表达的从动件运动轨迹。

**01.0275 组合运动轨迹** combined motion curve

由几种基本运动规律组合而成的运动轨迹。

**01.0276 对称运动轨迹** symmetrical motion curve

设 $T$ 为无因次时间,从动件在 $T$ 与 $(1-T)$ 时的无因次位移值之和恒等于1的运动轨迹。

**01.0277 非对称运动轨迹** unsymmetrical motion curve

设 $T$ 为无因次时间,从动件在 $T$ 与 $(1-$ $T)$ 时的无因次位移值之和不恒等于1的运动轨迹。

**01.0278 等速运动轨迹** constant velocity motion curve

从动件速度为定值的运动轨迹。

**01.0279 余弦加速度运动轨迹** cosine acceleration motion curve

从动件加速度按余弦规律变化的运动轨迹。

**01.0280 正弦加速度运动轨迹** sine acceleration motion curve

从动件加速度按正弦规律变化的运动轨迹。

**01.0281 等加速等减速运动轨迹** constant acceleration and deceleration motion curve

从动件在一行程的前一阶段为等加速和后一阶段为等减速的运动轨迹。

**01.0282 多项式运动轨迹** polynomial motion curve

从动件位移用凸轮转角或时间的代数多项式表示的运动轨迹。

**01.0283 改进等速运动轨迹** modified constant velocity motion curve

这种运动轨迹的位移曲线由三段曲线光滑连接而成,中间一段为等速运动轨迹的位移曲线,首、末两段为其他运动轨迹的位移曲线。

**01.0284 改进正弦加速度运动轨迹** modified sine acceleration motion curve

这种运动轨迹的位移曲线由三段曲线光滑连接而成,中间一段为周期较长的正弦加速度运动轨迹的位移曲线,首、末两段为周期较短的正弦加速度运动轨迹的位移曲线。

**01.0285 刚性冲击** rigid impact, rigid shock

从动件在某瞬时速度突变,其加速度及惯性力在理论上均趋于无穷大时所引起的冲击。

**01.0286 柔性冲击** soft impact, soft shock

从动件在某瞬时加速度发生有限大值的突变时所引起的冲击。

**01.0287 跨越** crossover

在沟槽凸轮机构中,由于存在侧隙,当从动件加速度方向没变时,从动件与凸轮的接触从正常工作的一侧突然变到对侧的现象。

**01.0288 跨越冲击** crossover impact, crossover shock

在沟槽凸轮的机构中,由跨越引起的冲击。

**01.0289 动力多项式凸轮** polydyne cam

将凸轮机构视作弹性振动系统,并按多项式真实运动规律设计的凸轮。

**01.0290 位移响应** displacement response

在凸轮机构中,由于受迫振动造成从动件系统运动规律的变化而产生的输出端的实际位移。

## 01.06 其他机构

**01.0291 螺旋机构** screw mechanism

用螺旋副将主动件的转动变为从动件移动的机构。

**01.0292 复式螺旋机构** compound screw mechanism

由旋向不同的两个螺旋副组成的螺旋机构。

**01.0293 差动螺旋机构** differential screw mechanism

由旋向相同但导程不同的两个螺旋副组成的螺旋机构。

**01.0294 瞬心线机构** centrode mechanism

组成高副的两元素为一对瞬心线的平面高副机构。

**01.0295 包络线机构** envelope mechanism

组成高副的两元素为一对互包络曲线的平面高副机构。

**01.0296 楔块机构** wedge mechanism

仅含有移动副的机构。

**01.0297 自锁机构** self-locking mechanism

具有自锁特性的机构。

**01.0298 间歇运动机构** intermittent mechanism

其输出运动具有停歇特性的机构。

**01.0299 步进运动机构** step mechanism

其输出运动具有步进运动特性的机构。

**01.0300 不完全齿轮机构** incomplete gear mechanism

由轮齿不布满整个圆周的齿轮作为主动轮的齿轮机构。

**01.0301 非圆齿轮机构** non-circular gear mechanism

节圆曲线不是圆形的齿轮机构。

**01.0302 槽轮** geneva wheel

具有多条工作槽面的轮子,它在装有圆销的曲柄推动下实现步进运动。

**01.0303 槽轮机构** geneva mechanism, maltese mechanism

由槽轮、装有圆销的曲柄和机架组成的步进运动机构。

**01.0304 棘爪 pawl**
两个构件间的一种爪形中介构件,用以阻止这两构件在某一方向的相对运动。

**01.0305 棘轮 ratchet**
具有齿形表面或摩擦表面的轮子,由棘爪推动作步进运动。

**01.0306 棘轮机构 ratchet mechanism**
含有棘轮和棘爪的主动件作往复运动,从动件作步进运动的机构。

**01.0307 掣子 latch**
一种定位元件,由它进入某一构件的凹槽或孔腔中,使该构件固定在应有的位置。

**01.0308 挡块 stop**
与其他构件间歇性地接触的构件,用以限制构件之间的相对运动。

**01.0309 擒纵机构 escapement**
通过主动摆杆上两个爪尖交替地擒纵作用,使具有齿形表面的擒纵轮作步进运动的机构。

**01.0310 差动机构 differential mechanism**
具有多个自由度的机构,它接受与自由度数相应的多个独立的输入运动,以产生确定的输出运动。

# 02. 振 动 与 冲 击

## 02.01 一 般 名 词

**02.0001 振荡 oscillation**
相对于给定的参考系,一个为时间函数的量值与其平均值相比,时大时小交替地变化的现象。

**02.0002 声音 sound**
能引起听觉的声振。

**02.0003 声学 acoustics**
研究声音的产生、传播及其效应的科学和技术。

**02.0004 环境 environment**
在某一给定时刻系统所遭受的所有外界条件及其影响的综合。

**02.0005 动态系统 dynamic system**
现在的输出与过去的输入有关的系统。该系统有记忆性,输入和输出的关系用微分方程或差分方程描述。

**02.0006 惯性系统 seismic system**
依靠弹性元件将一个质量连接到参考基座所构成的系统,系统中通常还包括阻尼元件。

**02.0007 等效系统 equivalent system**
为便于分析而采用的与原系统效应相等的系统。

**02.0008 自由度 degrees of freedom**
在任意时刻完全确定机械系统位置所需要的独立的广义坐标数。

**02.0009 单自由度系统 single degree-of-freedom system**
在任意时刻只要一个广义坐标即可完全确定其位置的系统。

**02.0010 多自由度系统 multi-degree-of-freedom system**
在任意时刻需要两个或更多的广义坐标才能完全确定其位置的系统。

**02.0011　离散系统　discrete system**
具有有限个广义坐标的系统。

**02.0012　连续系统　continuous system**
具有无限个广义坐标的机械动力学系统。

**02.0013　刚度　stiffness**
作用在弹性元件上的力或力矩的增量与相应的位移或角位移的增量之比。

**02.0014　柔度　compliance**
刚度的倒数。

**02.0015　传递函数　transfer function**
在线性定常系统中,当初始条件为零时,系统的响应(或输出)与激励(或输入)的拉普拉斯变换之比。

**02.0016　机械阻抗　mechanical impedance**
线性定常机械系统中激励力相量与响应的速度相量之比。

**02.0017　驱动点阻抗　driving-point impedance**
机械系统中同一点的激励力相量与速度相量的复数比。

**02.0018　传递阻抗　transfer impedance**
机械系统中一点的激励力相量与另一点速度相量的复数比。

**02.0019　循环　cycle**
一个周期现象或函数在重复出现之前,所经过的历程的状态或数值的全部变化范围。

**02.0020　基本周期　fundamental period**
周期量函数重复出现时自变量的最小增量。

**02.0021　频率响应函数　frequency response function**
(1)简谐激励时,稳态输出相量与输入相量之比。(2)瞬态激励时,输出的傅里叶变换与输入的傅里叶变换之比。(3)平稳随机激励时,输出和输入的互谱与输入的自谱之比。

**02.0022　单位脉冲响应函数　unit impulse response function**
线性定常系统当初始条件为零时受到一单位脉冲函数力激励后的位移响应。

**02.0023　机械导纳　mechanical mobility**
机械阻抗的倒数。

**02.0024　驱动点导纳　driving-point mobility**
机械系统中同一点的速度相量与力相量的复数比。

**02.0025　传递导纳　transfer mobility**
机械系统中一点的速度相量与另一点激励力相量的复数比。

**02.0026　动刚度　dynamic stiffness**
响应为位移量时的机械阻抗。

**02.0027　视在质量　apparent mass**
响应为加速度时的机械阻抗。

**02.0028　贝尔　bel**
当以 10 为对数的底时的一种级的单位。贝尔只限于用在功率量或似功率量(平方量)中。

**02.0029　分贝　decibel**
符号为 dB,贝尔的十分之一,用两个振幅或强度比的对数表示。

## 02.02 机 械 振 动

**02.0030　机械振动**　mechanical vibration
描述机械系统运动或位置的量值相对某一平均值或大或小交替地随时间变化的现象。

**02.0031　周期振动**　periodic vibration
自变量经过某一相同增量后其值能再现的周期量。

**02.0032　准周期振动**　quasi-periodic vibration
波形略有变化的周期振动。

**02.0033　简谐振动**　simple harmonic vibration
自变量为时间的正弦函数的振动。

**02.0034　准正弦振动**　quasi-sinusoidal vibration
波形很像正弦波,但其频率和(或)振幅有相当缓慢的变化。

**02.0035　确定性振动**　deterministic vibration
可以由时间历程的过去信息预知未来任一时刻瞬时值的振动。

**02.0036　随机振动**　random vibration
在未来任一给定时刻,其瞬时值不能精确预知的振动。

**02.0037　窄带随机振动**　narrow-band random vibration
频率分量仅仅分布在某一窄频带内的随机振动。

**02.0038　宽带随机振动**　broad-band random vibration
频率分量分布在宽频带内的随机振动。

**02.0039　非平稳振动**　non-stationary vibration
非平稳的随机振动。

**02.0040　同频振动**　once per revolution vibration
由转子每旋转一周引起的振动,其频率与转速的相应频率相同。

**02.0041　倍频振动**　multiple-frequency vibration
频率相当于转速相应频率整数倍的振动。

**02.0042　噪声**　noise
不同频率、不同强度无规则地组合在一起的声音。如电噪声、机械噪声,可引伸为任何不希望有的干扰。

**02.0043　随机噪声**　random noise
在未来任一给定时刻,其瞬时值都不能精确预知的噪声。

**02.0044　正态随机噪声**　normal random noise, Gaussian random noise
又称"高斯随机噪声"。其瞬时值为正态分布的随机噪声。

**02.0045　白噪声**　white noise
在感兴趣的频率范围内,每单位带宽内有相等功率的噪声或振动。

**02.0046　粉红噪声**　pink noise
在与频带中心频率成正比的带宽(如倍频程带宽)内具有相等功率的噪声或振动。

**02.0047　优势频率**　dominant frequency
在谱密度曲线上与最大值对应的频率。

**02.0048　稳态振动**　steady-state vibration

连续的周期振动。

**02.0049　瞬态振动**　transient vibration
非稳态、非随机持续时间短暂的振动。

**02.0050　受迫振动**　forced vibration
由稳态激励产生的稳态振动。

**02.0051　自由振动**　free vibration
激励或约束去除后出现的振动。

**02.0052　纵向振动**　longitudinal vibration
细长弹性体沿其纵轴方向的振动。

**02.0053　弯曲振动**　bending vibration
使弹性体产生弯曲变形的振动。

**02.0054　扭转振动**　torsional vibration
弹性体绕其纵轴产生扭转变形的振动。

**02.0055　自激振动**　self-excited vibration
在非线性系统内由于非振荡能量转换为振荡能量而形成的振动。

**02.0056　参数振动**　vibration of parametric excitation
由于外来作用使系统参数(如摆长、转动惯量、刚度等)按一定规律变化而引起的振动。

**02.0057　非线性振动**　non-linear vibration
系统中某些参数有非线性特征,只能用非线性微分方程描述的振动。

**02.0058　张弛振动**　relaxation vibration
在一个周期内运动量有快速变化段和缓慢变化段的振动。

**02.0059　跳跃**　jump
在非线性系统中,当激振力幅值保持不变而频率缓慢地单调增大或单调减小时,受迫振动响应的振幅或相位会出现突然变化的现象。前者称为振幅跳跃,后者称为相位跳跃。

**02.0060　颤振**　flutter
弹性结构(如翼状结构)在均匀气流中由于受到气动力、弹性力和惯性力的耦合作用而发生的自激振动。

**02.0061　弛振**　galloping
弹性结构受非流线型结构的流体(气动力是角度的非线性函数)诱发作用而产生的自激振动。

**02.0062　混沌**　chaos
在确定性的非线性动态系统中出现的貌似随机的、不能预测的运动。它对初始条件有极其强烈的敏感性。

**02.0063　环境振动**　ambient vibration
与给定环境有关的所有的振动,通常是由远近振源产生的振动的综合效果。

**02.0064　附加振动**　extraneous vibration
除了主要研究的振动以外的全部振动。

**02.0065　非周期振动**　aperiodic vibration
不具有周期性的振动。

**02.0066　椭圆振动**　elliptical vibration
振动点的轨迹为椭圆形的振动。

**02.0067　直线振动**　rectilinear vibration
振动点的轨迹为直线的振动。

**02.0068　圆振动**　circular vibration
振动点的轨迹为圆形的振动。

**02.0069　振动模态**　modal of vibration
机械系统动态特性的一种表征,它基于系统的振动可经解耦后由一组彼此独立的单自由度振荡器的振动叠加的原理。

**02.0070　模态参数**　modal parameter
模态的特征参数,即振动系统的各阶固有频率、振型、模态质量、模态刚度与模态阻尼。

**02.0071 固有振动模态** natural mode of vibration

系统自由振动时的振动模态。

**02.0072 振型** mode shape

机械系统某一给定振动模态的振型,指在某一固有频率下,由中性面或中性轴上的点偏离其平衡位置的最大位移值所描述的图形。

**02.0073 基本振型** fundamental mode

振动系统在最低固有频率时的振型。

**02.0074 耦合振型** coupled modes

在一个系统中,同时存在的、互不独立的、相互间具有能量传递的振型。

**02.0075 非耦合振型** uncoupled modes

在一个系统中,同时存在的、彼此独立的、相互间没有能量传递的振型。

**02.0076 共振** resonance

系统作受迫振动时,激励频率有任何微小改变,都会使系统响应下降的现象。

**02.0077 共振频率** resonance frequency

系统出现共振时的频率。

**02.0078 振动烈度** vibration severity

极大值、平均值、均方根值或其他描述振动的参数中的一个或一组指定值。它可适用于瞬时数据或平均后的数据。

**02.0079 阻尼** damping

能量随时间或距离的耗散。

# 02.03 机 械 冲 击

**02.0080 机械冲击** mechanical shock

能激起系统瞬态扰动的力、位置、速度或加速度的突然变化。

**02.0081 冲击脉冲** shock pulse

在短于系统固有周期的时间内发生的以运动量或力的突然升降来表示的冲击激励形式。

**02.0082 冲击激励** shock excitation

作用于系统并产生机械冲击的激励。

**02.0083 冲击运动** shock motion

由冲击激励所产生的瞬态运动。

**02.0084 连续冲击** bump

试验所用的多次重复的冲击。

**02.0085 理想冲击脉冲** ideal shock pulse

可以用简单时间函数描述的冲击脉冲。

**02.0086 半正弦冲击脉冲** half-sine shock pulse

时间历程曲线为半正弦波的理想冲击脉冲。

**02.0087 后峰锯齿冲击脉冲** final peak sawtooth shock pulse

时间历程曲线为三角形的,即运动量由零线性地增加到最大值然后在一瞬间降落到零的理想冲击脉冲。

**02.0088 前峰锯齿冲击脉冲** initial peak sawtooth shock pulse

运动量在一瞬间上升到最大值,然后线性地减少到零的理想冲击脉冲。

**02.0089 对称三角形冲击脉冲** symmetrical triangular shock pulse

时间历程曲线为等腰三角形的理想冲击脉冲。

**02.0090 正矢冲击脉冲** versine shock pulse

时间历程曲线为自零开始的正矢(正弦平

方)曲线。

**02.0091 矩形冲击脉冲** rectangular shock pulse
时间历程曲线为矩形的理想冲击脉冲。

**02.0092 梯形冲击脉冲** trapezoidal shock pulse
时间历程曲线为梯形的理想冲击脉冲。

**02.0093 标称冲击脉冲** nominal shock pulse
带有给定公差的特定冲击脉冲。

**02.0094 冲击脉冲的标称值** nominal value of shock pulse
针对规定公差所给出的冲击脉冲规定值（如峰值或持续时间）。

**02.0095 冲击脉冲持续时间** duration of shock pulse
简单冲击脉冲的运动量上升到某一设定的最大值的分数值和下降到该值的时间间隔。

**02.0096 脉冲上升时间** pulse rise time
简单冲击脉冲的运动量从某一设定的最大值的较小分数值上升到另一设定的最大值的较大分数值所需要的时间间隔。

**02.0097 脉冲下降时间** pulse drop-off time
简单冲击脉冲的运动量从某一设定的最大值的较大分数值下降到另一设定的最大值的较小分数值所需要的时间间隔。

**02.0098 爆炸波** blast wave
由于爆炸或大气压力、水压力的急剧变化所形成的压力脉冲及随之产生的介质的运动。

**02.0099 冲击波** shock wave
伴随有通过介质或结构的冲击传播的位移、压力或其他变量的冲击时间历程。

**02.0100 冲击响应谱** shock response spectrum, shock spectrum
又称"冲击谱"。将受到机械冲击作用的一系列单自由度系统的最大响应（如位移、速度或加速度）作为各个系统固有频率的函数的描述。

## 02.04 测 试 技 术

**02.0101 振动试验** vibration test
为测定产品或试件在振动条件下的品质和行为而进行的试验。如响应测量、振动环境试验、动态特性测定试验和载荷识别试验等。

**02.0102 共振试验** resonance test
为检验产品是否会因共振发生破坏，在产品共振频率下，按规定幅值的加速度或位移，在规定时间内所作的振动试验。

**02.0103 耐振试验** endurance test
为检验产品在规定的振动条件下的动强度、疲劳性能及工作性能所作的试验。

**02.0104 模态试验** modal test
为确定系统模态参数所作的振动试验。通常先由激励和响应关系得出频率响应矩阵,再由曲线拟合等方法识别出各阶模态参数。

**02.0105 冲击试验** shock test
为检验产品或试件承受冲击载荷能力而作的试验。

**02.0106 连续冲击试验** bump test
检验产品或试件承受多次重复冲击载荷能力的试验。

# 03. 平　衡

## 03.01 一般名词

**03.0001　质心**　center of mass
与物体(质点系)质量分布有关的一个点。若假想该质点系的总质量集中于该点,则其对于坐标轴的矩等于该系各质点质量对同一坐标轴矩之和。

**03.0002　重心**　center of gravity
在重力场中,物体处于任何方位时所有各组成质点的重力的合力都通过的那一点。

**03.0003　旋转轴**　axis of rotation
物体绕其旋转的瞬时线。

**03.0004　临界转速**　critical speed, resonant speed
又称"共振转速"。系统产生共振的特征转速。

**03.0005　转子挠曲主振型**　rotor flexural principal mode
对于无阻尼的转子-支承系统,转子在第一挠曲临界转速时出现的振型。

## 03.02 转　子

**03.0006　转子**　rotor
通常指轴颈由轴承支承的旋转体。

**03.0007　刚性转子**　rigid rotor
可以在任意选定的两个校正平面上进行校正,并且校正之后,在直至最高工作转速的任何转速以及接近实际工作转速的支承条件下,其剩余不平衡量(相对轴线)无明显改变的转子。

**03.0008　挠性转子**　flexible rotor
又称"柔性转子"。由于弹性挠曲而不能满足刚性转子定义的转子。

**03.0009　准刚性转子**　quasi-rigid rotor
能在低于转子发生明显挠曲的转速下,进行良好平衡的挠性转子。

**03.0010　外悬**　overhung
位置在支承跨度以外,如外悬质量,外悬校正平面。

**03.0011　内质心转子**　inboard rotor
质心在两轴颈之间的双轴颈转子。

**03.0012　外质心转子**　outboard rotor
质心不在支承之间的双轴颈转子。

**03.0013　轴颈**　journal
转子上与轴承接触或由轴承支承着的在其中旋转的部分。

**03.0014　轴颈中心线**　journal axis
连接轴颈两端横截面中心的直线。

**03.0015　轴颈中心**　journal center
轴颈中心线与轴承横向合成力作用的轴颈径向平面的交点。

**03.0016　局部质量偏心距**　local mass eccentricity
垂直于转子轴线切出的小的轴向单元的质心与转子轴线间的距离。

## 03.03 不 平 衡

**03.0017 不平衡** unbalance
转子旋转产生离心力,以振动或振动力的方式作用于转子轴承时,该转子所处的状态。

**03.0018 静不平衡** static unbalance
中心主惯性轴平行偏离于轴线的不平衡状态。

**03.0019 准静不平衡** quasi-static unbalance
中心主惯性轴与转子轴线在质心以外的某一点相交的不平衡状态。

**03.0020 偶不平衡** couple unbalance
中心主惯性轴与转子轴线在质心相交的不平衡状态。

**03.0021 动不平衡** dynamic unbalance
中心主惯性轴与转子轴线既不平行又不相交的不平衡状态。

**03.0022 不平衡量** amount of unbalance
转子某平面上不平衡的量值,不涉及不平衡的相角位置,它等于不平衡质量和其质心至轴线距离的乘积。

**03.0023 不平衡质量** unbalance mass
位于转子特定半径处的质量,该质量与向心加速度的乘积等于不平衡离心力。

**03.0024 不平衡相角** angle of unbalance
又称"不平衡相位"。在垂直于转子轴线的平面内并随转子一起旋转的极坐标系中,不平衡质量位于给定坐标系中的极角。

**03.0025 不平衡矢量** unbalance vector
大小为不平衡量,方向为不平衡相角的矢量。

**03.0026 不平衡力** unbalance force
在给定转速下,由转子某校正平面上的不平衡引起的在该平面的离心力(相对于转子曲线)。

**03.0027 合成不平衡力** resultant unbalance force
当转子围绕其轴线旋转时,相对于轴线上任意一点,转子所有质量单元的离心力系的合力。

**03.0028 不平衡力矩** unbalance moment
在包含转子质心和轴线的平面上,转子某质量单元的离心力对于某参考点的力矩。

**03.0029 合成不平衡力矩** resultant unbalance moment
在包含转子质心和轴线的平面上,转子所有质量单元的离心力系对于某参考点的合成力矩。

**03.0030 不平衡力偶** unbalance couple
在合成不平衡力为零的情况下,转子所有质量单元的离心力系的合成力偶。

**03.0031 不平衡度** specific unbalance
转子单位质量的不平衡量。在静不平衡时,相当于转子的质量偏心距。

**03.0032 初始不平衡** initial unbalance
平衡前转子上存在的不平衡量。

**03.0033 剩余不平衡** residual unbalance
平衡后转子上剩余的不平衡量。

**03.0034 平衡允差** balance tolerance
对于刚性转子,当某径向平面(测量平面或校正平面)规定的不平衡量的最大值低于该值时,转子不平衡状态认为合格。

**03.0035 初始振动** initial vibration
平衡前转子或轴承座的振动。

**03.0036 剩余振动** residual vibration
平衡后转子或轴承座的振动。

**03.0037 振型不平衡允差** modal unbalance
tolerance
对应于某一振型所规定的等效振型不平衡量的最大值。在该振型下,低于该值的不平衡状态认为合格。

**03.0038 热致不平衡** thermally induced
unbalance

由于温度变化而引起的转子不平衡状态的明显改变。

**03.0039 不平衡灵敏度** sensitivity to un-
balance
机器本身对不平衡变化反应的量度,在数值上以振动矢量变化对不平衡变化的比值表示。

**03.0040 局部灵敏度** local sensitivity
又称"影响系数"。转子在规定转速下,在指定测量平面上位移或速度矢量变化对某一平面上不平衡矢量变化的比值。

## 03.04 平 衡

**03.0041 平衡** balancing
检验并在必要时调整转子的质量分布,以保证在相应于工作转速的频率下,剩余不平衡或者轴颈振动和(或)作用于轴承的力在规定范围内的工艺过程。

**03.0042 单面[静]平衡** single-plane
[static] balancing
调整刚性转子的质量分布,保证剩余的静不平衡量在规定范围内的工艺过程。

**03.0043 双面[动]平衡** two-plane
[dynamic] balancing
调整刚性转子的质量分布,保证剩余的动不平衡量在规定范围内的工艺过程。

**03.0044 多面平衡** multiplane balancing
需要在两个以上校正平面上进行不平衡校正的任何平衡过程,用于挠性转子平衡。

**03.0045 质量定心** mass centering
确定主惯性轴的过程,对轴颈、中心或其他有关表面进行机械加工,使由这些表面确定的旋转轴线尽量接近主惯性轴。

**03.0046 转子现场平衡** rotor field balanc-
ing
转子在原配轴承和支承结构上而不是在平衡机上进行的平衡过程。

**03.0047 挠性转子低速平衡** low speed
balancing of flexible rotor
被平衡挠性转子在能视为刚性转子的转速下进行的平衡过程。

**03.0048 挠性转子高速平衡** high speed
balancing of flexible rotor
被平衡挠性转子在不能视为刚性转子的转速下进行的平衡过程。

**03.0049 测量平面** measuring plane
垂直于转子轴线,在其上测量不平衡矢量的平面。

**03.0050 校正[平衡]平面** correction
[balancing] plane
垂直于转子轴线,用于校正不平衡的平面。

**03.0051 校正方法** method of correction
为把不平衡或由不平衡引起的振动或振动力减小到某一允许差值,采用的调整转子质量分布的方法。

**03.0052 试验质量** test mass
配合校验转子用于测试平衡机的严格规定的质量。

**03.0053 校正质量** correction mass
在给定的校正平面上,为把不平衡减小到所要求的范围,附加于转子的质量(转子相反位置除去的质量)。

**03.0054 标定质量** calibration mass
某已知质量,用于:(1)与校验转子一起,以标定平衡机;(2)在某种类型的第一个转子上,标定软支承平衡机以校正该转子以及同类型的转子。

**03.0055 试加质量** trial mass
任意(或由先前对同样转子的经验)选择并加在转子上以确定转子响应的质量。

**03.0056 平面转换** plane transposition
在不是初始测量平面的其他平面上确定不平衡量的过程。

**03.0057 振型平衡** modal balancing
平衡挠性转子的一种方法,分别在有影响的各阶挠曲主振型下进行不平衡校正,使振幅减小到规定范围之内。

**03.0058 影响系数法** influence coefficient method
根据线性振动理论,求得影响系数,以进行平衡的一种转子平衡方法。

**03.0059 转子平衡等级** balance quality grade
对于刚性转子,以转子不平衡度与转子最大工作角速度之积作为分级的量值。

**03.0060 合格界限** acceptability limit
规定的不平衡量的最大值,低于该值时转子不平衡状态认为合格。

# 04. 机械制图、公差与配合

## 04.01 机 械 制 图

**04.0001 展开图** developing drawing
空间形体的表面在平面上摊平后得到的图形。

**04.0002 图纸幅面** format
图纸宽度与长度组成的图面。

**04.0003 比例** scale
图中图形与实物相应要素的线性尺寸之比。

**04.0004 字体** lettering
图中文字、字母、数字的书写形式。

**04.0005 图线** line
图中所采用各种形式的线。

**04.0006 尺寸** dimension
用特定长度或角度单位表示的数值,并在技术图样上用图线、符号和技术要求表示出来。

**04.0007 标题栏** title block
由名称及代号区、签字区、更改区和其他区组成的栏目。

**04.0008 明细栏** item block
由序号、代号、名称、数量、材料、重量、备注等内容组成的栏目。

**04.0009 图框** border
图纸上限定绘图区域的线框。

**04.0010 简化画法** simplified representation

包括规定画法、省略画法、示意画法等在内的图示方法。

**04.0011 规定画法** specified representation

对标准中规定的某些特定表达对象,所采用的特殊图示方法。

**04.0012 省略画法** omissive representation

通过省略重复投影、重复要素、重复图形等达到使图样简化的图示方法。

**04.0013 示意画法** schematic representation

用规定符号和(或)较形象的图线绘制图样的表意性图示方法。

**04.0014 分角** quadrant

又称"相限"。用水平和铅垂的两投影面将空间分成的各个区域。

**04.0015 第一角画法** first angle method

将物体置于第一分角内,并使其处于观察者与投影面之间而得到正投影的方法。

**04.0016 第三角画法** third angle method

将物体置于第三分角内,并使投影面处于观察者与物体之间而得到正投影的方法。

**04.0017 投影法** projection method

投射线通过物体,向选定的面投射,并在该面上得到图形的方法。

**04.0018 投影** projection

根据投影法所得到的图形。

**04.0019 投影面** projection plane

投影法中,得到投影的面。

**04.0020 中心投影法** central projection method

投射线汇交一点的投影法。

**04.0021 平行投影法** parallel projection method

投射线相互平行的投影法。

**04.0022 正投影法** orthogonal projection method

投射线与投影面相垂直的平行投影法。

**04.0023 正投影** orthogonal projection

根据正投影法所得到的图形。

**04.0024 斜投影法** oblique projection method

投射线与投影面相倾斜的平行投影法。

**04.0025 斜投影** oblique projection

根据斜投影法所得到的图形。

**04.0026 轴测投影** axonometric projection

将物体连同其参考直角坐标系,沿不平行于任一坐标面的方向,用平行投影法将其投射在一个投影面上所得到的图形。

**04.0027 透视投影** perspective projection

用中心投影法将物体投射在一个投影面上所得到的图形。

**04.0028 镜象投影** reflective projection

物体在平面镜中的反射图象的正投影。

**04.0029 标高投影** indexed projection

在物体的水平投影上,加注其某些特征面、线以及控制点的高度数值的正投影。

**04.0030 图** drawing

用点、线、符号、文字和数字等描绘事物几何特性、形态、位置及大小的一种形式。

**04.0031 图样** drawing

根据投影原理、标准或有关规定,表示工程对象,并有必要的技术说明的图。

**04.0032 简图** diagram

由规定的符号、文字和图线组成示意性的

图。

**04.0033  详图  detail**
表明生产过程中所需要的细部构造、尺寸及用料等全部资料的详细图样。

**04.0034  视图  view**
根据有关标准和规定,用正投影法将机件向投影面投影所得到的图形。

**04.0035  主视图  front view**
由前向后投射所得的视图。

**04.0036  俯视图  top view**
由上向下投射所得的视图。

**04.0037  左视图  left view**
由左向右投射所得的视图。

**04.0038  右视图  right view**
由右向左投射所得的视图。

**04.0039  仰视图  bottom view**
由下向上投射所得的视图。

**04.0040  后视图  rear view**
由后向前投射所得的视图。

**04.0041  局部放大图  drawing of partial enlargement**
将图样中所表示的物体部分结构,用大于原图形的比例所绘出的图形。

**04.0042  剖视图  section view**
假想用剖切面剖开机件,将处在观察者和剖切面之间的部分移去,将其余部分向投影面投影所得的图形。

**04.0043  剖面图  section**
假想用剖切平面将机件的某处切断,所得切断面的图形。

**04.0044  轴测图  axonometric drawing**
用平行投影法将空间形体和确定其位置的空间直角坐标系投影到投影面上得到的图形。

**04.0045  平面图  plan**
建筑物,构筑物等在水平投影上所得的图形。

**04.0046  立面图  elevation**
建筑物、构筑物等在直立投影上所得的图形。

**04.0047  零件图  detail drawing**
表示零件结构、大小及技术要求的图样。

**04.0048  装配图  assembly drawing**
表示产品及其组成部分的连接、装配关系的图样。

**04.0049  毛坯图  model drawing**
零件制造过程中,为铸造、锻造等非切削加工方法制作坯料时提供详细资料的图样。

**04.0050  型线图  lines plan**
用成组图线表示物体特征曲面(如船体、汽车车身、飞机机身等型表面)的图样。

**04.0051  表格图  tabular drawing**
用图形和表格,表示结构相同而参数、尺寸、技术要求不尽相同的产品的图样。

**04.0052  空白图  blank drawing**
对结构相同的零件或部件,不按比例绘制且未标注尺寸的典型图样。

**04.0053  外形图  figuration drawing**
表示产品外形轮廓的图样。

**04.0054  安装图  installation drawing**
表示设备、构件等安装要求的图样。

**04.0055  管系图  piping system drawing**
表示管道系统中介质的流向、流经的设备以及管件等连接、配置状况的图样。

**04.0056 方案图** conceptual drawing
概要表示工程项目或产品的设计意图的图样。

**04.0057 设计图** design drawing
在工程项目或产品进行构形和计算过程中所绘制的图样。

**04.0058 施工图** production drawing
表示施工对象的全部尺寸、用料、结构、构造以及施工要求,用于指导施工用的图样。

**04.0059 总布置图** general plan
表示特定区域的地形和所有建筑物等布局以及邻近情况的平面图样。

**04.0060 原理图** schematic diagram
表示系统、设备的工作原理及其组成部分的相互关系的简图。

**04.0061 框图** block diagram
表示某一系统工作原理的一种简图。其中,整个系统或部分系统连同其功能关系均用称为功能框的符号或图形以及连线和字符表示。

**04.0062 流程图** flow diagram
表示生产过程中事物各个环节进行顺序的简图。

**04.0063 电路图** circuit diagram
用图形符号,表示电路设备装置的组成和连结关系的简图。

**04.0064 接线图** connection diagram
表示成套装置、设备或装置的电路连接关系的简图。

**04.0065 逻辑图** logic diagram
主要用二进制逻辑单元图形符号所绘制的电路简图。

**04.0066 算图** graph
运用标有数值的几何图形或图线进行数学计算的图。

**04.0067 表图** chart
用点、线、图形和必要的变量数值,表示事物状态或过程的图。

**04.0068 草图** sketch
以目测估计图形与实物的比例,按一定画法要求徒手(或部分使用绘图仪器)绘制的图。

**04.0069 原图** original drawing
经审核、认可后,可作为原稿的图。

**04.0070 底图** traced drawing
根据原图制成的可供复制的图。

**04.0071 复制图** duplicate
由底图或原图复制成的图。

## 04.02 公 差 与 配 合

**04.0072 孔** hole
主要指圆柱形内表面,也包括其他内表面中由单一尺寸确定的部分。

**04.0073 轴** shaft
(1)支承转动件,传递运动或动力的机械零件。(2)主要指圆柱形外表面,也包括其他外表面中由单一尺寸确定的部分。

**04.0074 基本尺寸** basic size
设计给定的尺寸。

**04.0075 实际尺寸** actual size
通过测量所得的尺寸。

**04.0076 极限尺寸** limits of size
允许尺寸变化的两个界限值,它以基本尺

寸为基数来确定。

**04.0077  最大极限尺寸**  maximum limit of size
允许尺寸变化的两个界限值中大的极限尺寸。

**04.0078  最小极限尺寸**  minimum limit of size
允许尺寸变化的两个界限值中小的极限尺寸。

**04.0079  尺寸偏差**  deviation
某一尺寸减其基本尺寸所得的代数差。

**04.0080  上偏差**  upper deviation
最大极限尺寸减其基本尺寸所得的代数差。

**04.0081  下偏差**  lower deviation
最小极限尺寸减其基本尺寸所得的代数差。

**04.0082  极限偏差**  limit deviation
上偏差与下偏差的统称。

**04.0083  实际偏差**  actual deviation
实际尺寸减其基本尺寸所得的代数差。

**04.0084  基本偏差**  fundamental deviation
标准规定的,用以确定公差带相对于零线位置的上偏差或下偏差。

**04.0085  配合**  fit
基本尺寸相同的,相互配合的孔和轴公差带之间的关系。

**04.0086  间隙**  clearance
孔的尺寸减去相配合的轴的尺寸所得的代数差,此差为正时是间隙。

**04.0087  过盈**  interference
孔的尺寸减去相配合的轴的尺寸所得的代数差,此差为负时是过盈。

**04.0088  间隙配合**  clearance fit
具有间隙(包括最小间隙等于零)的配合。

**04.0089  过盈配合**  interference fit
具有过盈(包括最小过盈等于零)的配合。

**04.0090  过渡配合**  transition fit
可能具有间隙或过盈的配合。

**04.0091  实际要素**  real feature, actual feature
零件实际存在的要素。

**04.0092  尺寸公差**  tolerance of size
简称"公差"。允许的尺寸变动量。

**04.0093  形状公差**  form tolerance
单一实际要素的形状所允许的变动全量。

**04.0094  位置公差**  position tolerance
关联实际要素的位置对基准所允许的变动量。

**04.0095  定向公差**  orientation tolerance
关联实际要素对基准方向上允许的变动全量。

**04.0096  定位公差**  location tolerance
关联实际要素对基准在位置上所允许的变动全量。

**04.0097  跳动公差**  run-out tolerance
关联实际要素绕其基准线回转一周或连续回转时所允许的最大跳动量。

**04.0098  零线**  zero line
公差与配合中确定偏差的一条基准直线。

**04.0099  公差带**  tolerance zone
限制实际要素变动量的区域。

**04.0100  尺寸公差带**  tolerance zone of size
在公差带中上下偏差所限定的区域。

**04.0101　配合公差带**　fit tolerance zone

在公差带中,间隙或过盈的上下偏差所限定的区域。

**04.0102　延伸公差带**　projection tolerance zone

根据零件的功能要求,位置度和对称度公差带需延伸到被测要素的长度界限之外时的公差带。

**04.0103　标准公差**　standard tolerance, fundamental tolerance

标准规定的,用以确定公差带大小的任一公差。

**04.0104　公差单位**　standard tolerance unit

计算标准公差的基本单位,它是基本尺寸的函数。

**04.0105　公差等级**　tolerance grade

确定尺寸精确程度的等级。

**04.0106　最小间隙**　minimum clearance

对间隙配合,孔的最小极限尺寸减轴的最大极限尺寸所得的代数差。

**04.0107　最大间隙**　maximum clearance

对间隙配合或过渡配合,孔的最大极限尺寸减轴的最小极限尺寸所得的代数差。

**04.0108　最小过盈**　minimum interference

对过盈配合,孔的最大极限尺寸减轴的最小极限尺寸所得的代数差。

**04.0109　最大过盈**　maximum interference

对过盈配合或过渡配合,孔的最小极限尺寸减轴的最大极限尺寸所得的代数差。

**04.0110　配合公差**　variation of fit, fit tolerance

允许间隙或过盈的变动量。

**04.0111　基孔制**　hole-basic system of fits

基本偏差为一定的孔的公差带,与不同的基本偏差的轴的公差带形成各种配合的一种制度。

**04.0112　基准孔**　basic hole

基孔制的孔为基准孔,标准规定的基准孔,其下偏差为零。

**04.0113　基轴制**　shaft-basic system of fits

基本偏差为一定的轴的公差带,与不同基本偏差的孔的公差带形成各种配合的一种制度。

**04.0114　基准轴**　basic shaft

基轴制中的轴,标准规定的基准轴,其上偏差为零。

**04.0115　最大实体状态**　maximum material condition

孔或轴具有允许的材料量为最多时的状态。

**04.0116　最大实体尺寸**　maximum material size

最大实体状态下的极限尺寸。

**04.0117　最小实体状态**　least material condition

孔或轴具有允许的材料量为最少时的状态。

**04.0118　最小实体尺寸**　least material size

最小实体状态下的极限尺寸。

# 05. 疲 劳

## 05.01 一般名词

**05.0001 疲劳 fatigue**
材料、零件、构件在循环应力和应变作用下,在一处或几处产生局部永久性累积损伤而产生裂纹,经一定循环次数后,裂纹扩展突然完全断裂的过程。

**05.0002 高周疲劳 high-cycle fatigue**
材料、零件、构件在低于其屈服强度的循环应力作用下,经 $10^6$ 以上循环次数而产生的疲劳。

**05.0003 低周疲劳 low-cycle fatigue**
材料、零件、构件在接近或超过其屈服强度的循环应力作用下,经 $10^2 \sim 10^5$ 次塑性应变循环次数而产生的疲劳。

**05.0004 高温疲劳 high-temperature fatigue**
材料、零件、构件在高温环境下产生的蠕变与应变循环叠加的疲劳。

**05.0005 低温疲劳 low-temperature fatigue**
材料、零件、构件在低温环境下,在循环应力作用下的疲劳。

**05.0006 热疲劳 cyclic-temperature loading fatigue**
材料、零件、构件在温度循环变化下由于循环热应力所导致的疲劳。

**05.0007 多冲疲劳 multi-impulse fatigue**
材料、零件、构件在重复冲击载荷下所导致的疲劳。

**05.0008 接触疲劳 contact fatigue**
材料、零件、构件在循环接触应力作用下,产生局部永久性累积损伤,经一定的循环次数后,接触表面产生麻点,浅层或深层剥落的过程。

**05.0009 腐蚀疲劳 corrosion fatigue**
材料、零件、构件在腐蚀环境和循环应力(应变)的复合作用下所导致的疲劳。

**05.0010 微动疲劳 fretting fatigue**
两接触固体表面在接触力和小幅度往复相对运动的作用下,接触表面上可能产生的疲劳。

**05.0011 声疲劳 acoustical fatigue**
由于高声压水平的噪声场使结构件产生的疲劳破坏。

**05.0012 循环载荷 cyclic loading**
周期性或非周期性经一定时间后重复出现的动载荷。

**05.0013 恒幅载荷 constant loading**
循环载荷中,所有峰值载荷均相等和所有谷值载荷均相等的载荷。

**05.0014 变幅载荷 variable amplitude loading**
循环载荷中,所有峰值载荷、谷值载荷不是定值的载荷。

**05.0015 随机载荷 random loading**
循环载荷中,峰值载荷和谷值载荷的大小及其序列是随机出现的一种变幅变频载荷。

**05.0016 最大应力 maximum stress**

交变应力中具有最大代数值的应力。

**05.0017 最大应变** maximum strain
交变应变中具有最大代数值的应变。

**05.0018 最小应力** minimum stress
交变应力中具有最小代数值的应力。

**05.0019 最小应变** minimum strain
交变应变中具有最小代数值的应变。

**05.0020 平均应力** mean stress
交变应力中,最大应力和最小应力的平均值。

**05.0021 平均应变** mean strain
交变应变中,最大应变和最小应变的平均值。

**05.0022 应力幅** stress amplitude
交变应力中,最大应力与平均应力的差值。

**05.0023 应变幅** strain amplitude
交变应变中,最大应变与平均应变的差值。

**05.0024 应力变程** stress range
最大应力与最小应力的差值。

**05.0025 应变变程** strain range
最大应变与最小应变的差值。

**05.0026 应力比** stress ratio
交变应力中,最小应力与最大应力的比值。

**05.0027 对称循环** symmetry cycle
恒幅循环载荷中,最大载荷与最小载荷的绝对值相等符号相反的循环。

**05.0028 不对称循环** asymmetry cycle
恒幅循环载荷中,最大戴荷与最小载荷的绝对值不相等的循环。

**05.0029 脉动循环** pulsation cycle
循环载荷中,最小载荷等于零的循环。

**05.0030 名义应力** nominal stress
载荷除以原始截面面积得到的应力。

**05.0031 名义应变** nominal strain
长度改变量除以原始长度(标距长度)得到的应变。

**05.0032 真实应力** true stress
载荷除以受载后实际的截面面积得到的应力。

**05.0033 真实应变** true strain
考虑受载过程中应变增量而得到的应变。

**05.0034 疲劳强度** fatigue strength
材料、零件和结构件对疲劳破坏的抗力。

**05.0035 疲劳强度设计** fatigue strength design
对承受交变载荷的零件和构件,根据疲劳强度理论和疲劳试验数据,决定其合理的结构和尺寸的机械设计方法。

**05.0036 疲劳极限** fatigue limit
指定循环基数下的中值疲劳强度。循环基数一般取 $10^7$ 或更高一些。

**05.0037 疲劳寿命** fatigue life
疲劳失效时所经受的应力或应变的循环次数。

**05.0038 应力集中** stress concentration
受载零件或构件在形状、尺寸急剧变化的局部出现应力增大的现象。

**05.0039 应力松弛** stress relaxation
材料在一定的温度和约束承载状态下,总应变(弹性应变和塑性应变)保持不变,而应力随时间的延长逐渐降低的现象。

**05.0040 应变集中** strain concentration
受载零件或构件在形状尺寸突然改变处出现应变增大的现象,应变集中处就是应力集中处。

**05.0041 理论应力集中系数** theoretical stress concentration factor
按弹性理论计算所得缺口或其他应力集中源处的局部最大应力与相应的名义应力的比值。

**05.0042 有效应力集中系数** effective stress concentration factor
又称"疲劳缺口系数"。在载荷条件和绝对尺寸相同时,无应力集中的光滑试样与有应力集中的缺口试样的疲劳强度之比。

**05.0043 迟滞回线** hysteresis loop
材料进入塑性经多次循环达到稳定状态后,一次循环中的应力－应变回路。

**05.0044 循环硬化** cyclic hardening
在低周疲劳试验中进行等应变(或等应力)控制的情况下,应力(或应变)随循环的增加而增加(或减小),然后达到稳定的现象。

**05.0045 循环软化** cyclic softening
在低周疲劳试验中进行等应变(或等应力)控制的情况下,应力(或应变)随循环的增加而减小(或增加),然后达到稳定的现象。

**05.0046 循环应力－应变曲线** cyclic stress-strain curve
在低周疲劳试验中,经过一定次数的循环后,应力应变的变化趋于稳定,迟滞回线接近于封闭环的应力－应变曲线。

**05.0047 应力－寿命曲线** $S$-$N$ curve
在疲劳试验中,得到的各应力 $\sigma$ 及其相应的寿命 $N$ 之间关系的曲线;在低周疲劳试验中,得到的各应力 $\sigma$ 及其相应的寿命 $N$ 之间关系曲线,这两条曲线统称 $S$-$N$ 曲线。

**05.0048 概率－疲劳应力－寿命曲线** $P$-$S$-$N$ curve
考虑不同概率值的一组疲劳应力－寿命曲线。

**05.0049 疲劳极限线图** fatigue limit diagram
在规定的破坏寿命下,根据不同的应力比得到的疲劳极限,画出的疲劳极限线图。

**05.0050 等寿命曲线** equilife curve
应用疲劳极限线图的画法,把常规疲劳试验的主要参量都画在同一张纸上,便于使用。

**05.0051 保持时间** holding time
疲劳试验中,控制的力学试验变量,如载荷、应变、位移,在循环中保持恒定的时间。

**05.0052 无限寿命设计** infinite life design
以机器使用寿命无限长为依据所进行的设计。

**05.0053 有限寿命设计** finite life design
以机器指定寿命为依据进行的设计。

**05.0054 寿命估算** life estimation
根据疲劳强度设计理论,对机器及其主要零部件在使用条件下,进行疲劳寿命的预估。

**05.0055 尺寸系数** size factor
除试样尺寸外其他情况均相同时,非标准尺寸试样的疲劳极限与同材料标准尺寸试样的疲劳极限之比值。

**05.0056 表面硬化** surface hardening
利用喷丸、辊压、表面淬火等工艺,使表层材料硬度提高并产生残余压应力以提高疲劳强度的强化方法。

**05.0057 表面加工系数** surface machining factor
某种机加工试样的疲劳极限与磨光标准试样的疲劳极限的比值。

**05.0058　表面强化系数**　surface strength-ening factor
对试样表面进行某种强化工艺后,其疲劳极限与未进行强化工艺试样的疲劳极限的比值。

**05.0059　疲劳损伤**　fatigue damage
材料承受高于疲劳极限的交变应力时,每一循环都使材料产生一定量的损伤,导致疲劳强度下降的现象。

**05.0060　疲劳累积损伤**　cumulative fatigue damage
在交变载荷下零件产生的损伤,随着循环次数的增加而累积。

**05.0061　载荷－时间历程**　load-time history
载荷随时间变化的历程。

**05.0062　载荷谱**　loading spectrum
将实测的载荷－时间历程舍去小载荷,进行简化及处理后得到的用于疲劳试验的加载谱。

**05.0063　载荷顺序效应**　sequence effect of loading
载荷峰与谷的排列顺序对疲劳寿命的影响。

## 05.02　疲劳的断裂力学分析

**05.0064　断裂力学分析**　fracture mechanics analysis
研究带裂纹材料、零件或构件中裂纹开始扩展的条件和扩展、断裂的力学分析方法。

**05.0065　线弹性断裂力学分析**　linear elastic fracture mechanics, LEFM
当裂尖塑性区相对于裂纹长度来说很小,忽略塑性区影响在断裂分析中能满足工程精度要求,且变形小可以在线性弹性的假设下进行的断裂力学分析。

**05.0066　弹塑性断裂力学分析**　elastic-plastic fracture mechanics, EPFM
裂纹前沿整个截面未达到完全屈服,而裂纹尖端塑性区又不可忽略,考虑弹塑性进行的断裂力学分析。

**05.0067　张开型裂纹**　opening mode crack
又称"Ⅰ型裂纹"。拉伸受载,裂纹面与载荷方向垂直。

**05.0068　滑开型裂纹**　sliding mode crack
又称"Ⅱ型裂纹"。裂纹面受与其平行的平面内的剪切载荷,载荷方向与裂纹方向一致。

**05.0069　撕开型裂纹**　tearing mode crack
又称"Ⅲ型裂纹"。裂纹面受与其平行的平面内的剪切载荷,载荷方向与裂纹方向垂直。

**05.0070　裂纹尺寸**　crack size
在裂纹的主平面上得的裂纹平均长度(或深度)。

**05.0071　原始裂纹尺寸**　original crack size
零件或构件制成后来自原材料或制造过程形成的已存在的裂纹尺寸。

**05.0072　有效裂纹尺寸**　effective crack size
考虑到裂纹尖端塑性变形影响而增大了的裂纹尺寸。

**05.0073　临界裂纹尺寸**　critical crack size
在一定的应力下试验到达失稳断裂时的裂纹尺寸。

**05.0074　应力强度因子**　stress-intensity

factor

反映弹性体裂纹尖端应力场奇异性强弱程度的一个参量。

**05.0075 最大应力强度因子** maximum stress-intensity factor

交变载荷下,带裂纹的零件或构件裂纹尖端的最大的应力强度因子值,此值对应于最大载荷,并随裂纹的增长而变化。

**05.0076 最小应力强度因子** minimum stress-intensity factor

交变载荷下,带裂纹的零件或构件裂纹尖端的最小的应力强度因子值,此值对应于最小载荷,当应力比等于或小于零时此值为零。

**05.0077 应力强度因子幅度** stress-intensity factor range

一次循环中的最大与最小应力强度因子值的代数差。

**05.0078 断裂韧性** fracture toughness

又称"断裂韧度"。构件材料应力强度因子的临界值。

**05.0079 疲劳裂纹扩展速度** fatigue crack propagation speed

疲劳裂纹尺寸在单位时间内的增量。

**05.0080 裂纹扩展寿命** crack propagation life

交变载荷下,零件或构件从初始裂纹尺寸扩展到临界裂纹尺寸所经历的寿命。

**05.0081 裂纹形成寿命** crack initiation life

交变载荷下,零件或构件的薄弱环节从无裂纹经损伤发展到形成宏观裂纹所需的循环数(寿命)。

**05.0082 损伤容限设计** damage tolerant design

结构一旦产生损伤仍能维持额定载荷下所需的剩余强度的一种安全设计方法。

**05.0083 剩余强度** residual strength

结构的损伤随使用时间的延续而累积在失稳断裂之前任一时刻有效的实际静强度值。

**05.0084 破损安全结构** damage safety structure

损伤容限设计中,一旦出现破损仍可避免出现所不希望的事故的结构。

**05.0085 初始损伤尺寸** original damage size

结构中可能存在的缺陷的尺寸。一般取生产线上无损检验的最大不可检缺陷尺寸。

**05.0086 裂纹扩展阈值** threshold of crack extension

又称"裂纹扩展门槛值"。对应于已有裂纹不再扩展的应力强度因子值。

**05.0087 裂纹张开位移** crack opening displacement, COD

裂纹扩展时其尖端张开的位移,记为 $\delta$。$\delta$ 的临界值 $\delta_c$ 也是表征材料断裂韧性的一个判据。

**05.0088 裂纹扩展能量释放率** crack extension energy rate

裂纹扩展单位面积时系统释放的弹性能,记为 $G$。

## 05.03 疲 劳 试 验

**05.0089 疲劳试验** fatigue test

为评定材料、零部件或整机的疲劳强度及

疲劳寿命所进行的试验。

**05.0090 疲劳试样** fatigue test piece
又称"试件"。疲劳试验中所用的样品。

**05.0091 单点试验法** one-point testing
method
又称"常规试验法"。在每个应力水平下只试验一个试样,在应力－寿命平面上得到一个试验点。

**05.0092 成组试验法** group test method
在每个应力水平上用一组试样进行试验的方法,以提高准确度。

**05.0093 升降试验法** up and down test
method
一种测定材料疲劳极限值的方法。该法规定,凡前一根试样不到 $10^7$ 循环破坏,则随后的一次试验就要在低一级的应力下进行;凡前一次试样越出,则随后的一次试验就在高一级的应力下进行,直到全部完成试验为止的方法。

**05.0094 循环计数法** cycle counting
method
将连续的载荷－时间方程离散成一系列的峰值和谷值,并进行循环计数统计处理的方法。

**05.0095 雨流计数法** rain flow counting
method
又称"塔顶法"。以一个应力应变迟滞回线作为一个循环的计数方法。由于该法像雨流从塔顶往下流而得名。

# 06. 可　靠　性

## 06.01 一　般　名　词

**06.0001 可靠性** reliability
产品在规定的条件下和规定的时间区间内完成规定功能的能力。

**06.0002 随机现象** random phenomenon
取值随试验结果而定,且有一定概率分布的现象。

**06.0003 随机试验** random test
对随机现象进行测试。

**06.0004 总体** population
一个统计问题中所涉及个体的全体。

**06.0005 个体** individual
可以单独观测和研究的一个物体、一定量的材料或一次服务。

**06.0006 样本** sample
按一定程序从总体中抽取的一组个体。

**06.0007 样本量** sample size
样本中所包含的个体数目。

**06.0008 不可靠度** unreliability
产品在规定的工作条件下和规定的时间内不能完成规定功能的概率。

**06.0009 基本事件** basic event
在特定的故障树分析中,无须探明其发生原因的底事件。

**06.0010 条件事件** conditional event
在一定条件下才发生的随机事件。

**06.0011 互斥事件** exclusive event
不能同时发生的事件。

**06.0012 失效** failure

产品丧失完成规定功能能力的事件。

**06.0013 致命失效** critical failure
可能导致人员伤亡,重要物件损坏或其他不可容忍后果的失效。

**06.0014 非致命失效** non-critical failure
不太可能导致人员伤亡,重要物件损坏或其他不可容忍后果的失效。

**06.0015 弱质失效** weakness failure
施加的应力未超出产品允许范围,由于产品本身薄弱引起的失效。

**06.0016 设计失效** design failure
产品设计不当造成的失效。

**06.0017 制造失效** manufacturing failure
由于产品的制造未按设计或规定的制造工艺造成的失效。

**06.0018 老化失效** ageing failure, wear-out failure
又称"耗损失效"。失效概率随时间的推移而增大的失效,它是产品固有过程的结果。

**06.0019 突然失效** sudden failure
事前检测或监测不能预测到的失效。

**06.0020 渐变失效** gradual failure, drift failure
又称"漂移失效"。产品规定的性能随时间的推移逐渐变化产生的失效。这种失效通过事前的推测或监测是可以预测的,有时可通过预防性维修加以避免。

**06.0021 灾变失效** catastrophic failure
使产品完全不能完成所有规定功能的突然失效。

**06.0022 系统性失效** systematic failure, reproducible failure
又称"重复性失效"。肯定与某个原因有关

的,只有通过修改设计或制造工艺,操作程序、文件或其他关联因素才能消除的失效。无修改措施的修复性维修通常是不能消除这种失效。这种失效可以通过模拟失效原因诱发。

**06.0023 完全失效** complete failure
完全不能完成全部规定功能的失效。

**06.0024 部分失效** partial failure
非完全丧失功能的失效。

**06.0025 退化失效** degradation failure
兼有渐变失效和部分失效的失效。

**06.0026 失效原因** failure cause
引起失效的设计、制造或使用阶段的有关原因。

**06.0027 失效机理** failure mechanism
引起失效的物理、化学或其他的原因和过程。

**06.0028 失效率** failure rate
工作到某时刻尚未失效的产品,在该时刻后单位时间内发生失效的概率。

**06.0029 失效率曲线** failure rate curve
失效率随时间变化的曲线。

**06.0030 浴盆曲线** bathtub curve
在产品整个使用寿命期间,典型的失效率变化曲线,形似浴盆。

**06.0031 早期失效期** early failure period
产品寿命早期可能存在的一段时间,在这期间的瞬时失效密度(对于修理的产品)或瞬时失效率(对于不修理的产品)明显高于其随后的期间。

**06.0032 恒定失效密度期** constant failure intensive period
修理的产品可能存在的失效密度近似恒定

的期间。

**06.0033 恒定失效率期** constant failure
rate period

不修理的产品可能存在的失效率近似恒定
的时间。

**06.0034 耗损失效期** wear-out failure peri-
od

产品寿命后期可能存在的一段时间,在这
段期间的瞬时失效密度(对于修理的产品)
或瞬时失效率(对于不修理的产品)明显高
于其先前时期。

**06.0035 失效数据直方图** failure data his-
togram

随机试验的失效数据,按照大小排列并分
成若干小组,得到每一小组上下限组距内
数据出现的频率,以频率为纵坐标,组距值
为横坐标,画出长方块来表示的分布图。

**06.0036 故障** fault

产品不能执行规定功能的状态。预防性维
修或其他计划性活动或缺乏外部资源的情
况除外。故障通常是产品本身失效后的状
态,但也可能在失效前就存在。

**06.0037 致命故障** critical fault

可能导致人员伤亡,重要物件损坏或其他
不可容忍后果的故障。

**06.0038 非致命故障** non-critical fault

不太可能导致人员伤亡,重要物件损伤或
其他不可容忍后果的故障。

**06.0039 弱质故障** weakness fault

施加的应力未超出产品允许范围,由于产
品本身薄弱引起的故障。

**06.0040 设计故障** design fault

产品设计不当造成的故障。

**06.0041 制造故障** manufacturing fault

由于产品的制造未按设计或规定的制造工
艺造成的故障。

**06.0042 老化故障** ageing fault, wear-out
fault

又称"耗损故障"。由发生概率随时间增大
的失效产生的故障。它是产品固有过程的
结果。

**06.0043 完全故障** complete fault,
function-preventing fault

又称"功能阻碍故障"。产品完全不能执行
所有规定功能的故障。

**06.0044 部分故障** partial fault

非完全故障的产品的故障。

**06.0045 持久故障** persistent fault

产品在完成修复性维修之前,持续存在的
故障。

**06.0046 间歇故障** intermittent fault

产品未经任何修复性维修而在有限的持续
时间内自行恢复执行规定功能的故障。这
种故障往往是反复出现的。

**06.0047 确定性故障** determinate fault

某种动作产生某种响应的产品所具有的一
种故障,该故障表现出对所有动作产生的
响应是不变的。

**06.0048 非确定性故障** indeterminate fault

某种动作产生某种响应的产品所具有的一
种故障,该故障表现为响应的差错依赖于
所采取的动作。

**06.0049 系统性故障** systematic fault

系统性失效后的故障。

**06.0050 故障模式** fault mode

相对于给定的规定功能,故障产品的一种
状态。

**06.0051 概率密度函数** probability density function

当试验次数无限增加,直方图趋近于光滑曲线,曲线下包围的面积表示概率。该曲线称为概率密度函数。

**06.0052 累积概率分布函数** cumulative probability distribution function

由概率密度函数积分求得的函数。

**06.0053 概率纸** probability paper

用来绘制、表达事件概率与参数之间关系的特制的纸。

## 06.02 产品可靠性

**06.0054 不修理的产品** non-repaired item

失效后不修理的产品,可能是可修理的或是不可修理的。

**06.0055 修理产品** repaired item

失效后实际上加以修理的可修复的产品。

**06.0056 维修性** maintainability

在规定使用条件下使用的产品,在规定条件下并按规定的程序和手段实施维修时,保持或恢复能执行规定功能状态的能力。

**06.0057 修复率** repair rate

修理时间已达到某个时刻但尚未修复的产品,在该时刻后的单位时间内完成修理的概率。

**06.0058 可用性** availability

在要求的外部资源得到保证的前提下,产品在规定条件下和规定时刻或时间区间内,处于能执行规定功能状态的能力。

**06.0059 中位秩** medium rank

将容量为 $n$ 的子样,按其观测值大小次序排列,其中值的顺序数。

**06.0060 平均寿命** mean life

寿命的平均值。

**06.0061 中位寿命** medium life

当可靠度 R=0.5 时所对应的寿命。

**06.0062 可靠寿命** Q-percentile life

给定的可靠度所对应的时间。

**06.0063 可靠度的置信度** confidence level of reliability

真实的可靠度值落在置信区间内的概率。

**06.0064 可靠性设计** reliability design

为了满足产品的可靠性要求而进行的设计。

**06.0065 平均修复时间** mean repair time, MRT

修复时间的期望值。

**06.0066 平均恢复前时间** mean time to restoration, MTTR

恢复前时间的期望值。

**06.0067 平均失效间隔时间** mean time between failures, MTBF

失效间隔时间的期望值。

**06.0068 平均失效前时间** mean time to failures, MTTF

失效前时间的期望值。

**06.0069 平均首次失效前时间** mean time to first failures, MTTFF

首次失效前时间的期望值。

**06.0070 预防性维修** preventive maintenance

为降低产品失效的概率或防止功能退化,

按预定的时间间隔或按规定准则实施的维修。

**06.0071 修复性维修 corrective mainte-
nance**

故障识别后，使产品恢复到能执行规定功能状态所实施的维修。

**06.0072 可靠性参数 reliability parameter**

描述产品可靠性的特征量。

**06.0073 环境条件 environmental condition**

所有外部和内部的条件，如温度、湿度、辐射、磁场、冲击、振动等或其组合，这些条件影响产品的形态、性能及可靠性。

**06.0074 寿命周期费用 life cycle cost,**
LCC

从产品设计开始，包括研制、投资、使用、维修一直到报废、拆卸处理所发生的或可能发生的直接的和间接的一切费用的总和。

**06.0075 费用比 cost ratio**

全年维修费与购置费之比。

**06.0076 寿命剖面 life profile**

产品从制造到寿命终结或退出使用这段时间内所经历的全部事件和环境的时序描述。

**06.0077 任务剖面 mission profile**

产品在完成规定任务这段时间内所经历的事件和环境的时序描述。

## 06.03 系 统 可 靠 性

**06.0078 系统的可靠性 system reliability**

由元件组成的各种系统，其可靠度的分析和确定。

**06.0079 串联系统 series system**

组成系统的所有单元中任一单元失效就会导致整个系统失效的系统。

**06.0080 并联系统 parallel system**

组成系统的所有单元都失效时才失效的系统。

**06.0081 混联系统 compound system**

由部分串联和部分并联混合组成的系统。

**06.0082 旁联系统 by-pass system**

组成系统的单元中只有一个单元工作，当工作单元失效时通过失效监测装置及转换装置接到另一个单元进行工作的系统。

**06.0083 表决系统 voting system**

组成系统的 $n$ 个单元中，不失效的单元数不少于 $k$（$k$ 介于 1 和 $n$ 之间的某个数），

系统就不会失效的系统。

**06.0084 2/3 表决系统 two-out-of-three
voting system**

组成系统单元数为 3，只要 2 个单元不失效系统就不失效的系统。

**06.0085 有贮备的系统 stand-by redun-
dancy system**

在产品可靠性薄弱环节采用局部可靠性并联，引入了有贮备单元的系统。

**06.0086 热贮备 hot stand-by redundancy**

又称"工作贮备"。在有局部并联的系统中，当工作单元工作时，贮备单元亦工作。

**06.0087 冷贮备 cold stand-by redundancy**

又称"非工作贮备"。在有局部并联的系统中，工作单元工作时，贮备单元不工作。

**06.0088 可靠性框图 reliability block dia-
gram**

对于复杂产品的一个或多个功能模式，用

方框表示的各组成部分的故障或它们的组合如何导致产品故障的框图。

**06.0089 可靠性模型** reliability model
用于预计或估计产品可靠性的一种数学模型。

**06.0090 应力强度干涉模型** stress-strength interference model
根据应力分布和强度分布的干涉程度来确定可靠性的方法。

**06.0091 故障模式与影响分析** fault modes and effect analysis，FMEA
研究产品的每个组成部分可能存在的故障模式，并确定各个故障模式对产品其他组成部分和产品要求功能影响的一种定性的可靠性分析方法。

**06.0092 故障模式影响与危害度分析**
fault modes effects and criticality analysis，FMECA
同时考虑故障发生概率与故障危害等级的故障模式与影响分析。

**06.0093 可靠性预计** reliability prediction
根据产品各组成部分的可靠性，预测产品在规定的工作条件下的可靠性所进行的工作。

**06.0094 可靠性分配** reliability allocation
产品设计阶段，将产品可靠性定量要求按给定的准则，分配给各组成部分的过程。

**06.0095 故障树分析** fault tree analysis，FTA
用故障树的形式进行分析的方法。用于确定哪些组成部分的故障模式或外层事件或它们的组合，可能导致产品一种已给定的故障模式。

**06.0096 顶事件** top event
故障树分析中所关心的结果事件。

**06.0097 底事件** bottom event
故障树分析中仅导致其他事件的原因事件。

**06.0098 重要度** importance
评价故障树中各底事件对系统顶事件发生影响大小的尺度。

**06.0099 设计评审** design review
对现有的或建议的设计所作的正式的和独立的检查，用于找出和补救可能影响可靠性、维修性、维修保障性对意图的贴切程度和设计中的不足，并提出可能的改进。

# 07. 摩 擦 学

## 07.01 一 般 名 词

**07.0001 摩擦学** tribology
研究作相对运动物体的相互作用表面、类型及其机理、中间介质及环境所构成的系统的行为与摩擦及损伤控制的科学与技术。

**07.0002 摩擦** friction

阻止两物体接触表面发生切向相互滑动或滚动的现象。

**07.0003 磨损** wear
物体表面相对运动时工作表面物质损失或产生残余变形的现象。

**07.0004 润滑** lubrication

用润滑剂减少两摩擦表面之间的摩擦和磨损或其他形式的表面破坏的措施。

**07.0005 滑动** sliding
摩擦副公接面上的两表面速度的大小和(或)方向不同的相对运动。

**07.0006 滚动** rolling
摩擦副公接线或点上的两表面速度的大小和方向相同而接触线或点不断改变的相对运动。

## 07.02 摩 擦

**07.0007 摩擦功** friction work
摩擦力与移动距离的乘积。

**07.0008 摩擦功率** friction power
摩擦力与滑动速度的乘积。

**07.0009 摩擦力** frictional force
当两接触构件间存在正压力时,阻止两构件进行相对运动的切向阻力。

**07.0010 摩擦力矩** frictional moment
组成运动副的两构件上,由于两运动副元素之间的摩擦力所引起的阻止两构件相对转动的力矩。

**07.0011 滚动摩擦** rolling friction
两接触物体接触点的速度的大小和方向相同的摩擦。

**07.0012 滑动摩擦** sliding friction
两接触面具有不同速度或方向的摩擦。

**07.0013 转动摩擦** pivoting friction, spin friction
两构件在接触区的公法线附近阻碍相对转动的摩擦。

**07.0014 静摩擦** static friction
两物体有相对运动趋势,但未产生相对运动时的摩擦。

**07.0015 极限摩擦** limiting friction
两构件表面在相对滑动即将开始瞬间的静摩擦。

**07.0016 动摩擦** kinetic friction
两构件表面在相对运动时出现的摩擦。

**07.0017 摩擦系数** coefficient of friction
阻止两物体相对运动的摩擦力对作用在该两物体接触表面的法向力之比值。

**07.0018 静摩擦系数** coefficient of static friction
极限摩擦力对法向力之比值。

**07.0019 动摩擦系数** coefficient of kinetic friction
又称"滑动摩擦系数"。相对滑动时的摩擦力对法向力之比值。

**07.0020 当量摩擦系数** equivalent coefficient of friction
为了把不同形状、不同接触状况的两构件间的摩擦力或摩擦力矩计算公式简化而引入的摩擦系数的当量值。

**07.0021 平均动摩擦系数** mean coefficient of kinetic sliding friction
滑动摩擦过程中的动摩擦系数平均值。

**07.0022 瞬间动摩擦系数** instantaneous coefficient of kinetic friction
随时间而发生变化的动摩擦系数的瞬时值。

**07.0023 摩擦角** angle of friction
两构件开始相对滑动的瞬间在接触点上的总反力和其公法线间所夹的角度。

**07.0024 摩擦锥** cone of friction
两构件开始相对滑动的瞬间总反力以公法线为轴线旋转形成的锥体表面。

**07.0025 摩擦圆** circle of friction
以轴颈中心为圆心,以当量摩擦系数与轴颈半径的乘积为半径所作的圆。

**07.0026 摩擦面温度** frictional surface temperature
(1)摩擦的宏观接触表面的平均温度。(2)摩擦的实际接触表面的瞬时温度。

**07.0027 许用摩擦面温度** allowable frictional surface temperature
不发生烧伤等异常损伤或功能异常下降,如离合器、制动器等能正常工作所容许的摩擦表面温度。

**07.0028 实际摩擦面数** number of active friction faces
在离合器或制动器中,由摩擦片与对偶片构成的摩擦面的数目。

**07.0029 磨合** running-in
摩擦初期改变摩擦表面几何形状和表面层物理机械性能(摩擦相容性)的过程。

**07.0030 静摩擦力矩** static friction torque
摩擦副处于静摩擦状态下所产生的力矩。

**07.0031 动摩擦力矩** kinetic friction torque
摩擦副处于动摩擦状态下所产生的力矩。

**07.0032 力矩曲线** torque curve
动摩擦力矩相对于速度或时间而变化的曲线。

**07.0033 力矩容量** torque capacity
摩擦力矩的许用极限。

**07.0034 滑动时间** slipping time
摩擦面发生相对滑动的持续时间。

**07.0035 平均动摩擦力** mean kinetic friction force
滑动过程中产生的动摩擦力的平均值。

**07.0036 平均摩擦半径** mean friction radius
圆盘离合器和盘式制动器,当用 $R$ 表示摩擦面最大半径,$r$ 表示最小半径时,$(R + r)/2$ 即为平均摩擦半径。

**07.0037 当量摩擦半径** equivalent friction radius
摩擦副摩擦合力的作用半径。

**07.0038 流体摩擦** fluid friction
由流体的黏滞阻力或流变阻力引起的内摩擦。

**07.0039 干摩擦** dry friction
常用于表示名义上无润滑的摩擦。

**07.0040 湿式摩擦** wet friction
有油或其他液体存在时所发生的摩擦。

**07.0041 库伦摩擦** Coulomb friction
摩擦力正比于法向载荷的摩擦。

**07.0042 静摩擦力** static friction force
即最大静摩擦力,相对运动即将开始瞬间的摩擦力。

**07.0043 动摩擦力** kinetic friction force
两物体相对运动时的摩擦力。

**07.0044 阿蒙东定律** Amontons' laws
又称"阿蒙东－库仑定律"。1699 年阿蒙东提出,(1)摩擦力与法向力成正比,(2)摩擦力与两物体接触面积的大小无关,$F = fN$;式中:$F$—摩擦力,$N$—法向力,$f$—摩擦系数。

**07.0045 摩擦工况** friction duty
摩擦副相对运动时的载荷、速度、环境温

度、介质、表面状态等参数的规范。

**07.0046 摩擦面** friction surface
物体参与摩擦过程的表面。

**07.0047 覆盖系数** covering coefficient
摩擦副中摩擦片与对偶件实际接触面积与表观面积的比值。

**07.0048 热影响层** heat affected layer
伴随摩擦磨损引起的温升导致材料的化学组分、组织、物理和力学性能发生变化的部分。

**07.0049 热斑** heat spot
由于局部过热,摩擦表面产生斑点状的变质部分。

**07.0050 烧伤** burning
摩擦热引起的温升,使固体表面产生热变质的现象。

**07.0051 发汗** sweating
由于高温作用使低溶点物从摩擦材料上如出汗似地渗出的现象。

**07.0052 凹形变形** dishing
由于摩擦、温度太高,摩擦衬片呈凹形变形的现象或状态。

**07.0053 波状变形** buckling
由于摩擦、温度太高,摩擦衬片呈波纹状变形的现象或状态。

**07.0054 摩擦材料** friction material
用于或指定用于摩擦条件下工作的材料。

**07.0055 烧结金属摩擦材料** sintered metalic friction material
以金属粉末为基体添加适量润滑剂组分和摩擦材料组分所组成的,采用烧结方法制成的摩擦材料。

**07.0056 金属陶瓷摩擦材料** ceramic friction material
填加一定比例具有陶瓷性能的金属氧化物的摩擦材料。

**07.0057 半金属摩擦材料** semimetalic friction material
石棉无机纤维、金属增强纤维、高碳铁粉和填料,以树脂为黏结剂,采用热压工艺制成的摩擦材料。

**07.0058 无石棉摩擦材料** asbestos-free friction material
不含石棉纤维的有机摩擦材料。

**07.0059 纸基摩擦材料** paper base friction material
以石棉、纸浆等为基体,添加适量填料,以树脂为黏结剂,采用造纸和热压工艺制成的摩擦材料。

**07.0060 金属摩擦材料** full metallic friction material
用铸铁或钢材制成的摩擦材料。

**07.0061 碳/碳复合摩擦材料** carbon-carbon composite friction material
碳纤维(或碳布)采用反复碳化或气相沉积工艺制成的摩擦材料。

**07.0062 高弹性摩擦片** elastomer friction plate
以氟橡胶等为基体添加适量填料制成,能承受高比压的摩擦片。

**07.0063 对偶材料** mating material
与摩擦材料构成摩擦副的配偶材料。

## 07.03 磨　损

**07.0064　正常磨损**　normal wear
设计允许范围内的磨损。

**07.0065　轻微磨损**　mild wear
磨屑非常微小的磨损。

**07.0066　严重磨损**　severe wear
磨屑为较大的碎片或颗粒的磨损。

**07.0067　毁坏性磨损**　catastrophic wear
摩擦表面急速破坏或改变形状,致使零件
寿命缩短或失效的磨损。

**07.0068　干磨损**　dry wear
用于表示名义上无润滑的摩擦副的磨损。

**07.0069　机械磨损**　mechanical wear
滑动、滚动或重复冲击等机械作用所产生
的磨损。

**07.0070　机械化学磨损**　mechano-chemical wear
机械、化学两因素都起主导作用的磨损。
通常是两因素互相促进。

**07.0071　磨料磨损**　abrasion, abrasive wear
由硬颗粒或硬突起引起摩擦表面破坏,分
离出磨屑或形成划伤的磨损。

**07.0072　磨粒**　abrasive particle
引起磨料磨损的硬颗粒。

**07.0073　磨料侵蚀**　abrasive erosion
含有硬颗粒的流体几乎平行于固体表面相
对运动而产生的磨损。

**07.0074　侵蚀磨损**　erosive wear
含有硬颗粒的流体相对于固体表面运动,
使固体表面受到冲蚀作用而产生的磨损。

**07.0075　气蚀磨损**　cavitation wear
固体相对于液体运动时,由于液体中气泡
在固体表面附近破裂时,产生局部冲击高
压或局部高温而引起的机械磨损。

**07.0076　流体侵蚀**　fluid erosion
由于液流、气流或含有液珠的气流的作用
而产生的磨损。

**07.0077　冲击侵蚀**　impact erosion, impingement erosion
含有硬颗粒的流体几乎垂直于固体表面相
对运动而产生的磨损。

**07.0078　气体侵蚀**　cavitation erosion
固体相对于气蚀状态的液体运动而产生的
表面破坏。

**07.0079　犁沟**　ploughing, plowing
又称"犁皱"。在相对滑动中,硬颗粒或两
表面中硬微突体使较软表面塑性变形而形
成犁痕式的破坏。

**07.0080　微切削**　micro-cutting
磨料(磨粒或硬突起)从被磨损表面切削下
微切屑的磨料磨损过程。

**07.0081　黏附磨损**　adhesive wear
由于黏附作用使两摩擦表面的材料迁移而
引起的机械磨损。

**07.0082　黏着**　adhesion
两固体摩擦接触时,由于接触表面间分子
力(或黏着能)的作用使其产生局部固态连
接的现象。

**07.0083　剥落**　spalling
疲劳磨损时从摩擦表面以鳞片形式分离出
磨屑的现象。

**07.0084 黏着力** adhesive force
两固体摩擦接触时,接触表面间的分子引力。

**07.0085 黏着系数** coefficient of adhesion
分开两表面所需之法向力对事先使两表面黏着接触所施加的法向力之比。

**07.0086 转移** transfer
摩擦副在滑动或滚动过程中,由于摩擦黏着形成连接而使材料由一表面转移到另一表面的现象。

**07.0087 冷焊** cold weld
在摩擦学中,两直接接触表面在常温、低温下形成的黏着。

**07.0088 涂抹** smearing
材料转移以薄层形式附着于摩擦副表面上的现象。

**07.0089 划伤** scoring,scuffing
在摩擦表面滑动方向上形成宽而深的犁痕式破坏。

**07.0090 擦伤** scratching
在摩擦表面的滑动方向上形成细而浅的犁痕式破坏。

**07.0091 咬死** seizure
摩擦表面产生严重黏着或转移,使相对运动停止的现象。

**07.0092 选择性转移** selective transfer
对摩擦表面在润滑过程中,摩擦时产生的一种摩擦副材料成分有选择性的特殊的金属转移效应。

**07.0093 氧化磨损** oxidative wear
摩擦表面与氧相互作用而形成氧化膜的磨损。

**07.0094 剥蚀** pitting
疲劳磨损时从摩擦表面以颗粒形式分离出磨屑,并在摩擦表面留下"痘斑"的磨损。

**07.0095 初始剥蚀** initial pitting
又称"初始点蚀"。滚动运动初期消除局部高应力区的磨合阶段,因表面接触应力超过接触疲劳极限而产生的,并随磨合完成而停止的剥蚀。

**07.0096 沟蚀** fluting
规律地产生痘斑而连成沟槽的一种剥蚀形式。

**07.0097 锤击磨损** peening wear
磨损表面极小面积上受反复冲击而使材料脱落的一种疲劳磨损形式。

**07.0098 微动磨损** fretting wear
两接触表面在一定法向力下低幅相对振荡而产生的磨损。

**07.0099 微动腐蚀** fretting corrosion
以化学反应为主的微动磨损。

**07.0100 腐蚀磨损** corrosion wear
以化学或电化学反应为主的磨损。

**07.0101 扩散磨损** diffusive wear
相对运动两接触表面由于扩散而引起的磨损。

**07.0102 热磨损** thermal wear
摩擦副材料在滑动和滚动过程中由于热作用软化、熔化或蒸发产生的磨损。

**07.0103 原子磨损** atomic wear
两相对运动接触表面受温度、应力、成分梯度的影响,一些原子从一表面移至另一表面的磨损。

**07.0104 磨合磨损** running-in wear
摩擦副在磨合期间的磨损。

**07.0105 分子机械磨损** molecule-mechanical wear

由于机械作用和分子或原子力同时作用所产生的磨损。

**07.0106 电剥蚀** electrical pitting

由于界面放电使金属脱落而形成空穴的现象。

**07.0107 磨损状态转化** transition wear mode

从轻微磨损转变为严重磨损或从严重磨损转变为轻微磨损的现象。

**07.0108 相对磨损** relative wear

被试验材料的磨损与标准材料在相同条件下的磨损量之比。

**07.0109 磨损率** wear rate

磨损量与产生磨损的行程或时间之比。

**07.0110 相对磨损率** relative wear rate

试验材料磨损率与在相同条件下的标准材料磨损率之比。

**07.0111 磨损系数** coefficient of wear

摩擦副材料的体积磨损和软材料流动极限之乘积对摩擦功(滑移距离与载荷之乘积)之比。

**07.0112 抗咬性** anti-seizure property

摩擦副材料在润滑瞬间破坏时抗咬死的能力。

**07.0113 耐磨性** wear resistance

材料在一定摩擦条件下抵抗磨损的能力,以磨损率的倒数来评定。

**07.0114 相对耐磨性** relative wear resistance

试验材料的耐磨性与标准材料在相同条件下的耐磨性之比。

**07.0115 磨合性** running-in property

摩擦副在摩擦初期改善表面接触特性,使其摩擦系数、磨损率和摩擦热减少的能力。

## 07.04 润　滑

**07.0116 润滑性** lubricity

俗称"油性"。润滑剂减少摩擦和磨损的能力。

**07.0117 黏度** viscosity

液体,拟液体或拟固体物质抗流动的体积特性,即受外力作用而流动时,分子间所呈现的内摩擦或流动内阻力。

**07.0118 黏弹性** visco-elasticity

同时具有黏性和弹性,变形取决于温度和变形速率的特性。

**07.0119 稠度** consistency

润滑脂在规定的剪切力或剪切速度下变形的程度。

**07.0120 斯** stokes

厘米·克·秒制的运动黏度单位。

**07.0121 泊** poise

厘米·克·秒制的动力黏度单位。

**07.0122 黏[度]－温[度]方程** ASTM viscosity temperature equation

表示运动黏度与温度的关系式。

**07.0123 黏[度]－温[度]斜率** ASTM viscosity temperature slope

黏度－温度曲线的斜率。

**07.0124 压黏系数** pressure-viscosity coefficient

黏度与压力对数曲线的斜率。

07.0125 巴勒斯方程 Barus equation
一种动力(或绝对)黏度与压力的关系式。

07.0126 宾厄姆固体 Bingham solid
一种理想形态固体。它只是在超过一定应力(屈服应力或屈服点)后,才开始明显地流动,其流动速度变化率与所受应力和屈服应力之差成正比。

07.0127 假塑性 pseudoplastic behaviour
黏度随剪切应力增大而减少的现象。

07.0128 [润滑脂]脱水收缩 syneresis [of grease]
液体从凝胶中逐渐分离,即润滑油从润滑脂中逐渐分离出来的现象。

07.0129 [润滑脂]针入度 penetration [of grease]
标准针锥在规定重量(150±0.25g),时间(5s)和温度(25℃)的条件下针入标准杯内的润滑脂的深度,以每1/10mm的深度作为针入度的单位。

07.0130 锥阻值 cone resistance value, CRV
用针锥静沉陷方法测定的润滑脂屈服应力值。

07.0131 润滑脂时效硬化 age-hardening [of grease]
润滑脂的稠度随贮藏时间的延长而增大的现象。

07.0132 渗析 bleeding
油或其他液体从润滑脂中析出的现象。

07.0133 重力流动性 slumpability
容器内的润滑脂在重力作用下流入泵或油桶的能力。

07.0134 触变性 thixotropy
由于剪切作用造成稠度降低的自行恢复能力。

07.0135 亮漆膜 lacquer
润滑中,燃料和润滑剂高温氧化或聚合而在摩擦表面上形成的沉积物。

07.0136 漆膜 varnish
在润滑中,燃料和润滑油或轴承材料的有机组分,在高温和空气中氧化和(或)聚合所产生的褐色或黑色的薄层漆状沉积物(固体碳化物)。

07.0137 胶质 gum
在润滑中,由于燃料和润滑油氧化和(或)聚合产生的一种黑色或深棕色橡胶状黏性沉积物。

07.0138 泥渣 sludge
油中具有形成沉淀物倾向的固体物质和液体物质的聚集体。

07.0139 流变学 rheology
从应力、应变、温度和时间等方面来研究物质变形和(或)流动的物理力学。

07.0140 牛顿流体 Newtonian fluid
没有剪切弹塑性的理想流体。其剪切应力正比于剪切率。

07.0141 纳维－斯托克斯方程 Navier-Stokes equations
黏性流体动量守恒方程,流体动力润滑的基本方程式。

07.0142 雷诺方程 Reynolds equation
黏性流体动量守恒和质量守恒的综合方程,是流体动力润滑的基本方程式。

07.0143 彼得罗夫方程 Petroff equation
计算同心圆完全流体润滑轴承摩擦功率损失的方程。

07.0144 轴承特性数 bearing characteristic

number

用以评价滑动轴承工作状态的无因次数。

**07.0145 赫西数 Hersey number**
用以评价轴承性能的无因次数,以单位投影面积上的载荷($p$),表面速度($v$)和动力黏度($\eta$)表示:$p/(\eta v)$;此参数通常用其倒数形式 $zN/p$ 表示,式中 $z$—动力黏度;$N$—转速;$p$—压力。

**07.0146 斯特里贝克曲线 Stribeck curve**
表达摩擦系数和无因次量 $zN/p$ 的关系曲线。在流体润滑区域,$f=czN/p$ 式中:$z$—动力黏度;$N$—轴颈每分钟转速;$p$—单位投影面积上的载荷;$c$—随各种轴承设计而变化的系数。

**07.0147 欧克魏克数 Ocvirk number**
评价径向滑动轴承性能的无因次数,与单位宽度上的载荷、半径间隙、轴承半径、轴承宽度、轴承直径、表面速度和动力黏度有关的系数。

**07.0148 索末菲数 Sommerfeld number**
用于评价径向滑动轴承承载性能的无因次数,与单位宽度上的载荷($p$)、半径间隙($c$)、轴承半径($r$)、表面速度($v$)、和动力黏度($\eta$)有关,表示为:$p/[\eta v \cdot (c/r)^2]$。

**07.0149 压缩特性数 compressibility number**
气体润滑计算中考虑气体可压缩性影响的无量纲参数。

**07.0150 油膜振荡 oil whirl, oil whip**
由轴承油膜作用力引起的自激振动。

**07.0151 热楔 thermal wedge**
由于润滑剂受热膨胀而引起的润滑膜压力增大来承受载荷的现象。

**07.0152 挤压效应 squeeze effect**
(1)多孔含油零件受压而提供润滑剂的现

象。(2)沿公法线方向相互接近的两表面之间保留流体膜的现象。

**07.0153 补偿作用 compensation**
恒压式流体静压轴承中,利用轴承供油口或供气泵出口与进油口之间的流动阻力(节流器),来保持其工作能力的作用。

**07.0154 沟道效应 channeling**
轴承或齿轮系统中润滑脂或黏性油形成空气沟道使润滑膜不完整的现象。

**07.0155 缺油 oil starvation**
又称"乏油"。摩擦副在润滑剂供应不足的情况下运转的一种润滑状态。

**07.0156 干涸润滑 parched lubrication**
供油严重不足,导致油膜极薄的润滑状态。

**07.0157 气击 air hammer**
气体静压轴承工作过程中发生的共振现象。

**07.0158 润滑类型 types of lubrication**
又称"润滑状态"。润滑剂在两摩擦表面间存在的条件和状态。

**07.0159 气体润滑 gas lubrication**
两相对运动摩擦表面被气体润滑剂隔开的润滑。

**07.0160 液体润滑 fluid lubrication**
摩擦表面被液体润滑剂隔开的润滑。

**07.0161 半液体润滑 semi-liquid lubrication**
传递载荷的液体润滑材料只是部分地隔开相对运动摩擦表面的润滑。

**07.0162 固体润滑 solid-film lubrication**
摩擦表面被固体润滑剂隔开的润滑。

**07.0163 气体动力润滑 aerodynamic lubrication**

摩擦表面依靠其间气膜中自行产生压力而被完全隔开的气体润滑。

**07.0164 气体静力润滑** aerostatic lubrication
摩擦表面依靠从外部压入其间隙的气体而被完全隔开的气体润滑。

**07.0165 液体动力润滑** hydrodynamic lubrication
摩擦表面依靠其间液膜中或气膜自行产生压力而被完全隔开的液体润滑。

**07.0166 液体静力润滑** hydrostatic lubrication
摩擦表面依靠从外部压入其间隙的液体而被完全隔开的液体润滑。

**07.0167 弹性流体动力润滑** elasto-hydrodynamic lubrication
摩擦表面间的摩擦和流体润滑膜的厚度取决于摩擦表面材料的弹性变形及润滑剂流变特性的润滑。

**07.0168 塑性流体动力润滑** plasto-hydrodynamic lubrication
摩擦表面间的摩擦和流体润滑膜的厚度取决于摩擦表面材料的塑性变形及润滑剂流变特性的润滑。

**07.0169 流变动力润滑** rheodynamic lubrication
润滑剂流变(非牛顿)特性起主导作用的润滑。

**07.0170 磁流体动力润滑** magneto-hydrodynamic lubrication, MHD lubrication
以磁流体作润滑剂,电磁力起显著作用的流体动力润滑。

**07.0171 边界润滑** boundary lubrication
摩擦表面间的摩擦和磨损取决于表面材料

性能和润滑剂除黏度外的性能的润滑。

**07.0172 极压润滑** extreme-pressure lubrication
相对运动两表面的摩擦和磨损取决于润滑剂在重载下与摩擦表面产生化学反应的润滑。

**07.0173 相变润滑** phase-change lubrication
以润滑剂熔(软)化来实现的润滑。

**07.0174 厚膜润滑** thick-film lubrication
在工作载荷下润滑膜厚度远大于表面微凸体高度,无表面粗糙效应的润滑。

**07.0175 薄膜润滑** thin-film lubrication
润滑膜厚度与表面粗糙度处于同数量级,以致润滑特性不仅取决于润滑剂的黏性,还与润滑剂物理化学性质和摩擦表面特性有关的润滑。

**07.0176 润滑方式** methods of lubrication
向摩擦表面供给润滑剂的方法。

**07.0177 连续润滑** continuous lubrication
润滑剂连续地送入摩擦表面的润滑方式。

**07.0178 间歇润滑** periodical lubrication
润滑剂周期地送入摩擦表面的润滑方式。

**07.0179 循环润滑** circulating lubrication
使润滑剂循环流过摩擦表面的润滑方式。

**07.0180 油浴润滑** bath lubrication
摩擦表面部分或完全地浸在润滑油池中的润滑方式。

**07.0181 油雾润滑** mist lubrication
引油入气流形成雾状,用油雾来润滑摩擦表面的润滑方式。

**07.0182 油环润滑** oil-ring lubrication

用直径比轴径大的环与轴一起旋转,将下面贮油器中的润滑油带至轴颈上的润滑方式。

**07.0183  油垫润滑  pad lubrication**
用毛毡或类似材料制成的油垫向摩擦表面供给润滑剂的一种润滑方式。

**07.0184  滴油润滑  drop feed lubrication**
间歇而规律地滴油至摩擦表面以保持润滑的润滑方式。

**07.0185  溢流润滑  flood lubrication**
润滑油以低压连续送入摩擦表面并溢出的润滑方式。

**07.0186  润滑剂  lubricant**
加入两个相对运动表面之间,能减少或避免摩擦磨损的物质。

**07.0187  硫化润滑剂  sulfurized lubricant**
含有硫或硫化物的润滑剂。它在高温时与摩擦表面反应形成保护膜。

**07.0188  氯化润滑剂  chlorinated lubricant**
含有氯化物的润滑剂。高温时氯化物与摩擦表面反应形成保护膜。

**07.0189  硫氯化润滑剂  sulfochlorinated lubricant**
含有氯化物和硫化物的润滑剂。高温时它与摩擦表面反应生成保护膜。

**07.0190  极压润滑剂  extreme-pressure lubricant**
含有极压添加剂的润滑油或润滑脂。

**07.0191  添加剂  additive**
添加到润滑剂中以提高某些原有特性或获得新特性的物质。

**07.0192  黏度指数改进剂  viscosity index improver, VI improver**
加入润滑油中以减少其黏度随温度的变化,从而增大黏度指数的添加剂。

**07.0193  表面活性剂  surfactant**
能形成吸附界面膜,降低表面张力的物质。

**07.0194  触变材料  rheopectic material**
在恒定剪切应力作用下黏度随时间延长而变化的材料。剪切应力卸除后,其黏度又缓慢地恢复到初始值。

**07.0195  润滑剂相容性  lubricant compatibility**
评定润滑剂或润滑剂组分之间能够混合,而无有害效应(如形成沉淀物,降低使用特性等)的量度。

**07.0196  剪切安定性  shear stability**
润滑剂在剪切作用下保持其黏度和黏度有关等特性的能力。

**07.0197  润湿性  wettability**
润滑剂在固体表面上润湿的程度。通常用润滑角表示。

# 08. 腐 蚀 与 防 护

## 08.01 一 般 名 词

**08.0001  腐蚀  corrosion**
材料(通常指金属)与环境间的物理－化学相互作用,其结果是使材料的性能发生变化,并常可导致材料、环境或由它们作为组成部分的技术体系的功能受损伤。

**08.0002 腐蚀效应** corrosion effect
腐蚀体系的任何部分因腐蚀而引起的变化。

**08.0003 腐蚀体系** corrosion system
由一种或多种金属和对腐蚀有影响的环境整体所组成的体系。

**08.0004 腐蚀环境** corrosion environment
含有一种或多种腐蚀剂的环境。

**08.0005 腐蚀剂** corrosive agent
与给定金属接触时能使金属发生腐蚀的物质。

**08.0006 腐蚀损伤** corrosion damage
金属、环境或由它们作为组成部分的体系的功能遭受的有害腐蚀效应。

**08.0007 腐蚀产物** corrosion product
由腐蚀作用所形成的物质。

**08.0008 腐蚀深度** corrosion depth
受腐蚀的金属表面经腐蚀后某一点和其原始表面间的垂直距离。

**08.0009 腐蚀速率** corrosion rate
单位时间内金属腐蚀效应的数值。

**08.0010 等腐蚀线** iso-corrosion line
指腐蚀行为图中表示具有相同腐蚀速率的线。

**08.0011 腐蚀性** corrosivity
给定的腐蚀体系内,环境对金属腐蚀的能力。

**08.0012 耐蚀性** corrosion resistance
在给定的腐蚀体系中金属所具有的抗腐蚀能力。

**08.0013 耐候性** weathering resistance
金属或覆盖层耐大气腐蚀的性能。

**08.0014 临界湿度** critical humidity
导致金属腐蚀速率剧增的大气相对湿度临界值。

**08.0015 保护性气氛** protective atmosphere
具有防蚀组分的封闭气体环境。

**08.0016 溶解氧** dissolved oxygen
溶解于溶液中的氧。

**08.0017 人造海水** artificial sea water
用化学试剂模拟海水的化学成分配制的水溶液。

**08.0018 应力腐蚀界限应力** stress corrosion threshold stress
在给定的试验条件下,导致应力腐蚀裂纹萌生和扩展的临界应力值。

**08.0019 应力腐蚀界限强度因子** stress corrosion threshold intensity factor
在平面应变条件下导致应力腐蚀裂纹萌生的临界应力强度因子值。

**08.0020 腐蚀疲劳极限** corrosion fatigue limit
在给定的腐蚀环境中,金属经特定周期数或长时间而不发生腐蚀疲劳破坏的最大交变应力值。

**08.0021 活态** active state
可钝化金属未形成钝态前或已钝化的金属表面由于电位降低而丧失钝态后所发生的活性溶解状态;也指非钝化金属的自然活性溶解状态。

**08.0022 去钝化** depassivation
由于金属表面钝化膜的除去或破坏而引起腐蚀速度的增加。

**08.0023 活化剂** activator
具有活化(去钝化)作用的化学试剂。

**08.0024　敏化处理**　sensitizing treatment
使金属(通常是合金)的晶间腐蚀敏感性明显提高的热处理。

**08.0025　防蚀**　corrosion protection
又称"防腐蚀"。人为地对腐蚀体系施加影响以减轻腐蚀损伤。

**08.0026　免蚀态**　immunity
当某金属的电位足够负,由于它在溶液中的平衡离子活度低于某一临界值时,而使腐蚀效应消失或者可以忽略不计时腐蚀体系的状态。

**08.0027　保护度**　degree of protection
通过防蚀措施使特定类型的腐蚀速率减小的百分数。

**08.0028　过保护**　over protection
在电化学保护中,使用的保护电流比正常值过大时所产生的效应。

**08.0029　点蚀系数**　pitting factor
又称"孔蚀系数"。最深腐蚀点(小孔)的深度与由重量损失计算而得的"平均腐蚀深度"之比。

## 08.02　腐　蚀　类　型

**08.0030　化学腐蚀**　chemical corrosion
金属在非电化学作用下的腐蚀(氧化)过程。通常指在非电解质溶液及干燥气体中,纯化学作用引起的腐蚀。

**08.0031　电化学腐蚀**　electrochemical corrosion
在电解质溶液中或金属表面上的液膜中,服从于电化学反应规律的金属腐蚀过程。

**08.0032　气体腐蚀**　gaseous corrosion
在金属表面上无任何液相条件下,金属仅与气体腐蚀剂反应所发生的腐蚀。

**08.0033　大气腐蚀**　atmospheric corrosion
在环境温度下,以地球自然大气作为腐蚀环境的腐蚀。

**08.0034　微生物腐蚀**　microbial corrosion
与腐蚀体系中存在的微生物作用有关的腐蚀。

**08.0035　海洋腐蚀**　marine corrosion
在海洋环境中所发生的腐蚀。

**08.0036　土壤腐蚀**　soil corrosion
在环境温度下,以土壤作为腐蚀环境的腐蚀。

**08.0037　均匀腐蚀**　uniform corrosion
在与腐蚀环境接触的整个金属表面上几乎以相同速度进行的腐蚀。

**08.0038　局部腐蚀**　localized corrosion
腐蚀破坏主要集中于局部区域,而其他部分几乎未遭腐蚀的现象。

**08.0039　沟状腐蚀**　groovy corrosion
具有腐蚀性的某种腐蚀产物由于重力作用流向某个方向时所产生的沟状局部腐蚀。

**08.0040　点蚀**　pitting corrosion
又称"孔蚀"。产生点(小孔)状的腐蚀,且从金属表面向内部扩展,形成孔穴。

**08.0041　缝隙腐蚀**　crevice corrosion
由于狭缝或间隙的存在,在狭缝内或近旁发生的腐蚀。

**08.0042　沉积物腐蚀**　deposit corrosion
由于腐蚀产物或其他物质的沉积,在其下面或周围发生的腐蚀。

**08.0043　水线腐蚀**　waterline corrosion

由于气/液界面的存在,沿着该界面附近发生的腐蚀。

**08.0044 环形腐蚀** ring-form corrosion
管材内壁沿圆周产生的环状腐蚀,常发生在金属焊接和锻压加工的热影响区域。

**08.0045 选择性腐蚀** selective corrosion
某些组分或组成相不按其在合金中所占的比例进行反应所发生的合金腐蚀。

**08.0046 黄铜脱锌** dezincification of brass
黄铜优先失锌的选择性腐蚀。

**08.0047 石墨化腐蚀** graphitic corrosion
灰铸铁中金属组分优先失去,保留石墨的选择性腐蚀。

**08.0048 晶间腐蚀** intergranular corrosion
沿着或紧挨着金属晶粒边界发生的腐蚀。

**08.0049 焊接腐蚀** weld corrosion
焊接接头中,焊缝区及其近旁发生的腐蚀。

**08.0050 刀口腐蚀** knife-line corrosion
沿着(有时紧挨着)焊接或铜焊接头的焊料/母材界面产生的狭缝状腐蚀。

**08.0051 丝状腐蚀** filiform corrosion
在非金属涂层下面的金属表面发生的一种细丝状腐蚀。

**08.0052 层间腐蚀** layer corrosion
锻、轧金属内层的腐蚀,有时导致剥离,即引起未腐蚀层的分离。

**08.0053 磨损腐蚀** erosion-corrosion
由磨损和腐蚀联合作用而产生的材料破坏过程。

**08.0054 空蚀** cavitation corrosion
又称"气蚀"。由腐蚀和气泡破裂联合作用产生的材料破坏过程。

**08.0055 微动腐蚀磨损** fretting corrosion wear
由腐蚀和两固体接触面间有微小振幅的振动而引起的磨损之联合作用所产生的材料破坏过程。

**08.0056 应力腐蚀** stress corrosion
由残余或外加应力和腐蚀联合作用所产生的材料破坏过程。

**08.0057 季裂** season cracking
冷加工的黄铜,在含氨和氯离子的大气中所发生的破坏过程。

**08.0058 应力腐蚀破裂** stress corrosion cracking
由应力腐蚀所产生的材料破裂。

**08.0059 龟裂** crazing
表面产生网状细裂纹。

**08.0060 穿晶破裂** transgranular cracking
腐蚀裂纹穿过晶粒而扩展。

**08.0061 晶间破裂** intergranular cracking
腐蚀裂纹沿晶界扩展。

**08.0062 碱脆** caustic embrittlement
碳钢和不锈钢等材料在碱溶液中由拉伸应力和腐蚀的联合作用而产生的破坏过程。

**08.0063 氢脆** hydrogen embrittlement
金属或合金因吸收氢而引起的韧性或延性降低的过程。

**08.0064 氢鼓泡** hydrogen blister
由于金属中过高的氢内压使金属在表面或表面下面形成鼓泡的现象。

**08.0065 热腐蚀** hot corrosion
金属表面在高温下由于氧化及与硫化物或其他污染物(如氯化物)反应的复合效应而形成熔盐,使金属表面正常的保护性氧化物熔解、离散和破坏,导致表面加速腐蚀的现象。

**08.0066 辐照腐蚀** irradiation corrosion
金属在遭受辐照的腐蚀环境中所发生的腐蚀。

**08.0067 杂散电流腐蚀** stray-current corrosion
由杂散电流引起的腐蚀。

**08.0068 外加电流腐蚀** impressed current corrosion
由外加电流的作用而引起的电化学腐蚀。

**08.0069 双金属腐蚀** bimetallic corrosion

由于不同的金属或其他电子导体作为电极而形成的电偶腐蚀。

**08.0070 电偶腐蚀** galvanic corrosion
由于宏观腐蚀电池的作用而产生的腐蚀。

**08.0071 热偶腐蚀** thermogalvanic corrosion
由于两个部位间的温度差异而引起的电偶腐蚀。

**08.0072 老化** weathering
涂膜或合成材料受大气环境作用发生的品质劣化。

## 08.03 电化学腐蚀

**08.0073 腐蚀电池** corrosion cell
腐蚀体系中形成的短路原电池,腐蚀金属是它的一个电极。

**08.0074 浓差腐蚀电池** concentration corrosion cell
由电极表面附近腐蚀剂之浓度差异引起的电位差而形成的腐蚀电池。

**08.0075 差异充气电池** differential aeration cell
由电极表面附近氧的浓度差异引起的电位差而形成的腐蚀电池。

**08.0076 活态－钝态电池** active-passive cell
分别由同一金属的活态和钝态表面构成阳极和阴极的腐蚀电池。

**08.0077 电偶序** galvanic series
在某给定环境中,以实测的金属和合金的自然腐蚀电位高低,依次排列的顺序。

**08.0078 杂散电流** stray-current

在非指定回路上流动的电流。

**08.0079 腐蚀电位** corrosion potential
金属在给定腐蚀体系中的电极电位。

**08.0080 自然腐蚀电位** free corrosion potential
没有净电流从研究金属表面流入或流出时的腐蚀电位。

**08.0081 钝化** passivation
由于金属表面有腐蚀产物生成而出现的腐蚀速度明显降低的现象。

**08.0082 临界钝化电位** critical passivation potential
在活化－钝化极化曲线上,对应于最大腐蚀电流的腐蚀电位值,超过该值,金属由活态转变为钝态,在一定电位区段内,金属处于钝态。

**08.0083 临界钝化电流** critical passivation current
相应于临界钝化电位的腐蚀电流。

**08.0084　钝态** passive state
又称"钝性"。腐蚀体系中的金属由于钝化所导致的状态。

**08.0085　钝态电流** passive current
金属处在钝态下的腐蚀电流。

**08.0086　再活化电位** reactivation potential
电位负向回扫,在极化曲线上使钝态金属开始发生电化学活化时的腐蚀电位。

**08.0087　过钝化电位** transpassivation potential
金属处在过钝态下的最低电位值。

**08.0088　过钝态** transpassive state
当电位增加时,阳极钝化之金属在极化曲线上表现出以腐蚀电流明显增加为特征的状态,且不发生点蚀。

**08.0089　点蚀电位** pitting potential
又称"孔蚀电位"。在钝态表面上能引起点蚀的最低电极电位值。

**08.0090　阳极控制** anode control
腐蚀速度受阳极反应速度的限制。

**08.0091　阴极控制** cathode control
腐蚀速度受阴极反应速度的限制。

**08.0092　扩散控制** diffusion control
腐蚀速度受到达或离开电极表面的腐蚀剂或腐蚀产物的扩散速度所限制。

**08.0093　欧姆控制** ohmic control
腐蚀速度受阴、阳极间电阻的限制。

**08.0094　混合控制** mixed control
腐蚀速度受两种或两种以上控制因素同时作用的限制。

**08.0095　极化电阻** polarization resistance
电极电位增量和电流增量之商。

**08.0096　电化学保护** electrochemical protection
通过对金属电位的电化学控制所获得的腐蚀保护。

**08.0097　保护电位范围** protective potential range
适应于特定目的,使给定腐蚀体系金属达到合乎要求的耐蚀性所需的腐蚀电位值之区间。

**08.0098　临界保护电位** critical protective potential
为进入保护电位范围所必须达到的腐蚀电位临界值。

**08.0099　保护电流密度** protective current density
从恒定在保护电位范围内某一电位的电极表面上流入或流出的电流密度。

**08.0100　阳极保护** anodic protection
通过提高可钝化金属腐蚀电位到相应于钝态之电位值所实现的电化学保护。

**08.0101　阴极保护** cathodic protection
通过降低腐蚀电位而实现的电化学保护。

**08.0102　牺牲阳极保护** sacrificial anode protection
从连结辅助阳极与被保护金属构成的腐蚀电池中获得保护电流所实现的电化学保护。

**08.0103　牺牲阳极** sacrificial anode
靠着自身腐蚀速度的增加而提供电偶阴极保护的辅助电极。

**08.0104　外加电流保护** impressed current protection
由外部电源提供保护电流所实现的电化学保护。

## 08.04 腐蚀试验

**08.0105 腐蚀试验** corrosion test
为评定金属的腐蚀行为、腐蚀产物污染环境的程度、防蚀措施的有效性或环境的腐蚀性所进行的试验。

**08.0106 实用试验** service test
在实用条件下进行的腐蚀试验。

**08.0107 模拟腐蚀试验** simulative corrosion test
在模拟实用条件下进行的腐蚀试验。

**08.0108 加速腐蚀试验** accelerated corrosion test
在比实用条件苛刻的情况下进行的腐蚀试验,目的是在比实用条件更短的时间内能得出相对比较的结果。

**08.0109 全浸试验** immersion test
试样全浸在试验溶液中的腐蚀试验。

**08.0110 间浸试验** alternate immersion test
将试样浸泡在试验溶液中一定时间,然后提出液面使之干燥一定时间,如此重复操作进行的腐蚀试验。

**08.0111 晶间腐蚀试验** intercrystalline corrosion test
将金相磨光试样在特定的酸液中进行热蚀或电解浸蚀,而后在显微镜下观察沿晶腐蚀的网状组织和晶间裂纹并进行评定,或作弯曲(90°),检验表面状态,如光泽、发纹痕迹和裂缝等并进行评定。

**08.0112 大气暴露试验** atmospheric exposure test
将试样暴露在自然环境中的腐蚀试验。

**08.0113 盐雾试验** salt spray test
将试样置于用氯化钠等溶液制成的雾状环境中,在规定的条件下所进行的腐蚀试验。

**08.0114 点滴腐蚀试验** dropping corrosion test
检查金属表面上化学保护层以及铝和铝合金阳极氧化膜等的耐腐蚀性的试验方法。

**08.0115 腐蚀膏试验** corrodokote test
将腐蚀剂制成膏状物涂于电镀层上,使电镀层加速腐蚀的试验方法。

**08.0116 加速老化试验** accelerated weathering test
又称"人工老化试验"。模拟并强化自然户外气候对试件的破坏作用的实验室试验,即试件暴露于人工产生的自然气候成分中进行的实验室试验。

**08.0117 湿热试验** heat and moisture test
在交变高温、高湿或恒定高温、高湿条件下,检查产品或试件电气性能及锈蚀性等的试验。

**08.0118 锈蚀等级** rusting grade
金属表面锈蚀程度的分级。

# 09. 机 械 零 件

## 09.01 紧 固 件

### 09.01.01 一 般 名 词

**09.0001 紧固件** fastener
用于联接和紧固零部件的元件。

**09.0002 机械联接** machinery joining
以机械方式构成的联接。包括动联接和静
联接。

**09.0003 动联接** movable connection
被联接件的相对位置在工作时能够按需要
变化的联接。

**09.0004 静联接** fixed connection
被联接件的相对位置在工作时不能也不允
许发生变化的联接。

**09.0005 过盈联接** interference fit connec-
tion
依靠包容件(孔)和被包容件(轴)配合的过
盈量实现的联接。

**09.0006 胀接** expanded-connecting
依靠管子和管板变形来达到密封和紧固的
联接。

**09.0007 螺纹联接** scyewed joint
通过螺纹构成的联接,多为可拆卸联接。

**09.0008 键联接** key joint
用键将轴和轮毂联接成一体的联接方式。

**09.0009 型面联接** profile shaft connection
利用非圆剖面的轴与相应的毂孔构成的联
接。

**09.0010 销联接** pinned joint
用销钉固定零件相对位置的联接。

**09.0011 铆钉联接** riveted joint, riveting
简称"铆接"。借助铆钉形成的不可拆卸联
接。

### 09.01.02 螺 纹

**09.0012 螺旋线** helix
点沿圆柱或圆锥表面作螺旋运动的轨迹,该
点的轴向位移与相应的角位移成正比。

**09.0013 螺纹** screw thread
牙型截面通过圆柱或圆锥的轴线,并沿其表
面的螺旋线运动所形成的连续凸起。

**09.0014 圆柱螺纹** parallel screw thread
在圆柱表面上形成的螺纹。

**09.0015 圆锥螺纹** taper screw thread

在圆锥表面上形成的螺纹。

**09.0016 外螺纹** external thread
在圆柱或圆锥外表面上形成的螺纹。

**09.0017 内螺纹** internal thread
在圆柱或圆锥孔表面上形成的螺纹。

**09.0018 螺纹副** screw thread pair
内、外螺纹相互旋合形成的联结。

**09.0019 单线螺纹** single-start thread

沿一条螺旋线所形成的螺纹。

**09.0020 多线螺纹** multi-start thread
沿两条或两条以上的螺旋线形成的螺纹,该
螺旋线在轴向等距分布。

**09.0021 右旋螺纹** right-hand thread
顺时针旋转时旋入的螺纹。

**09.0022 左旋螺纹** left-hand thread
逆时针旋转时旋入的螺纹。

**09.0023 完整螺纹** complete thread
牙顶和牙底均具有完整形状的螺纹。

**09.0024 不完整螺纹** incomplete thread
牙底完整而牙顶不完整的螺纹。

**09.0025 螺尾** washout thread
向光滑表面过渡的牙底不完整的螺纹。

**09.0026 有效螺纹** useful thread
由完整螺纹和不完整螺纹组成的螺纹,不包
括螺尾。

**09.0027 自攻螺纹** tapping screw thread

**09.0028 木螺钉螺纹** wood screw thread

**09.0029 螺纹牙型** form of thread
在通过螺纹轴线的剖面上,螺纹的轮廓形
状。

**09.0030 原始三角形** fundamental triangle
形成螺纹牙型的三角形,其底边平行于螺纹
的轴线。

**09.0031 基本牙型** basic profile
削去原始三角形的顶部和底部形成的内、外
螺纹共有的理论牙型。

**09.0032 设计牙型** design profile
设计给定的牙型,该牙型相对于基本牙型规
定出功能所需的各种间隙和圆弧半径。

**09.0033 牙顶** crest
螺纹凸起的顶部,连接相邻两个牙侧的螺纹
表面。

**09.0034 牙底** root
螺纹沟槽的底部,连接相邻两个牙侧的螺纹
表面。

**09.0035 牙侧** flank
连接牙顶与牙底的螺纹侧表面。

**09.0036 牙顶高** addendum
螺纹牙型上,牙顶到中径线的径向距离。

**09.0037 牙底高** dedendum
螺纹牙型上,牙底到中径线的径向距离。

**09.0038 牙型高度** thread height
螺纹牙型上,牙顶到牙底在垂直于螺纹轴线
方向上的距离。

**09.0039 牙型角** thread angle
螺纹牙型上,两相邻牙侧间的夹角。

**09.0040 牙型半角** half of thread angle
牙型角的一半。

**09.0041 牙侧角** flank angle
螺纹牙型上,牙侧与螺纹轴线的垂线间的夹
角。

**09.0042 牙顶圆弧半径** radius of rounded
crest
牙顶上呈圆弧部分的半径。

**09.0043 牙底圆弧半径** radius of rounded
root
牙底上呈圆弧部分的半径。

**09.0044 公称直径** nominal diameter
代表螺纹尺寸的直径,通常指螺纹大径的基
本尺寸。

**09.0045 [螺纹]大径** major diameter

与外螺纹牙顶或内螺纹牙底相切的假想圆柱或圆锥的直径。

**09.0046　[螺纹]小径**　minor diameter
与外螺纹牙底或内螺纹牙顶相切的假想圆柱或圆锥的直径。

**09.0047　[螺纹]顶径**　crest diameter
外螺纹的大径或内螺纹的小径。

**09.0048　[螺纹]底径**　root diameter
外螺纹的小径或内螺纹的大径。

**09.0049　[螺纹]中径**　pitch diameter
假想圆柱或圆锥的直径,该圆柱或圆锥的母线通过螺纹牙型上的沟槽和牙厚宽度相等。该假想圆柱或圆锥称为中径圆柱或中径圆锥。

**09.0050　[螺纹]基准直径**　gauge diameter
设计给定的内锥螺纹或外锥螺纹的基本大径。

**09.0051　螺纹轴线**　axis of thread
中径圆柱或中径圆锥的轴线。

**09.0052　中径线**　pitch line
中径圆柱或中径圆锥的母线。

**09.0053　螺距**　pitch
相邻两牙在中径线上对应两点间的轴向距离。

**09.0054　[螺纹]导程**　lead
同一条螺旋线上的相邻两牙在中径线上对应两点间的轴向距离。

**09.0055　螺纹升角**　lead angle
在中径圆柱或中径圆锥上,螺旋线的切线与垂直于螺纹轴线的平面间的夹角。

**09.0056　螺纹牙厚**　thread ridge thickness
在螺纹牙型上,一个螺纹牙的两侧在中径线上的轴向距离。

**09.0057　螺纹槽宽**　thread groove width
在螺纹牙型上,一个螺纹沟槽的两侧在中径线上的轴向距离。

**09.0058　大径间隙**　major clearance
在设计牙型上,同轴装配的内螺纹牙底与外螺纹牙顶之间的径向距离。

**09.0059　小径间隙**　minor clearance
在设计牙型上,同轴装配的内螺纹牙顶与外螺纹牙底之间的径向距离。

**09.0060　螺纹旋合长度**　length of thread engagement
内外螺纹旋合时,螺旋面接触部分的轴向长度。

**09.0061　螺纹接触高度**　thread contact height
相互配合的内、外螺纹,牙型接触部分上下边缘在垂直于螺纹轴线方向上的距离。

**09.0062　旋紧余量**　wrenching allowance
内、外锥螺纹手旋合之后余下的有效螺纹长度。

**09.0063　[螺纹]行程**　stroke
内、外螺纹相对转动某一角度所产生的相对轴向位移量。

**09.0064　螺纹精度**　tolerance quality
由螺纹公差带和旋合长度共同组成的衡量螺纹质量的综合指标。

**09.0065　螺距偏差**　deviation in pitch
螺距的实际值与其基本值之差。N 个螺距偏差系指跨 N 牙螺距的实际值与其基本值之差。

**09.0066　螺距累积误差**　cumulative error in pitch
在规定的螺纹长度内,任意两同名牙侧与中径线交点间的实际轴向距离与其基本值之差的最大绝对值。

**09.0067 导程偏差** deviation in lead
导程的实际值与其基本值之差。

**09.0068 导程累积误差** cumulative error in lead
在规定的螺纹长度内,同一螺旋面上任意两牙侧与中径线交点间的实际轴向距离与其

基本值之差的最大绝对值。

**09.0069 牙侧角偏差** deviation of flank angle
牙侧角的实际值与其基本值之差。

**09.0070 行程偏差** deviation of stroke
行程的实际值与其基本值之差。

## 09.01.03　螺　栓　、螺　柱

**09.0071 螺栓** bolt
配用螺母的圆柱形带螺纹的紧固件。

**09.0072 双头螺柱** stud
两端均有螺纹的圆柱形紧固件。

**09.0073 U 形螺栓** stirrup bolt，U-bolt

**09.0074 扁圆头固定螺栓** mushroom head anchor bolt

**09.0075 平头固定螺栓** flat head anchor bolt

**09.0076 带用螺栓** belting bolt

**09.0077 卡箍螺栓** clip bolt

**09.0078 六角头螺栓** hexagon bolt

**09.0079 六角头凸缘螺栓** hexagon bolt with collar

**09.0080 六角头法兰面螺栓** hexagon bolt with flange

**09.0081 六角头盖形螺栓** acorn hexagon head bolt

**09.0082 八角头螺栓** octagon bolt

**09.0083 十二角头法兰面螺栓** 12 point flange screw，bihexagonal head screw

**09.0084 弹性螺栓** spring bolt

**09.0085 活节螺栓** eye bolt

**09.0086 地脚螺栓** foundation bolt

**09.0087 T 形螺栓** T-head bolt，hammer head bolt

**09.0088 圆头带榫螺栓** cup nib bolt

**09.0089 沉头带榫螺栓** flat countersunk nib bolt

**09.0090 带退刀槽的螺柱** stud with undercut [groove]

**09.0091 腰状杆螺柱** waisted stud

**09.0092 全螺纹螺柱** stud bolt

**09.0093 焊接螺柱** welded stud

## 09.01.04 螺　钉

**09.0094　螺钉**　screw
具有各种结构形状头部的螺纹紧固件。

**09.0095　紧定螺钉**　set screw
用来固定两零件位置的螺钉。

**09.0096　自攻螺钉**　tapping screw

**09.0097　自切螺钉**　thread cutting screw

**09.0098　翼形螺钉**　wing screw
又称"蝶形螺钉"。螺钉头有伸出两翼的螺钉。

**09.0099　凸缘螺钉**　collar screw
螺钉头下有直径较大的圆盘(代替垫圈)的螺钉。

**09.0100　轴位螺钉**　shoulder screw
具有不同直径(即有台阶)杆身的螺钉。

**09.0101　吊环螺钉**　lifting eye bolt
头部为环状的螺钉,通常用于起吊。

**09.0102　滚花高头螺钉**　knurled thumb screw

**09.0103　平片头螺钉**　flat leaf screw

**09.0104　旋棒螺钉**　tommy screw

**09.0105　T形槽螺钉**　T-slot screw

**09.0106　面板螺钉**　cover screw

**09.0107　无头螺钉**　headless screw

**09.0108　方头螺钉**　square head screw

**09.0109　方头凸缘螺钉**　square head screw with collar

**09.0110　锻槽沉头螺钉**　countersunk head screw with forged slot

**09.0111　开槽无头倒角端螺钉**　slotted headless screw with flat chamfered end

**09.0112　开槽圆柱头螺钉**　slotted cheese head screw

**09.0113　开槽盘头螺钉**　slotted pan head screw

**09.0114　开槽沉头螺钉**　slotted countersunk flat head screw

**09.0115　开槽半沉头螺钉**　slotted raised countersunk oval head screw

**09.0116　开槽带孔球面柱头螺钉**　slotted capstan screw

**09.0117　开槽圆头螺钉**　slotted round head screw

**09.0118　开槽盘头自攻螺钉**　slotted pan head tapping screw

**09.0119　开槽沉头强攻螺钉**　slotted countersunk flat head drive screw

**09.0120　开槽圆柱头自切螺钉**　slotted cheese head thread cutting screw

09.0121 六角头自攻螺钉 hexagon head tapping screw

09.0122 六角头自切螺钉 hexagon head thread cutting screw

09.0123 内六角无头凹端螺钉 hexagon socket headless screw with cup point

09.0124 内六角圆柱头螺钉 hexagon socket head cap screw

09.0125 内六角沉头螺钉 hexagon socket countersunk flat cap head screw

09.0126 十字槽盘头螺钉 cross recessed pan head screw

09.0127 十字槽沉头螺钉 cross recessed countersunk flat head screw

09.0128 十字槽半沉头螺钉 cross recessed raised countersunk oval head screw

09.0129 十字槽盘头自切螺钉 cross recessed pan head thread cutting screw

09.0130 木螺钉 wood screw

09.0131 六角头木螺钉 hexagon head wood screw

09.0132 方头木螺钉 square head wood screw

09.0133 开槽圆头木螺钉 slotted round head wood screw

09.0134 开槽沉头木螺钉 slotted countersunk flat head wood screw

09.0135 开槽半沉头木螺钉 slotted raised countersunk oval head wood screw

09.0136 十字槽盘头木螺钉 cross recessed pan head wood screw

09.0137 十字槽沉头木螺钉 cross recessed countersunk flat head wood screw

09.0138 十字槽半沉头木螺钉 cross recessed raised countersunk oval head wood screw

## 09.01.05 螺　母

09.0139 螺母 nut
(1)具有内螺纹并与螺栓配合使用的紧固件。(2)具有内螺纹并与螺杆配合使用用以传递运动或动力的机械零件。

09.0140 六角螺母 hexagon nut

09.0141 六角薄螺母 hexagon thin nut

09.0142 六角凸缘螺母 hexagon nut with collar

09.0143 六角法兰面螺母 hexagon nut with flange

09.0144 六角垫圈面螺母 washer faced hexagon nut

09.0145 大六角螺母 heavy series hexagon nut

09.0146 焊接六角螺母 hexagon weld nut

09.0147 方螺母 square nut

09.0148 冲压方螺母 square nut without chamfer

09.0149 地脚螺母 foundation nut

09.0150 方凸缘螺母 square nut with collar

09.0151 焊接方螺母 square weld nut

09.0152 三角凸缘螺母 triangle nut with collar

09.0153 八角螺母 octagon nut

09.0154 五角螺母 pentagon nut

09.0155 十二角法兰面螺母 12 point flange nut

09.0156 六角开槽螺母 hexagon slotted nut

09.0157 六角冠状螺母 hexagon castle nut

09.0158 六角冠状薄螺母 hexagon thin castle nut

09.0159 盖形螺母 acorn nut

09.0160 盖形薄螺母 cap nut

09.0161 圆螺母 round nut

09.0162 滚花高螺母 knurled nut with collar

09.0163 滚花薄螺母 knurled thin nut

09.0164 开槽圆螺母 slotted round nut

09.0165 侧面开槽圆螺母 、slotted round nut, for hook-spanner

09.0166 侧面带孔圆螺母 round nut with set pin holes in side

09.0167 端面带孔圆螺母 round nut with drilled holes in one face

09.0168 翼形螺母 wing nut
有两侧翼,可用手指拧紧或旋松的螺母。

09.0169 吊环螺母 lifting eye nut

09.0170 扁环螺母 flat nut

## 09.01.06 垫 圈

09.0171 垫圈 washer
放在螺母或螺钉头与被连接件之间的薄金属垫。

09.0172 平垫圈 plain washer

09.0173 单面倒角平垫圈 single chamfer plain washer

09.0174 方垫圈 square washer with round hole

09.0175 方孔圆垫圈 round washer with square hole

09.0176 方斜垫圈 square taper washer

09.0177 弹性垫圈 spring washer
具有弹性的可防止螺栓或螺母松动的垫圈。

09.0178 尖钩端弹性垫圈 single coil spring lock washer with tang ends

09.0179 鞍形弹性垫圈 curved spring washer

09.0180 波形弹性垫圈 wave spring washer

09.0181 锥形弹性垫圈 conical spring washer

09.0182 弹簧垫圈 helical spring lockwasher
弹簧簧丝断面为矩形的单圈螺旋形垫圈。

09.0183 双圈弹簧垫圈 double coil spring lock washer

09.0184 外齿锁紧垫圈 external teeth lock washer

09.0185 内齿锁紧垫圈 internal teeth lock washer

09.0186 锥形[外齿]锁紧垫圈 conical external toothed lock washer

09.0187 外锯齿锁紧垫圈 external teeth serrated lock washer

09.0188 内锯齿锁紧垫圈 internal teeth serrated lock washer

09.0189 锥形锯齿锁紧垫圈 conical serrated external toothed lock washer

09.0190 单耳止动垫圈 tab washer with long tab

09.0191 双耳止动垫圈 tab washer with long tab and wing

09.0192 外舌止动垫圈 external tab washer

09.0193 内舌止动垫圈 internal tab washer

## 09.01.07 挡　圈

09.0194 挡圈 [closing] ring
紧固在轴上的圈形机件,可以防止装在轴上的其他零件窜动。

09.0195 轴肩挡圈 ring for shoulder

09.0196 轴端挡圈 lock ring at the end of shaft

09.0197 螺钉锁紧挡圈 lock ring with screw

09.0198 开口挡圈 "E" ring

09.0199 弹性挡圈 circlip, snap ring
用弹簧制成的开口挡圈。

09.0200 钢丝挡圈 roundwire snap ring

09.0201 夹紧挡圈 grip ring

09.0202 钢丝锁圈 round wire circlip

## 09.01.08 键、花键

**09.0203 键 key**
置于轴和轴上零件的槽或座中,使二者周向固定以传递转矩的联接件。

**09.0204 键槽 key way**
轴和轮毂孔表面上为安装键而制成的槽。

**09.0205 平键 flat key**
矩形或方形剖面而厚度、宽度不变的键。

**09.0206 普通平键 general flat key**

**09.0207 导向平键 feather key, dive key**
固定在轴上,工作时允许轴上零件沿轴滑动的平键。

**09.0208 滑键 feather key**
固定在轮毂上,工作时与轮毂一起沿轴上的键槽移动的键。

**09.0209 薄型平键 thin [flat] key**

**09.0210 半圆键 woodruff key**

**09.0211 楔键 taper key**
矩形或方形剖面,宽度不变而厚度上有斜度的键。

**09.0212 普通楔键 general taper key**

**09.0213 钩头楔键 gib-head taper key**

**09.0214 切向键 tangential key**

**09.0215 鞍形键 saddle key**

**09.0216 花键 spline**
轴和轮毂上有多个凸起和凹槽构成的周向联接件。

**09.0217 矩形花键 rectangle spline**
键齿两侧面为平行于通过轴线的径向平面的两平面的花键。

**09.0218 渐开线花键 involute spline**
齿形是渐开线的花键。

## 09.01.09 销

**09.0219 销 pin**
俗称"销子"。贯穿于两个零件孔中,主要用于定位,也可用于连接或作为安全装置中过载易剪断元件。

**09.0220 圆柱销 cylindrical pin, straight pin, paraller pin**

**09.0221 普通圆柱销 general cylindrical pin**

**09.0222 螺纹圆柱销 cylindrical pin with external thread**

**09.0223 内螺纹圆柱销 cylindrical pin with internal thread**

**09.0224 弹性圆柱销 spring-type straight pin, spring pin**

**09.0225 圆锥销 conical pin, taper pin**

**09.0226 普通圆锥销 general taper pin**

09.0227 内螺纹圆锥销 taper pin with internal thread

09.0228 螺尾圆锥销 taper pin with external thread

09.0229 开尾圆锥销 taper pin with split

09.0230 槽销 grooved pin

09.0231 直槽销 straight grooved pin

09.0232 锥槽销 taper grooved pin

09.0233 圆头槽销 round head grooved pin

09.0234 沉头槽销 countersunk grooved pin

09.0235 销轴 clevis pin with head

09.0236 带孔销 pin with split pin hole

09.0237 开口销 cotter pin, split pin

09.0238 安全销 safety pin

09.0239 快卸销 quick-release pin

## 09.01.10 铆 钉

09.0240 铆钉 rivet
一种金属制一端有帽的杆状零件,穿入被联接的构件后,在杆的外端打、压出另一头,将构件压紧、固定。

09.0241 半圆头铆钉 semi-round head rivet, button head rivet

09.0242 小半圆头铆钉 semi-round head rivet with small head

09.0243 平锥头铆钉 cone head rivet

09.0244 沉头铆钉 countersunk head rivet

09.0245 半沉头铆钉 oval countersunk head rivet

09.0246 扁圆头铆钉 flat round head rivet

09.0247 大扁圆头铆钉 truss head rivet

09.0248 平头铆钉 flat head rivet

09.0249 扁平头铆钉 thin head rivet

09.0250 半空心铆钉 semi-tubular rivet

09.0251 扁圆头半空心铆钉 oval head semi-tubular rivet

09.0252 大扁圆头半空心铆钉 truss head semi-tubular rivet

09.0253 平锥头半空心铆钉 cone head semi-tubular rivet

09.0254 沉头半空心铆钉 countersunk head semi-tubular rivet

09.0255 扁平头半空心铆钉 thin head semi-tubular rivet

09.0256 无头铆钉 headless rivet

09.0257 空心铆钉 tubular rivet

09.0258 管状铆钉 pipe type rivet

**09.0259  标牌铆钉**  rivets for rame plate

## 09.02  联 轴 器

**09.0260  联轴器**  coupling
联接两轴或轴与回转件,在传递运动和动力过程中一同回转,在正常情况下不脱开的一种装置。

**09.0261  刚性联轴器**  rigid coupling
由刚性传力件组成的联轴器。

**09.0262  套筒联轴器**  sleeve coupling
利用公用套筒以某种方式联接两轴的联轴器。

**09.0263  凸缘联轴器**  flange coupling
利用螺栓联接两半联轴器的凸缘以实现两轴联接的联轴器。

**09.0264  夹壳联轴器**  split coupling
利用两个沿轴向剖分的夹壳以某种方式夹紧实现两轴联接的联轴器。

**09.0265  齿式联轴器**  gear coupling
利用内外齿啮合以实现两半联轴器联接的联轴器。

**09.0266  十字滑块联轴器**  Oldham coupling
利用中间滑块在其两侧半联轴器端面的相应径向槽内滑动,以实现两半联轴器联接的联轴器。

**09.0267  滑块联轴器**  NZ claw type coupling
又称"NZ 爪型联轴器"。由两个各带双爪的联轴器和一个方形滑块组成的滑块联轴器。

**09.0268  链条联轴器**  chain coupling
利用公用链条同时与两个齿数相同的并列链轮啮合,以实现两半联轴器联接的联轴器。

**09.0269  万向联轴器**  universal joint
一种特殊的球面铰链四杆机构,其中除机架外,每一个构件上两转动副轴线间的夹角均为90°。

**09.0270  双万向联轴器**  double universal joint
由两个单万向联轴器串接而成,在满足一定的条件下,其主、从动轴的角速度比等于1。

**09.0271  十字轴式万向联轴器**  universal coupling with spider
利用十字轴式的中间件以实现不同轴线间两轴联接的万向联轴器。

**09.0272  球笼式同步万向联轴器**  synchronizing universal coupling with ball and sacker
利用若干钢球置于分别与两轴联接的内外星轮槽内以实现所联两轴转速同步的万向联轴器。

**09.0273  弹性联轴器**  resilient shaft coupling
利用弹性元件的弹性变形以补偿两轴相对位移,缓和冲击和吸收振动的联轴器。

**09.0274  金属弹性元件联轴器**  coupling with metallic elastic element
具有金属弹性元件的联轴器。

**09.0275  簧片联轴器**  flat spring coupling
利用若干簧片组按不同方式布置,以实现两半联轴器弹性联接的联轴器。

**09.0276  蛇形弹簧联轴器**  serpentine steel

flex coupling

利用蛇形弹簧嵌在两半联轴器凸缘上的齿间内,以实现两半联轴器弹性联接的联轴器。

**09.0277 波纹管联轴器** coupling with corrugated pipe

利用波纹管,以焊接或其他联接方式与两半联轴器联接,以实现两轴弹性联接的联轴器。

**09.0278 牙嵌式联轴器** jaw and toothed coupling

柔轮与输出联接盘以矩形牙相嵌的联轴器。

**09.0279 膜片联轴器** diaphragm coupling

利用薄弹簧片,以螺栓或其他联接方式与两半联轴器联接,以实现两轴弹性联接的联轴器。

**09.0280 非金属弹性元件联轴器** coupling with non-metallic elastic element

具有非金属弹性元件的弹性联轴器。

**09.0281 轮胎式联轴器** coupling with rubber type element

利用轮胎状橡胶元件,以螺栓与两半联轴器联接,以实现两轴弹性联接的联轴器。

**09.0282 橡胶金属环联轴器** coupling with rubber-metal ring

利用橡胶硫化粘结在金属上的圆环形组合件,以螺栓与两半联轴器联接,以实现两轴弹性联接的联轴器。

**09.0283 橡胶套筒联轴器** coupling with rubber sleeve

利用套筒形橡胶元件联接两轴的弹性联轴器。

**09.0284 橡胶块联轴器** coupling with rubber pads

利用若干块状橡胶元件嵌在两半联轴器的相应槽内,以实现两半联轴器弹性联接的联轴器。

**09.0285 橡胶板联轴器** coupling with rubber plates

利用圆环形或其他形状的橡胶板,以螺栓交错地与两半联轴器弹性联接的联轴器。

**09.0286 多角形橡胶联轴器** coupling with polygonal rubber element

利用含轴截面为圆形的多角环状橡胶元件,以螺栓交错地与两半联轴器弹性联接的联轴器。

**09.0287 弹性套柱销联轴器** pin coupling with elastic sleeve

利用一端带有弹性套的柱销装在两半联轴器凸缘孔中,以实现两半联轴器弹性联接的联轴器。

**09.0288 梅花形弹性联轴器** coupling with elastic spider

利用梅花形弹性元件置于两半联轴器凸爪之间,以实现两半联轴器弹性联接的联轴器。

**09.0289 弹性柱销联轴器** elastic pin coupling

利用若干非金属材料制成的柱销置于两半联轴器凸缘的孔中,以实现两半联轴器弹性联接的联轴器。

**09.0290 弹性柱销齿式联轴器** gear coupling with elastic pins

利用若干非金属材料制成的柱销置于两半联轴器与外环内表面之间的对合孔中,以实现两半联轴器联接的联轴器。

## 09.03 离合器

### 09.03.01 各种离合器

**09.0291 离合器** clutch
主、从动部分在同轴线上传递动力或运动时,具有接合或分离功能的装置。

**09.0292 操纵离合器** controlled clutch
必须通过操纵,接合元件才具有接合或分离功能的离合器。

**09.0293 自控离合器** auto-controlled clutch
在主动部分或从动部分某些性能参数变化达到规定限度时,接合元件具有自行接合或分离功能的离合器。

**09.0294 机械离合器** mechanically controlled clutch
在机械机构直接作用下具有离合功能的离合器。

**09.0295 电磁离合器** electromagnetic clutch
在电磁力作用下具有离合功能的离合器。

**09.0296 液压离合器** hydraulically controlled clutch
在液体压力作用下具有离合功能的离合器。

**09.0297 超越离合器** overrunning clutch
利用主、从动部分的速度变化或旋转方向的变换,具有自行离合功能的离合器。

**09.0298 滚柱离合器** roller clutch
用滚柱和星轮、滚柱和外滚道组成摩擦副的超越离合器。

**09.0299 楔块离合器** sprag clutch
用楔块和内、外滚道组成摩擦副的离合器。

**09.0300 棘轮离合器** ratchet clutch
由棘轮、棘爪组成嵌合副的离合器。

**09.0301 气压离合器** pneumatically controlled clutch
在空气压力作用下具有离合功能的离合器。

**09.0302 离心离合器** centrifugal clutch
在离心体的离心力直接作用下具有离合功能的离合器。

**09.0303 安全离合器** safety clutch
确保传递的转矩或转速不超过某限定值的离合器。

**09.0304 弹性离合器** flexible clutch
具有弹性传递动力或运动作用,又有阻尼作用的离合器。

**09.0305 刚性离合器** rigid clutch
具有刚性传递动力或运动作用,而无阻尼作用的离合器。

**09.0306 单向离合器** one-way clutch
只能在一个旋转方向传递动力或运动的离合器。

**09.0307 双向离合器** twin-direction clutch
能在正反两个旋转方向传递动力或运动的离合器。

**09.0308 常开离合器** normally disengaged clutch
除去操纵力后处于分离状态的离合器。

**09.0309 常合离合器** normally engaged clutch

除去操纵力后处于接合状态的离合器。

**09.0310 同步离合器** synchro clutch
主、从动部分转速同步后自动接合,负转差时自动分离的离合器。

**09.0311 双作用离合器** dual clutch
又称"双联离合器"。具有一个主动部分、两个从动部分的离合器。

**09.0312 嵌合式离合器** positive clutch
主、从动部分的接合元件采用机械嵌合副的离合器。

**09.0313 牙嵌离合器** jaw clutch
用爪牙状零件组成嵌合副的离合器。

**09.0314 齿形离合器** toothed clutch
用内齿和外齿组成嵌合副的离合器。

**09.0315 销式离合器** pin-type clutch
用销和销座零件组成嵌合副的离合器。

**09.0316 键式离合器** key-type clutch
用键和键座零件组成嵌合副的离合器。

**09.0317 摩擦式离合器** friction clutch
主、从动部分的接合元件采用摩擦副的离合器。

**09.0318 片式离合器** disc clutch
又称"盘式离合器"。用圆环片的端平面组成摩擦副的离合器。

**09.0319 圆锥离合器** cone clutch
用圆锥侧面组成摩擦副的离合器。

**09.0320 摩擦块离合器** friction block clutch
又称"块式离合器"。用摩擦块端面与对偶件组成摩擦副的离合器。

**09.0321 胀圈离合器** expansion ring clutch
用胀圈的外圆柱面与对偶件组成摩擦副的

离合器。

**09.0322 扭簧离合器** torsional spring clutch
用扭簧的内圆柱面与对偶件组成摩擦副的离合器。

**09.0323 闸带离合器** brake-band clutch
用闸带的内圆柱面固定摩擦材料与对偶件组成摩擦副的离合器。

**09.0324 闸块离合器** brake shoe clutch
用闸块的外圆面固定摩擦材料与对偶件组成摩擦副的离合器。

**09.0325 鼓式离合器** drum clutch
用圆柱面作为摩擦副的离合器。

**09.0326 隔膜离合器** diaphragm clutch
又称"膜片式离合器"。空气压力通过隔膜片施加到摩擦副上的离合器。

**09.0327 气胎离合器** pneumatic tube clutch
又称"轮胎式离合器"。空气压力通过气胎施加到摩擦副上的离合器。

**09.0328 钢球离合器** steel ball clutch
把钢球作为离心体的离合器。

**09.0329 磁粉离合器** magnetic powder clutch
主、从动部分间隙中充填磁粉,借助于磁粉间的结合力和磁粉与工作面之间的摩擦力传递动力或运动的离合器。

**09.0330 干式离合器** dry clutch
接合元件在干摩擦条件下工作的离合器。

**09.0331 湿式离合器** wet clutch
又称"浸油离合器"。接合元件在有润滑条件下工作的离合器。

**09.0332 调速离合器** variable speed clutch
又称"油膜离合器"。主动部分转速恒定,从动部分的转速通过油膜作用可无级调速的离合器。

## 09.03.02 离合器主要零部件

**09.0333　主动部件**　driving part
与驱动件相联接,输入动力或运动的部件。

**09.0334　从动部件**　driven part
与被驱动件相联接,输出动力或运动的部件。

**09.0335　接合机构**　engaging mechanism
具有使接合元件产生接合动作的部件。

**09.0336　分离机构**　disengaging mechanism
具有使接合元件产生分离动作的部件。

**09.0337　接合元件**　engaging element
能实现主、从动部分离合功能的嵌合副或摩擦副。

**09.0338　隔模片**　diaphragm
用耐油橡胶和特种纤维等制成的,具有弹性、起接合机构作用的零件。

**09.0339　弹性部件**　flexible assembly
弹性离合器中既有弹性传递动力或运动作用,又有阻尼作用的部件。

**09.0340　限位装置**　caging device
保证弹性部件的扭转角不超过某限定值的部件。

**09.0341　支承盘**　supporting plate
限制弹性部件的轴向移动距离并起支承作用的零件。

**09.0342　滑移件**　sliding component
沿螺旋花键作轴向滑移以操纵离合器的部件。

**09.0343　磁轭**　magnetic yoke
装有激磁线圈并和衔铁组成磁路的铁芯。

**09.0344　衔铁**　armature
与磁轭组成闭合磁路并可作轴向移动的铁芯。

**09.0345　滚道**　race
接合元件(滚柱与外圈或内圈)接触的圆柱表面。

**09.0346　星轮**　star wheel
具有星状的零件。

**09.0347　楔块**　sprag
工作面由多个圆弧面组成,与外圈接触的工作圆弧的圆心同与内圆接触的工作圆弧的圆心有偏心距的异形块状零件。

**09.0348　内片**　inner plate
内圆周面与内传动件相嵌合,其端面同外片端面组成摩擦副的圆环片。

**09.0349　外片**　outer plate
外圆周面与外传动件相嵌合,其端面同内片端面组成摩擦副的圆环片。

**09.0350　内传动件**　inner driving medium
与内片嵌合在一起,传递动力或运动的零件。

**09.0351　外传动件**　outer driving medium
与外片嵌合在一起,传递动力或运动的零件。

**09.0352　芯片**　core plate
端面可与摩擦衬片和摩擦材料层做成一体的金属片或非金属片。

**09.0353　摩擦衬片**　friction facing
用摩擦材料制成的片状零件。

**09.0354　摩擦片**　friction plate
芯片和摩擦衬片或摩擦材料层组成的组件。

**09.0355　对偶件**　mating plate
端面同摩擦片组成摩擦副的金属件。

**09.0356　承压盘**　bearing disc
承受摩擦副推力的圆盘。

**09.0357　压盘**　pressure plate
对摩擦副施加压力的圆盘。

**09.0358　压紧弹簧**　pressure spring
压紧摩擦副、产生摩擦力的弹簧。

**09.0359　回位弹簧**　return spring
压紧力卸除后,使接合元件恢复到起始位置
的弹簧。

**09.0360　分离弹簧**　release spring
离合器分离时,保证主、从动部件之间有一
定间隙的弹簧。

**09.0361　膜片弹簧**　diaphragm spring
具有弯曲形状起压紧摩擦副和分离机构作
用的盘状弹簧。

**09.0362　扭簧**　torsional spring
依靠其扭弹性产生摩擦力以传递动力或运
动的弹簧。

**09.0363　胀圈**　expansion ring
依靠其开胀弹性产生摩擦力以传递动力或
运动的、带有缺口的金属圈。

**09.0364　气胎**　pneumatic tube
表面可固定摩擦元件,用橡胶和特制帘布等
制成的具有弹性又能传递动力或运动的环
形密封气囊。

**09.0365　摩擦鼓部件**　drum assembly
圆柱表面上固定有气胎和摩擦元件的圆筒
件。

**09.0366　鼓轮**　drum
以圆柱面为摩擦工作面,同摩擦元件组成摩
擦副的零件。

**09.0367　内锥体部件**　inner cone assembly
空心金属圆台外表面上固定有摩擦衬片或
摩擦材料层,并与外锥体内表面组成摩擦副
的部件。

**09.0368　外锥体**　outer cone part
等壁厚的空心圆台,其内表面与内锥体部件
外表面组成摩擦副的零件。

**09.0369　闸块**　brake shoe
闸块离合器中,外圆柱面固定有摩擦材料的
部件。

**09.0370　磁粉**　magnetic powder
呈球形或卵形并具有软磁性的耐热金属粉
末(颗粒)。

**09.0371　铜基摩擦片**　copper base friction
　　　　　plate
以铜粉或铜合金粉为基体,添加适量的摩擦
和润滑组元,采用粉末冶金工艺与芯片烧结
制成的摩擦片。

**09.0372　铁基摩擦片**　iron base friction
　　　　　plate
以铁粉为基体,添加适当的摩擦和润滑组
元,采用粉末冶金工艺与芯片烧结制成的摩
擦片。

**09.0373　喷涂摩擦片**　spray-coated friction
　　　　　plate
采用热喷涂工艺将摩擦材料和芯片制成一
体的摩擦片。

**09.0374　碳基摩擦材料**　carbon base friction
　　　　　material
以碳素粉末或碳纤维为基体,添加适量有机
黏结剂及填料,采用热压成形工艺制成的摩
擦材料。

**09.0375　石棉摩擦材料**　asbestos friction material

石棉纤维添加适量填料,以树脂为黏结剂,采用热压工艺制成的摩擦材料。

**09.0376　碳–碳复合材料**　carbon-carbon composite material

碳纤维(或碳布)采用反复碳化或气相沉积工艺制成的摩擦材料。

### 09.03.03　离合器性能参数

**09.0377　接合过程**　engaging process

操纵离合器后,使从动部分随主动部分运转直至同步的过程。

**09.0378　缓冲接合过程**　buffer engaging process

操纵离合器后,为了减少冲击,使从动部分所传递的转矩缓慢地增加,并使其转速平稳缓慢地达到和主动部分同步运转的过程。

**09.0379　分离过程**　disengaging process

操作离合器后,使从动部分与主动部分分离,产生异步运转直至从动部分完全分离的过程。

**09.0380　接合时间**　engaging time

接合过程所需要的时间。

**09.0381　分离时间**　disengaging time

分离过程所需要的时间。

**09.0382　接合转速**　engaging rotating speed

离合器主、从动部分开始接合时,主动部分的转速。

**09.0383　接合频率**　engaging frequency

离合器单位时间内的接合次数。

**09.0384　楔角**　locking angle

楔块与内圈和外圈两个接触点的公切线之间的夹角。

**09.0385　撑角**　strut angle

楔块与内圈和外圈两个接触点的连线同离合器中心到内接触点的半径线之间的夹角。

**09.0386　外撑角**　outer strut angle

楔块与内圈和外圈两个接触点的连线同离合器中心到外接触点的半径线之间的夹角。

**09.0387　滑差**　slip

离合器的主动部分转速和从动部分转速之差。

**09.0388　摩擦副数**　number of friction pairs

摩擦副传递动力或运动时有效的摩擦接触副数。

**09.0389　衰退**　degeneration

由于接合过程或外界等因素造成摩擦副的性能变化而引起离合器工作能力下降的现象。

**09.0390　恢复**　recuperation

摩擦副出现衰退现象后,恢复正常工作性能的过程或现象。

## 09.04 制 动 器

### 09.04.01 各 种 制 动 器

**09.0391　制动器**　brake
具有使运动部件(或运动机械)减速、停止或保持停止状态等功能的装置。

**09.0392　直接接触式制动器**　direct contact brake
制动部件与运动部件(或运动机械)直接接触的制动器。

**09.0393　非直接接触式制动器**　non-direct contact brake
制动部件与运动部件(或运动机械)非直接接触的制动器。

**09.0394　摩擦制动器**　friction brake
制动部件与运动部件(或运动机械)构成摩擦副的制动器。

**09.0395　非摩擦制动器**　non-friction brake
制动部件与运动部件(或运动机械)不直接摩擦的制动器。

**09.0396　常开制动器**　normally disengaged brake
驱动部件停止工作时不具有制动功能的制动器。

**09.0397　常闭制动器**　normally engaged brake
驱动部件停止工作时具有制动功能的制动器。

**09.0398　单向制动器**　uni-directional brake
只在一个旋转方向具有制动功能的制动器。

**09.0399　双向制动器**　bi-directional brake

在二个旋转方向(左转或右转)上都具有制动功能的制动器。

**09.0400　干式制动器**　dry brake
在干摩擦条件下工作的制动器。

**09.0401　湿式制动器**　wet brake
在有润滑条件下工作的制动器。

**09.0402　液压制动器**　hydraulically controlled brake
借助液体压力的作用,产生(或消除)制动功能的制动器。

**09.0403　气压制动器**　pneumatically controlled brake
借助气体压力的作用,产生(或消除)制动功能的制动器。

**09.0404　电磁制动器**　electromagnetic brake
借助电磁力的作用,产生(或消除)制动功能的制动器。

**09.0405　惯性制动器**　inertia brake
借助惯性力的作用,产生(或消除)制动功能的制动器。

**09.0406　重力制动器**　gravity brake
借助重力的作用,产生(或消除)制动功能的制动器。

**09.0407　离心制动器**　centrifugal brake
借助离心力的作用,产生(或消除)制动功能的制动器。

**09.0408　机械制动器**　mechanically controlled brake

借助机械的作用,产生(或消除)制动功能的制动器。

**09.0409　人力制动器**　manual brake
借助人力的作用,产生(或消除)制动功能的制动器。

**09.0410　自锁制动器**　self-locking brake
借助运动部件(或运动机械)自重的作用产生或消除制动功能的制动器。

**09.0411　牙嵌式制动器**　jaw brake
制动部件与运动部件(或运动机械)直接接触构成嵌合副的制动器。

**09.0412　鼓式制动器**　drum brake
用圆柱面作为摩擦副接触面的制动器。

**09.0413　带式制动器**　band brake
用制动带的内侧面作为摩擦副接触面的制动器。

**09.0414　盘式制动器**　disk brake
用圆盘的端面作为摩擦副接触面的制动器。

**09.0415　圆锥制动器**　cone brake
用圆锥面作为摩擦副接触面的制动器。

**09.0416　块式制动器**　block brake
又称"闸块制动器","闸瓦制动器"。用制动瓦总成内圆柱面作为摩擦副接触面的制动器。

**09.0417　外抱式制动器**　external-contacting brake
又称"抱闸式制动器"。制动部件的内表面同运动部件(或运动机械)的外表面构成摩擦副的制动器。

**09.0418　内胀式制动器**　internal-expanding brake
又称"胀闸式制动器"。制动部件的外表面同运动部件(或运动机械)的内表面构成摩

擦副的制动器。

**09.0419　楔块制动器**　wedge brake
用楔块迫使制动部件同运动部件(或运动机械)接触(或分离),产生(或消除)制动功能的制动器。

**09.0420　凸轮制动器**　cam brake
用凸轮迫使制动部件同运动部件(或运动机械)接触(或分离),产生(或消除)制动功能的制动器。

**09.0421　柱塞制动器**　plunger brake
用柱塞迫使制动部件同运动部件(或运动机械)接触(或分离),产生(或消除)制动功能的制动器。

**09.0422　推杆制动器**　pusher brake
用推杆部件迫使制动部件同运动部件(或运动机械)接触(或分离),产生(或消除)制动功能的制动器。

**09.0423　单蹄制动器**　one shoe brake
只有一个制动蹄的内胀式制动器。

**09.0424　双蹄制动器**　two-shoe brake
具有对称均布的二个制动蹄的内胀式制动器。

**09.0425　领蹄制动器**　leading shoe brake
制动蹄为领蹄的鼓式制动器。

**09.0426　从蹄制动器**　trailing shoe brake
制动蹄为从蹄的鼓式制动器。

**09.0427　气胎制动器**　pneumatic tube brake
又称"罗管式制动器"。用气胎部件作为制动部件的鼓式制动器。

**09.0428　磁粉制动器**　magnetic powder brake
制动部件与运动部件借助于磁粉间的电磁吸力形成的磁粉链,同工作面之间的摩擦力

产生制动功能的制动器。

**09.0429　电磁涡流制动器**　electromagnetic whirlpool brake
制动部件与运动部件借助于电磁感应产生的电涡流的作用而具有制动功能的制动器。

**09.0430　磁滞制动器**　magnetic remanence brake
制动部件与运动部件借助于磁滞的作用而具有制动功能的制动器。

**09.0431　水涡流制动器**　water whirlpool brake
制动部件与运动部件借助于水涡流的作用而具有制动功能的制动器。

**09.0432　安全制动器**　safety brake
当运动部件(或运动机械)传递的转矩或转速超过某限定值时,对运动部件(或运动机械)具有制动功能的制动器。

### 09.04.02　制动器主要零部件

**09.0433　制动衬片**　brake lining
作为摩擦工作面,用摩擦材料制成起制动作用的片状零件。

**09.0434　制动蹄**　brake shoe
外圆柱面可与制动衬片或摩擦材料制成一体的零件。

**09.0435　制动鼓**　brake drum
以内圆柱面为摩擦工作面,同制动蹄总成组成摩擦副的零件。

**09.0436　制动盘**　brake disk
以端平面为摩擦工作面的圆盘形运动部件。

**09.0437　制动钳板臂**　brake calliper plate yoke
把驱动部件的作用力直接施加到制动钳部件和制动盘组成的摩擦副上的零部件。

**09.0438　制动臂**　brake arm
外抱式制动器中,把驱动部件的作用力直接施加到制动部件和运动部件(或运动机械)接触面上的零部件。

**09.0439　制动衬块**　brake pad
把内圆柱面作为摩擦工作面,用摩擦材料制成的零件。

**09.0440　制动瓦**　shoes of brakes
同制动臂联接,内圆柱面上可安装制动衬块的零件。

**09.0441　制动轮**　brake wheel
以外圆柱面为摩擦工作面,同制动带组成摩擦副的零件。

**09.0442　制动钢带**　brake steel belt
一端固定在基体部件上,另一端采用可调联接固定在杠杆部件上,内侧面可安装制动衬带的零件。一般用钢制造。

**09.0443　制动衬带**　brake lining
安装在制动钢带内侧面,用摩擦材料制成的带状零件。

**09.0444　制动带**　brake belt
由制动钢带和制动衬带组成的部件。

**09.0445　领蹄**　leading shoe
又称"紧蹄"。制动蹄总成张开时的转动方向与制动鼓旋转方向相同。

**09.0446　从蹄**　trailing shoe
又称"松蹄"。制动蹄总成张开时的转动方向与制动鼓旋转方向相反。

**09.0447　制动块**　brake piece

安装在气胎外圆柱面上(或安装在制动钳部件中),用摩擦材料制成的块状零件。

**09.0448    外锥盘**　external cone plate

金属圆台内表面与内锥盘部件外表面组成摩擦副的零件。

### 09.04.03  制动器性能参数

**09.0449    水平制动**　level braking
仅制动运动部件(或运动机械)的惯性质量。

**09.0450    垂直制动**　vertical braking
运动机械被制动的有惯性质量和垂直载荷,而且以垂直载荷为主。

**09.0451    有效制动距离**　active braking distance
在有效工作时间内运动部件(或运动机械)运行的路程。

**09.0452    有效工作时间**　active working time
又称"有效制动时间"。常开制动器中,从制动力矩开始产生到制动力矩消失所经过的时间。常闭制动器中,从稳定制动力矩开始下降到制动力矩恢复到稳定制动力矩所经过的时间。

**09.0453    总制动距离**　total braking distance
在总工作时间内运动部件(或运动机械)运行的路程。

**09.0454    总工作时间**　total working time
又称"总制动时间"。制动器反应时间和有效工作时间之和。

**09.0455    单位摩擦功**　unit friction work
又称"制动功","滑摩功"。摩擦副在接合和制动过程中,单位表观面积上产生的摩擦功。

**09.0456    单位摩擦功率**　unit friction power
又称"制动功率","滑摩功率"。摩擦副在接合和制动过程,单位面积在单位时间内产生

的摩擦功。

**09.0457    许用摩擦功**　allowable friction work
又称"许用制动功","许用滑摩功"。接合和制动过程中,摩擦副允许的最大单位摩擦功。

**09.0458    许用摩擦功率**　allowable friction power
又称"许用制动功率","许用滑摩功率"。接合和制动过程中,摩擦副允许的最大单位摩擦功率。

**09.0459    制动频率**　braking frequency
单位时间内的制动次数。

**09.0460    制动转速**　braking rotational speed
开始制动时,运动部件(或运动机械)的转速。

**09.0461    制动减速度**　braking deceleration
由于制动部件的作用,运动部件在一定的时间内获得的减速度。

**09.0462    平均制动减速度**　mean braking deceleration
制动过程中的两个瞬时速度之差,与两个瞬时速度的时间间隔比值。

**09.0463    热载荷值**　thermic load value
离合器在滑动及制动器在制动过程中不断产生热量,热量的大小可用滑摩功和滑摩功率曲线表示。热载荷值即滑摩功与滑摩功率的乘积。

**09.0464 许用热载荷值** allowable thermic
load value
保证离合器制动器不会烧伤,允许的最大热
载荷值。

**09.0465 制动副数** number of braking pairs
制动过程中有效的接触摩擦副数。

**09.0466 热衰退** heat fade
制动过程中由于制动摩擦热的影响使制动
效果衰减的现象。

**09.0467 过恢复** over recovery
热衰退和油(或水)衰退现象消失后,制动效
果高于衰退前的现象。

**09.0468 制动颤振** brake chatter

制动过程中,制动器发生小振幅振动的现
象。

**09.0469 制动噪声** brake noise
制动过程中,制动器产生的噪声。

**09.0470 制动跳动** braking hop
制动过程中,引起运动机械(或运动部件)跳
动的现象。

**09.0471 制动失效** braking failure
制动过程中,由于制动器某些零部件的损坏
或发生故障,使运动部件(或运动机械)不能
保持停止状态或不能按要求停止运动的现
象。

## 09.05 滑 动 轴 承

### 09.05.01 滑动轴承形式

**09.0472 轴承** bearing
用于确定旋转轴与其他零件相对运动位置,
起支承或导向作用的零部件。

**09.0473 滑动轴承** plain bearing, sliding-
contact bearing
仅发生滑动摩擦的轴承。

**09.0474 整体式滑动轴承** solid bearing

**09.0475 剖分式滑动轴承** split plain bear-
ing

**09.0476 滑动轴承系统** plain bearing unit
包括滑动轴承的摩擦学系统。

**09.0477 径向滑动轴承** plain journal bear-
ing
承受径向(垂直于旋转轴线)载荷的滑动轴
承。

**09.0478 止推滑动轴承** plain thrust bearing
承受轴向(沿着或平行于旋转轴线)载荷的
滑动轴承。

**09.0479 径向止推滑动轴承** thrust-journal
plain bearing
同时承受径向载荷和轴向载荷的滑动轴承。

**09.0480 静载滑动轴承** steadily loaded
plain bearing
承受大小和方向均不变的载荷的滑动轴承。

**09.0481 动载滑动轴承** dynamically loaded
plain bearing
承受大小和(或)方向变化的载荷的滑动轴
承。

**09.0482 液体动压轴承** hydrodynamic
bearing
在完全液体动力润滑状态下工作的滑动轴

承。

**09.0483 液体静压轴承** hydrostatic bearing
在液体静力润滑状态下工作的滑动轴承。

**09.0484 气体动压轴承** aerodynamic bearing
在气体动力润滑状态下工作的滑动轴承。

**09.0485 气体静压轴承** aerostatic bearing
在气体静力润滑状态下工作的滑动轴承。

**09.0486 动静压混合轴承** hybrid bearing
能在流体静力润滑状态下,又能在流体动力润滑状态下工作的滑动轴承,同时在流体静力润滑和流体动力润滑下工作的滑动轴承。

**09.0487 固体润滑轴承** bearing with solid lubricant
用固体润滑剂润滑的滑动轴承。

**09.0488 无润滑轴承** unlubricated bearing
工作前和工作时不加润滑剂的滑动轴承。

**09.0489 自润滑轴承** self-lubricating bearing
用自润滑材料制成或预先充以润滑剂后密封起来长期使用,在工作时不外加润滑剂的滑动轴承。

**09.0490 多孔质轴承** porous bearing
用多孔性材料制成,其孔隙可充以润滑剂的滑动轴承,或其孔隙可作为节流器的流体静压轴承。

**09.0491 磁力轴承** magnetic bearing
利用磁场力使轴悬浮的滑动轴承。

**09.0492 静电轴承** electrostatic bearing
利用电场力使轴悬浮的滑动轴承。

**09.0493 自位滑动轴承** plain self-aligning bearing
能相对于轴表面自行调整轴线位置的滑动

轴承。

**09.0494 浮环轴承** floating-ring bearing
在轴和轴承之间有一浮动环的径向滑动轴承。

**09.0495 瓦块轴承** pad bearing
支承面由若干瓦块组成的滑动轴承。

**09.0496 可倾瓦块轴承** tilting-pad bearing
支承面由若干瓦块组成,而各瓦块在流体动压作用下能相对于轴表面自行调整位置的滑动轴承。

**09.0497 圆形滑动轴承** circular plain bearing
内孔各横截面均为圆形的滑动轴承。

**09.0498 非圆滑动轴承** noncircular plain bearing
内孔横截面为非圆形的滑动轴承。

**09.0499 椭圆轴承** elliptic bearing
具有椭圆工作表面的滑动轴承。

**09.0500 单层滑动轴承** monolayer plain bearing
轴瓦仅由一层材料制成的滑动轴承。

**09.0501 多层滑动轴承** multilayer plain bearing
轴瓦由几层不同材料制成的滑动轴承。

**09.0502 多层金属轴承** multilayer metallic bearing
轴瓦由几层不同金属或合金制成的滑动轴承。

**09.0503 粉末冶金轴承** powder metallurgy bearing
用粉末冶金材料制成的滑动轴承。

**09.0504 塑料轴承** plastic bearing
用聚合物制成或具有聚合物衬层的滑动轴

承。

**09.0505　宝石轴承**　jewel bearing
用金刚石、宝石等非金属硬质材料制成的滑动轴承。

**09.0506　橡胶轴承**　rubber bearing
用橡胶制成的滑动轴承。

**09.0507　多楔滑动轴承**　lobed plain bearing
滑动表面由多个斜面组成而在工作时沿其

圆周形成若干流体动压楔的滑动轴承。

**09.0508　多油楔轴承**　multi-oil wedge bearing
轴瓦与轴颈间形成多个油楔的滑动轴承。

**09.0509　多油叶轴承**　bobed bearing
能双向回转,各油楔具有正向与反向收敛两个部分的多油楔轴承。

### 09.05.02　滑动轴承结构要素

**09.0510　滑动表面**　sliding surface
轴和轴承上发生滑动摩擦的表面。

**09.0511　止推环**　thrust collar
被止推轴承支承而传递轴向载荷的轴环或固定在轴上的圆环。

**09.0512　滑动轴承孔**　plain bearing bore
与轴颈相配的径向滑动轴承内孔。

**09.0513　滑动轴承座**　plain bearing housing
孔内装有轴瓦或轴套的壳体。

**09.0514　滑动轴承座孔**　plain bearing housing bore
轴承座中与轴瓦或轴套外表面相配的孔。

**09.0515　[滑动轴承]轴套**　[plain] bearing bush
径向滑动轴承中与轴颈相配的整体式管状元件。

**09.0516　卷制轴套**　wrapped bearing bush
用轴承材料或敷有轴承材料的钢带卷制而成的薄壁轴套。

**09.0517　[滑动轴承]轴瓦**　[plain] bearing half-line, [plain] bearing liner
径向滑动轴承中与轴颈相配的对开式元件。

**09.0518　薄壁轴瓦**　thin walled half bearing, thin walled half liner
壁厚较小以致其内孔的宏观几何形状主要取决于轴承座孔形状的轴瓦。

**09.0519　厚壁轴瓦**　thick walled half bearing, thick walled half liner
壁厚较大以致其内孔的宏观几何形状与轴承座孔形状关系不大的轴瓦。

**09.0520　单层轴瓦**　solid bearing liner
用一种材料制成的轴瓦。

**09.0521　单层轴套**　solid bearing bush
用一种材料制成的轴套。

**09.0522　多层轴瓦**　multilayer bearing liner
用几层不同材料制成的轴瓦。

**09.0523　多层轴套**　multilayer bearing bush
用几层不同材料制成的轴套。

**09.0524　翻边轴瓦**　flanger bearing liner
一端或两端具有凸缘的轴瓦。

**09.0525　翻边轴套**　flanger bearing bush
一端或两端具有凸缘的轴套。

**09.0526　轴承衬背**　bearing liner backing
多层轴瓦或轴套上支持衬层而使轴承具有

所需强度和(或)刚度的金属基体。

**09.0527 轴承减磨层** bearing anti-friction layer

多层轴瓦或轴套的一层减摩材料。

**09.0528 轴承磨合层** bearing running-in layer

为改善磨合性而敷于轴承减摩层上的一层材料。

**09.0529 轴承衬** bearing liner

为了改善轴承的耐磨性、减磨性等性能,贴附在轴瓦表面的用轴承合金制成的薄层。

**09.0530 瓦块** pad

组成瓦块轴承的扇形或其他形状元件。不能摆动的称为固定瓦块,可绕支点摆动的称为可倾瓦块。

**09.0531 止推垫圈** thrust washer

为承受轴向载荷而通常与径向滑动轴承一起使用的环形板或两个半环形板。

**09.0532 油槽** oil groove

滑动表面上供给和分布润滑油的沟槽。

**09.0533 油孔** oil hole

轴或轴承上的润滑油进出孔。

**09.0534 油道** oil duct

润滑油进入油孔的通道。

**09.0535 油腔** oil recess, oil pocket

轴承滑动表面用于贮油的凹腔。

**09.0536 封油面** land

液体静压轴承和动静压轴承中环绕油腔的工作表面。

**09.0537 [静压轴承]补偿器** compensator

流体静压轴承和动静压轴承中,利用节流器或恒流量阀使压力得到自动调节以适应载荷及其变化的器件。

**09.0538 节流器** restrictor

定压供油或气的流体静压轴承中,置于进口前的流量自动调节器件。

**09.0539 恒流量阀** constant flow valve

定量供油或气的流体静压轴承中,使各腔进油或气量保持某固定值的器件。

### 09.05.03 滑动轴承尺寸特性

**09.0540 滑动轴承孔径** plain journal bearing inside diameter

径向滑动轴承内孔的直径。

**09.0541 滑动轴承宽度** plain journal bearing width

轴瓦或轴套的轴向宽度。

**09.0542 宽径比** width-diameter ratio

滑动轴承宽度与孔径之比值。

**09.0543 滑动轴承直径间隙** diametral clearance of plain journal bearing

滑动轴承孔直径与轴颈直径之差。

**09.0544 滑动轴承半径间隙** radial clearance of plain journal bearing

滑动轴承孔半径与轴颈半径之差。

**09.0545 滑动轴承轴向间隙** axial clearance of plain journal bearing

止推轴承中轴与轴承之间的最大可能窜动量。

**09.0546 滑动轴承相对间隙** relative clearance of plain bearing

滑动轴承直径间隙与轴颈直径之比值,或半径间隙与轴颈半径之比值。

**09.0547 轴瓦厚度** thickness of bearing liner

轴瓦在给定半径上内外表面之间距离。

**09.0548 轴套厚度** half bush wall thickness

轴套在给定半径上内外表面之间距离。

**09.0549 轴承减摩层厚度** bearing material layer thickness

轴承衬背上的一层减摩材料厚度。

**09.0550 轴瓦半圆周长** half peripheral length of bearing liner

轴瓦外表面的周向长度。

**09.0551 测量高出度** nip, crush

在预定的试验载荷下,将轴瓦压入检验座孔时轴瓦超过检验座孔半圆周长的尺寸。

**09.0552 轴瓦对口面平行度** inclination of bearing parting face

沿轴瓦轴向全长量得的轴瓦对口面与检验座对口面的不平行偏差值。

**09.0553 自由弹张量** free spread

轴瓦自由状态下在对口面处外径与轴承座孔直径的差。

**09.0554 轴瓦[瓦口]削薄量** bearing bore relief

轴瓦对口面处内表面的壁厚削薄量。

**09.0555 轴瓦贴合度** bedding degree of bearing liner

轴瓦外表面与轴承座或检验座内表面的实际接触面积与名义接触面积之比值。

### 09.05.04 滑动轴承材料及其性能

**09.0556 减摩轴承材料** anti-friction bearing material

具有滑动轴承所需的减摩特性的材料。

**09.0557 烧结轴承材料** sintered bearing material

烧结工艺制成的轴承材料。

**09.0558 复合轴承材料** composite bearing material

由不同组分(金属、塑料、固体润滑剂)合成的轴承材料。

**09.0559 自润滑轴承材料** self-lubricating bearing material

不外加润滑剂而呈现低摩擦系数的轴承固体材料。

**09.0560 摩擦相容性** frictional compatibility

摩擦时轴承材料防止与轴材料发生粘附的性能。

**09.0561 [摩擦]顺应性** frictional conformability

轴承材料靠表层的弹塑性变形来补偿滑动表面初始配合不良的性能。

**09.0562 嵌入性** embeddability

轴承材料容许硬质颗粒嵌入而减轻刮伤或磨粒磨损的性能。

**09.0563 抗疲劳性** fatigue resistance

轴承材料抵抗疲劳破坏的性能。

### 09.05.05 滑动轴承计算

**09.0564 [滑动轴承]滑动速度** sliding velocity

两个物体相对滑动时其接触点上的切向速度之差。

**09.0565 轴承径向载荷** bearing radial load
沿滑动轴承轴线垂直方向作用的载荷。

**09.0566 轴承轴向载荷** bearing axial load
沿滑动轴承轴线方向作用的载荷。

**09.0567 轴承润滑油流量** oil flow in bearing
单位时间由轴承流出的润滑油总量。

**09.0568 轴承旋转阻转矩** bearing torque resistance
轴与轴承作相对旋转时旋转件和润滑膜界面上各点的切向力与其旋转半径之乘积的总和。

**09.0569 轴心轨迹** locus of journal center
轴颈旋转中心相对于轴承中心的运动轨迹。

**09.0570 [滑动轴承]压缩数** compressibility number
气体轴承计算中表示气体压缩效应对轴承性能影响程度而用的一个无量纲参数。

**09.0571 磨损度** wear intensity
实际磨损量与规定的允许磨损量之比值。

**09.0572 轴承承载能力** bearing load carrying capacity
滑动轴承正常运转时所能承受的最大载荷。

**09.0573 轴承连心线** bearing center line
轴颈中心和轴承中心的连线。

**09.0574 [滑动轴承]偏心距** eccentricity
轴颈中心对径向滑动轴承内孔中心的径向偏移量。

**09.0575 偏心率** relative eccentricity
偏心距与半径间隙之比值。

**09.0576 偏位角** attitude angle
轴承连心线与载荷方向的夹角。

**09.0577 载荷角** load angle
载荷方向与固定坐标极轴的夹角。

**09.0578 楔效应** wedge effect
黏性流体按收敛方向流入楔形间隙而产生压力的效应。

**09.0579 压缩效应** compression effect
气体轴承中气体从大间隙流入小间隙时受到压缩而引起压力升高的效应。

**09.0580 轴承投影面积** bearing projected area
滑动轴承工作表面沿载荷方向投影而得的面积。

**09.0581 轴承压强** bearing mean specific load
滑动轴承载荷与投影面积之比值。

**09.0582 $pv$ 值** $pv$ value
又称"压强－速度值"。轴承压强与表面速度(对于止推轴承为表面平均速度)之乘积。

**09.0583 磨损量** wear extent
以长度、体积、质量等单位表示的磨损物理量。

**09.0584 扩散效应** diffusion effect
气体轴承中气体在节流孔周围发散性地流出而引起气膜压力分布畸变的效应。

**09.0585 临界油膜厚度** oil film critical thickness
保证把轴与轴承滑动表面完全隔开的油膜厚度最小容许值。

**09.0586 临界气膜厚度** gas film critical thickness

保证把轴与轴承滑动表面完全隔开的气膜厚度最小容许值。

**09.0587　最小油膜厚度**　minimum oil film thickness
在某一瞬时的油膜厚度最小值。

**09.0588　最小气膜厚度**　minimum gas film thickness
在某一瞬时的气膜厚度最小值。

**09.0589　油膜刚度**　oil film stiffness
油膜承载力对偏心距的导数,即油膜承载力增量与偏心距增量之比值。

**09.0590　气膜刚度**　gas film stiffness
气膜承载力对偏心距的导数,即气膜承载力增量与偏心距增量之比值。

**09.0591　气膜振荡**　gas whirl
气体滑动轴承运转时出现的失稳现象。

## 09.06　滚　动　轴　承

### 09.06.01　各种滚动轴承

**09.0592　滚动轴承**　rolling bearing
在承受载荷和彼此相对运动的零件间有滚动体作滚动运动的轴承。

**09.0593　单列轴承**　single row bearing
沿圆周有一列滚动体的滚动轴承。

**09.0594　双列轴承**　double row bearing
沿圆周有两列滚动体的滚动轴承。

**09.0595　多列轴承**　multi-row bearing
沿圆周有多于两列的滚动体,承受同一方向载荷的滚动轴承。

**09.0596　满装滚动体轴承**　full complement bearing
无保持架的滚动轴承。

**09.0597　角接触轴承**　angular contact bearing
公称接触角大于 0°,并小于 90° 的滚动轴承。

**09.0598　刚性轴承**　rigid bearing
能阻抗滚道间轴心线不准位的轴承。

**09.0599　调心轴承**　self-aligning bearing
一滚道是球面形的,能对两滚道轴心线间的角偏差及角运动作适应性自调整的滚动轴承。

**09.0600　外调心轴承**　external aligning bearing
利用与调心外座圈、调心座垫圈或座表面相配的套圈或垫圈的球形面,对其轴心线与轴承座轴心线间的角偏差作适应性调整的滚动轴承。

**09.0601　剖分轴承**　split bearing
套圈及保持架作径向剖开的滚动轴承。

**09.0602　米制轴承**　metric bearing
外形尺寸及公差以米制计量单位表示的滚动轴承。

**09.0603　英制轴承**　inch bearing
外形尺寸及公差以英制计量单位表示的滚动轴承。

**09.0604　开型轴承**　open bearing
无防尘盖或无密封圈的滚动轴承。

**09.0605　密封圈轴承**　sealed bearing
一面或两面装有密封圈的滚动轴承。

**09.0606 防尘盖轴承** shielded bearing
一面或两面装有防尘盖的滚动轴承。

**09.0607 闭型轴承** capped bearing
带有密封圈或防尘盖的滚动轴承。

**09.0608 预润滑轴承** prelubricated bearing
制造厂已经填充润滑剂的滚动轴承。

**09.0609 仪器精密轴承** instrument precision bearing
精密仪器专用的滚动轴承。

**09.0610 组配轴承** matched bearing
配成一对或一组的滚动轴承。

**09.0611 向心轴承** radial bearing
主要用于承受径向载荷的滚动轴承,其公称接触角在0°到45°范围内。

**09.0612 径向接触轴承** radial contact bearing
公称接触角为0°的向心轴承。

**09.0613 向心角接触轴承** angular contact radial bearing
公称接触角大于0°到45°的向心轴承。

**09.0614 外球面轴承** insert bearing
有外球面和带锁紧件的宽内圈向心轴承。

**09.0615 锥孔轴承** tapered bore bearing
内圈有锥孔的向心轴承。

**09.0616 凸缘轴承** flanged bearing
在其一个套圈(一般是外圈或圆锥外圈)上有外径向凸缘的向心轴承。

**09.0617 滚轮[滚动]轴承** track roller [rolling] bearing
有厚截面外圈的向心轴承,可作为轮子在导轨上滚动。

**09.0618 万能组配轴承** universal matching bearing
任意选择两套或多套相同的向心轴承进行任意组配使用都可以得到预先对成对或成组安装所规定特性的轴承。

**09.0619 推力轴承** thrust bearing
主要用于承受轴向载荷的滚动轴承,其公称接触角大于45°到90°。

**09.0620 轴向接触轴承** axial contact bearing
公称接触角为90°的推力轴承。

**09.0621 角接触推力轴承** angular contact thrust bearing
公称接触角大于45°但小于90°的推力轴承。

**09.0622 单向推力轴承** single direction thrust bearing
只能在一个方向承受轴向载荷的推力轴承。

**09.0623 双向推力轴承** double-direction thrust bearing
可以两个方向承受轴向载荷的推力轴承。

**09.0624 直线[运动]轴承** linear [motion] bearing
两滚道在滚动方向上有相对直线运动的滚动轴承。

**09.0625 循环球[滚子]直线轴承** recirculating ball [roller] linear bearing
有循环球[滚子]的直线运动滚动轴承。

**09.0626 球轴承** ball bearing
滚动体是球的滚动轴承。

**09.0627 向心球轴承** radial ball bearing
滚动体是球的向心轴承。

**09.0628 沟型球轴承** groove ball bearing
滚道是沟型的向心球轴承,沟的横截面圆弧

半径略大于球的半径。

**09.0629 深沟球轴承** deep groove ball bearing
每个套圈均具有横截面大约为球的周长三分之一的连续沟型滚道的向心球轴承。

**09.0630 锁口球轴承** counterbore ball bearing
去掉内圈或外圈的一个挡边以可防止轴承散开的锁口代替的沟型球轴承。

**09.0631 装填槽球轴承** filling slot ball bearing
在沟型球轴承每个套圈的一个挡边上有装填球槽的轴承。

**09.0632 三点接触球轴承** three point contact ball bearing
单列角接触球轴承,当受纯径向载荷时,每个受载荷的球与一沟道有两点接触,而与另一沟道有一点接触。受纯轴向载荷时,每个球与每一沟道只有一点接触。

**09.0633 四点接触球轴承** four-point contact ball bearing
单列角接触球轴承,当受纯径向载荷时,每个受载荷的球与两个沟道各有两点接触,而受纯轴向载荷时,各只有一点接触。

**09.0634 推力球轴承** thrust ball bearing
滚动体是球的推力轴承。

**09.0635 双列单向推力球轴承** double row single-direction thrust ball bearing
具有双列球的同心滚道且承受相同方向载荷的单向推力球轴承。

**09.0636 滚子轴承** roller bearing
滚动体是滚子的滚动轴承。

**09.0637 向心滚子轴承** radial roller bearing
滚动体是滚子的向心轴承。

**09.0638 圆柱滚子轴承** cylindrical roller bearing
滚动体是圆柱滚子的滚动轴承。

**09.0639 圆锥滚子轴承** tapered roller bearing
滚动体是圆锥滚子的滚动轴承。

**09.0640 滚针轴承** needle roller bearing
滚动体是滚针的向心轴承。

**09.0641 调心滚子轴承** self-aligning roller bearing
滚动体是球面滚子的向心轴承。

**09.0642 交叉滚子轴承** crossed roller bearing
有一列滚子的角接触滚动轴承,相邻滚子交叉成十字配置,以使一半滚子(相间配置)承受一个方向的轴向载荷,而相反方向的轴向载荷由另一半滚子承受。

**09.0643 推力滚子轴承** thrust roller bearing
滚动体是滚子的推力轴承。

**09.0644 推力圆柱滚子轴承** cylindrical roller thrust bearing
滚动体是圆柱滚子的推力轴承。

**09.0645 推力圆锥滚子轴承** tapered roller thrust bearing
滚动体是圆锥滚子的推力轴承。

**09.0646 推力滚针轴承** needle roller thrust bearing
滚动体是滚针的推力轴承。

**09.0647 推力调心滚子轴承** self-aligning thrust roller bearing
滚动体是球面滚子的推力调心滚动轴承。

## 09.06.02 滚动轴承零件

**09.0648 轴承套圈** bearing ring
具有一个或几个滚道的向心轴承的环形零件。

**09.0649 内圈** inner ring
滚道在外表面的轴承套圈。

**09.0650 外圈** outer ring
滚道在内表面的轴承套圈。

**09.0651 轴承垫圈** bearing washer
具有一个或几个滚道的推力轴承的环形零件。

**09.0652 轴圈** shaft washer
安装在轴上的轴承垫圈。

**09.0653 座圈** housing washer
安装在座内的轴承垫圈。

**09.0654 中圈** central washer
两面均有滚道的轴承垫圈。

**09.0655 平挡圈** loose rib
一个可分离的基本上是平的垫圈,以其无装配倒角的端面作为向心圆柱滚子轴承外圈或内圈的一个挡边。

**09.0656 斜挡圈** separate thrust collar
一个可分离的有"L"形截面的圈,以其带大内径的端面作为向心圆柱滚子轴承内圈的一个挡边。

**09.0657 中挡圈** guide ring
在具有两列或多列滚子的滚子轴承内的一个可分离的圈,用于隔离各列滚子并引导滚子。

**09.0658 止动环** locating snap ring
具有恒定截面的单口环,装在环形沟里,使滚动轴承在外壳内或轴上进行轴向定位。

**09.0659 锁圈** retaining snap ring
具有恒定截面的单口环,装在环形沟里,作为挡圈将滚子或保持架限定在轴承内。

**09.0660 隔圈** spacer [ring]
是环形零件,用以保持两个轴承套圈或轴承垫圈之间规定的轴向距离的环形圈。

**09.0661 密封圈** [bearing] seal
由一个或几个零件组成的环形罩,固定在轴承的一个套圈或垫圈上并与另一套圈或垫圈接触或形成窄的迷宫间隙,防止润滑油漏出及外物侵入。

**09.0662 防尘盖** [bearing] shield
通常由薄金属板冲压而成的环形罩,固定在轴承一个套圈或垫圈上,遮住轴承内部空间,但不与另一套圈或垫圈接触。

**09.0663 护圈** flinger
附在内圈或轴圈上的一个零件,利用离心力以增强滚动轴承防止外物侵入的能力。

**09.0664 滚动体** rolling element
在滚道间滚动的球、滚子或滚针。

**09.0665 球** ball
球形滚动体。

**09.0666 滚子** roller
有对称轴并在垂直其轴心的任一平面内的横截面均呈圆形的滚动体。

**09.0667 滚针** needle roller
长度与直径之比率大于 2.5 的小直径圆柱滚子。

**09.0668 保持架** cage
部分地包裹全部或部分滚动体,并随之运动的轴承零件,用以隔离滚动体,通常还引导滚动体并将其保持在轴承内。

**09.0669 隔离件** [rolling element] separator
位于相邻的滚动体之间并随之运动的轴承零件,用于隔离滚动体。

### 09.06.03　滚动轴承配置及分部件

**09.0670 成对安装** paired mounting
两套同一规格的滚动轴承端面对端面地安装在同一轴上的一种安装方式,工作时可将其视为一个整体,轴承可以背对背、面对面或串联式安装。

**09.0671 组合安装** stack mounting
三套或更多套滚动轴承端面对端面地安装在同一轴上的一种安装方式,工作时可将其视为一个整体。

**09.0672 背对背配置** back-to-back arrangement
两套滚动轴承相邻外圈的受载端面相对的安装方式。

**09.0673 面对面配置** face-to-face arrangement
两套滚动轴承相邻外圈的前面对前面的安装方式。

**09.0674 串联配置** tandem arrangement
两套或多套滚动轴承相邻外圈以受载端面对非受载端面的串接安装方式。

**09.0675 分部件** sub-unit
可以自由地从轴承上分离下来的组件。

**09.0676 可互换分部件** interchangeable sub-unit
可由同组的其他分部件替换而不影响轴承功能的分部件。

**09.0677 圆锥内圈组件** cone assembly
由一个圆锥内圈、圆锥滚子组和保持架组成的分部件。

**09.0678 无内圈的滚针轴承** needle roller bearing without inner ring
由一个外圈、滚针组和保持架组成的分部件。

### 09.06.04　滚动轴承系列

**09.0679 轴承系列** bearing series
一组特定类型的滚动轴承,具有逐渐增加的尺寸,在大多数情况下有相同的接触角且外形尺寸之间有一定的关系。

**09.0680 尺寸系列** dimension series
宽度系列或高度系列与直径系列的组合,对圆锥滚子轴承还包括角度系列。

**09.0681 直径系列** diameter series
滚动轴承标准中尺寸方案的一部分。轴承外径的递增系列,对每一个标准的轴承内径来说,有一个外径系列,而两直径之间经常有一特定关系。

**09.0682 宽度系列** width series
滚动轴承标准中尺寸方案的一部分。轴承宽度的递增系列,对每一直径系列的轴承内径,有一宽度系列。

**09.0683 高度系列** height series
滚动轴承标准中推力轴承尺寸方案的一部分。轴承高度的递增系列,对每一直径系列的轴承内径,有一高度系列。

**09.0684 角度系列** angle series
滚动轴承标准中圆锥滚子轴承尺寸方案的一部分。接触角的一个特定系列。

## 09.06.05 滚动轴承外形尺寸

**09.0685 外形尺寸** [bearing] boundary dimension
限定轴承外形的一种尺寸。基本外形尺寸为内径、外径、宽度(或高度)及倒角尺寸。

**09.0686 轴承内径** bearing bore diameter
向心轴承的内圈内径或推力轴承的轴圈内径。

**09.0687 轴承外径** bearing outside diameter
向心轴承的外圈外径或推力轴承的座圈外径。

**09.0688 轴承宽度** bearing width
限定向心轴承宽度的两个套圈端面之间的轴向距离,对于单列圆锥滚子轴承是指外圈背面与内圈背面之间的轴向距离。

**09.0689 径向倒角尺寸** radial chamfer dimension
套圈或垫圈的假想尖角到套圈或垫圈的端面与倒角表面交线间的距离。

**09.0690 轴向倒角尺寸** axial chamfer dimension
套圈或垫圈的假想尖角到套圈或垫圈的内孔或外表面与倒角表面交线间的距离。

**09.0691 凸缘宽度** flange width
凸缘两端面之间的距离。

**09.0692 凸缘高度** flange height
凸缘的径向尺寸。外凸缘的高度是凸缘外表面与外圈外表面之间的径向距离。

**09.0693 止动环槽直径** snap ring groove diameter
止动环槽的圆柱表面的直径。

**09.0694 止动环槽宽度** snap ring groove width
止动环槽两端面间的轴向距离。

**09.0695 止动环槽深度** snap ring groove depth
止动环槽的圆柱表面与外圆柱表面之间的径向距离。

**09.0696 调心表面半径** aligning surface radius
调心座圈、调心座垫圈、调心外圈或调心外座圈的球形表面的曲率半径。

**09.0697 调心表面中心高度** aligning surface center height
推力轴承的调心座圈的球形背面的曲率中心与相对的轴圈背面之间的轴向距离。

## 09.06.06 滚动轴承分部件及零件尺寸

**09.0698 滚道接触直径** raceway contact diameter
在滚道上通过名义接触点的圆的直径。

**09.0699 滚道中部** middle raceway
滚道表面上,滚道两边缘间的中点或中线。

**09.0700 圆锥外圈小内径** cup small inside diameter

与外圈滚道在公称接触点相切的内接圆锥体与外圈背面相交的假想圆直径。

**09.0701 圆锥外圈角** cup angle

在包含圆锥外圈轴心线的平面内,与外圈滚道在公称接触点相切的两条线间的夹角。对于无前端面挡边的圆锥外圈,该角度等于轴承接触角的两倍。

**09.0702 套圈宽度** ring width

滚动轴承套圈两端面之间的轴向距离。

**09.0703 垫圈高度** washer height

滚动轴承垫圈两最外端面间的轴向距离。

**09.0704 球直径** ball diameter

与球表面相切的两平行平面间的距离。

**09.0705 [圆柱]滚子直径** roller diameter

在垂直在滚子轴心线的平面内,与滚子表面相切的彼此平行的两条切线之间的距离。

**09.0706 滚子长度** roller length

包含滚子末端在内的两径向平面间的距离。

**09.0707 球组的节圆直径** pitch diameter of ball set

轴承内一列球的球心组成的圆的直径。

**09.0708 滚子组的节圆直径** pitch diameter of roller set

轴承内一列滚子的中部,贯穿滚子轴心线的圆的直径。

**09.0709 球组内径** ball set bore diameter

轴承内一列球的内接圆柱体的直径。

**09.0710 球组外径** ball set outside diameter

轴承内一列球的外接圆柱孔的直径。

**09.0711 滚子组内径** roller set bore diameter

径向接触滚子轴承内,一列滚子的内接圆柱体的直径。

**09.0712 滚子组外径** roller set outside diameter

径向接触滚子轴承内,一列滚子的外接圆柱孔的直径。

**09.0713 球总体内径** ball complement bore diameter

向心球轴承内,所有球的内接圆柱体的直径。

**09.0714 球总体外径** ball complement outside diameter

向心球轴承内,所有球的外接圆柱孔的直径。

**09.0715 滚子总体内径** roller complement bore diameter

径向接触滚子轴承内,所有滚子的内接圆柱体的直径。

**09.0716 滚子总体外径** roller complement outside diameter

径向接触滚子轴承内,所有滚子的外接圆柱孔的直径。

### 09.06.07 滚动轴承转矩、载荷及寿命

**09.0717 启动转矩** starting torque

使一轴承套圈或垫圈相对于另一固定的套圈或垫圈开始旋转所需的力矩。

**09.0718 旋转转矩** running torque

当一个轴承套圈或垫圈旋转时,阻止另一套圈或垫圈运动所需的力矩。

**09.0719 径向载荷** radial load
作用方向垂直于轴承轴心线的载荷。

**09.0720 轴向载荷** axial load
作用方向平行于轴承轴心线的载荷。

**09.0721 中心轴向载荷** centric axial load
载荷作用线与轴承轴心线相重合的轴向载荷。

**09.0722 摆动载荷** oscillating load
载荷作用线相对于轴承的一个或两个套圈或垫圈以小于 $2\pi$ 弧度的角连续往复摆动的载荷。

**09.0723 变载荷** fluctuating load
载荷值是变化的。

**09.0724 预载荷** preload
在施加"使用"载荷(外部载荷)前,通过相对于另一轴承的轴向调整而作用在轴承上的力,或由轴承内滚道与滚动体的尺寸形成"负游隙"(内部预载荷)而产生的力。

**09.0725 当量载荷** equivalent load
轴承的理论计算载荷,在特定的场合,轴承在该理论载荷作用下如同承受了实际载荷。

**09.0726 平均有效载荷** mean effective load
恒定的平均载荷,在该载荷作用下,滚动轴承的寿命与在实际载荷条件下的轴承寿命相同。

**09.0727 中值寿命** median life
在同一条件下运转的一组近于相同的滚动轴承的 50% 达到或超过的寿命。

**09.0728 额定寿命** rating life
以径向基本额定动载荷或轴向基本额定动载荷为基础的寿命的预测值。

**09.0729 基本额定寿命** basic rating life
与 90% 可靠度关联的额定寿命。

**09.0730 修正额定寿命** adjusted rating life
为了修正除 90% 以外的可靠度或非惯用的材料特性或非常规的运转条件而采用的基本额定寿命。

**09.0731 中值额定寿命** median rating life
与 50% 可靠度关联的额定寿命,即以径向基本额定动载荷或轴向基本额定动载荷为基础的预测中值寿命。

**09.0732 径向载荷系数** radial load factor
计算当量载荷时,用于径向载荷的修正系数。

**09.0733 轴向载荷系数** axial lood factor
计算当量载荷时,用于轴向载荷的修正系数。

**09.0734 寿命系数** life factor
为了得到与给定额定寿命相应的径向基本额定动载荷或轴向基本额定动载荷,适用于当量动载荷的修正系数。

**09.0735 速度系数** speed factor
为了得到在不同的速度下与相同的额定寿命相应的额定载荷,适用于给定的额定寿命相应的径向基本额定动载荷或轴向基本额定动载荷的修正系数,该额定寿命以在一定的旋转速度下的运转小时数来表示。

**09.0736 [额定]寿命修正系数** life adjustment factor
为了得到修正额定寿命而用于额定寿命的修正系数。

# 09.07 机械密封

## 09.07.01 各种机械密封

**09.0737 机械密封** mechanical seal
由至少一对垂直于旋转轴线的端面在流体压力和补偿机构弹力(或磁力)的作用以及辅助密封的配合下,保持贴合并相对滑动而构成的防止流体泄漏的装置。

**09.0738 流体动压式机械密封** hydrodynamic mechanical seal
密封端面设计成特殊的几何形状,利用相对旋转自行产生流体动压效应的机械密封。

**09.0739 流体静压式机械密封** hydrostatic mechanical seal
密封端面设计成特殊的几何形状,利用外部引入的压力流体或被密封介质本身通过密封界面的压力降产生流体静压效应的机械密封。

**09.0740 非接触式密封** non-contacting mechanical seal
流体动压式机械密封和流体静压式机械密封的总称。

**09.0741 内装式机械密封** internally mounted mechanical seal
静止环装于密封端盖(或相当于密封端盖的零件)内侧(即面向主机工作腔的一侧)的机械密封。

**09.0742 外装式机械密封** externally mounted mechanical seal
静止环装于密封端盖(或相当于密封端盖的零件)外侧(即背向主机工作腔的一侧)的机械密封。

**09.0743 弹簧内置式机械密封** mechanical seal with inside mounted spring
弹簧置于密封流体之内的机械密封。

**09.0744 弹簧外置式机械密封** mechanical seal with outside mounted spring
弹簧置于密封流体之外的机械密封。

**09.0745 高背压式机械密封** mechanical seal with high back pressure
补偿环上离密封端面最远的背面处于高压侧的机械密封。

**09.0746 低背压式机械密封** mechanical seal with low back pressure
补偿环上离密封端面最远的背面处于低压侧的机械密封。

**09.0747 内流式机械密封** mechanical seal with inward leakage
密封流体在密封端面间的泄漏方向与离心力方向相反的机械密封。

**09.0748 外流式机械密封** mechanical seal with outward leakage
密封流体在密封端面间的泄漏方向与离心力方向相同的机械密封。

**09.0749 弹簧旋转式机械密封** spring rotating mechanical seal
弹性元件随轴旋转的机械密封。

**09.0750 弹簧静止式机械密封** spring standing mechanical seal
弹性元件不随轴旋转的机械密封。

**09.0751 单弹簧式机械密封** single-spring

mechanical seal

补偿机构中只包含有一个弹簧的机械密封。

**09.0752　多弹簧式机械密封** multiple-spring mechanical seal

补偿机构中含有多个弹簧的机械密封。

**09.0753　非平衡式机械密封** unbalanced mechanical seal

载荷系数 $k \geqslant 1$ 的机械密封。

**09.0754　平衡式机械密封** balanced mechanical seal

载荷系数 $k < 1$ 的机械密封。

**09.0755　单端面机械密封** single mechanical seal

由一对密封端面组成的机械密封。

**09.0756　双端面机械密封** double mechanical seal

由两对密封端面组成的机械密封。

**09.0757　轴向双端面机械密封** axial double mechanical seal

沿轴向相对或相背布置的双端面机械密封。

**09.0758　径向双端面机械密封** radial double mechanical seal

沿径向布置的双端面机械密封。

**09.0759　串联机械密封** tandem mechanical

seal

由两套或两套以上同向布置的单端面机械密封所组成的机械密封。

**09.0760　橡胶波纹管机械密封** rubber-bellows mechanical seal

补偿环的辅助密封为橡胶波纹管的机械密封。

**09.0761　聚四氟乙烯波纹管机械密封** PTFE-bellows mechanical seal

补偿环的辅助密封为聚四氟乙烯波纹管的机械密封。

**09.0762　金属波纹管机械密封** metal bellows mechanical seal

补偿环的辅助密封为金属波纹管的机械密封。

**09.0763　带浮动间隔环的机械密封** mechanical seal with flouting intermediute ring

一个密封环被一个旋转环和一个静止环所夹持与其对磨并在径向能浮动的机械密封。

**09.0764　磁力机械密封** magnetic mechanical seal

用磁力代替弹力起补偿作用的机械密封。

### 09.07.02　机械密封零件

**09.0765　密封环** seal ring

机械密封中其端面垂直于旋转轴线相互贴合并相对滑动的两个环形零件。

**09.0766　密封端面** seal face

密封环在工作时与另一个密封环相贴合的端面。

**09.0767　密封界面** seal interface

一对相互贴合的密封端面之间的交界面。

**09.0768　旋转环** rotating ring

随轴作旋转运动的密封环。

**09.0769　静止环** stationary ring

不随轴作旋转运动的密封环。

**09.0770 补偿环** compensated ring
具有轴向补偿能力的密封环。

**09.0771 非补偿环** uncompensated ring
不具有轴向补偿能力的密封环。

**09.0772 补偿环组件** seal head
由补偿环、弹性补偿元件和副密封等所构成的组合件。

**09.0773 主密封** primary seal
由一对密封环的密封端面所构成的密封环节。

**09.0774 副密封** secondary seal
由能够伴随补偿环作轴向移动并起密封作用的弹性零件与相关零件所构成的密封环节。

**09.0775 辅助密封** auxiliary seal
除主密封以外的其他密封环节统称辅助密封。

**09.0776 辅助密封圈** auxiliary seal ring
起辅助密封作用的弹性零件,按其截面可分O形圈、V形圈、楔形环等。

**09.0777 [密封]波纹管** bellows
在补偿环组件中能在外力或自身弹力作用下伸缩并起副密封作用的波纹状管形弹性零件。

**09.0778 撑环** pushing out ring
能够撑开V形圈等辅助密封圈使之起密封作用的零件。

**09.0779 补偿环座** compensating ring adap-tor
用于装嵌补偿环的零件。

**09.0780 非补偿环座** uncompensaing ring adaptor
用于装嵌非补偿环的零件。

**09.0781 弹簧座** spring seat
用于支承和定位弹簧的零件。

**09.0782 波纹管座** bellows seal adaptor
轴向联结并定位波纹管的零件。

**09.0783 传动座** retainer
用于与轴或轴套固定并直接带动旋转环转动的零件。

**09.0784 卡环** snap ring
对补偿环起轴向限位作用的零件。

**09.0785 夹紧环** clamp ring
将橡胶或聚四氟乙烯波纹管夹紧固定在轴上的零件。

**09.0786 防转销** anti-rotating pin
用于防止相邻两个零件相对旋转的销钉。

**09.0787 密封腔** annular seal space
一般系指在需要安装密封处旋转轴与静止壳体之间的环状空间。

**09.0788 密封腔体** seal chamber
直接包容密封腔的静止壳体。

**09.0789 密封端盖** end cover
与密封腔体连接并托撑静止环组件的零件。

### 09.07.03 流体及其回路

**09.0790 阻封** quench
当用单端面机械密封来密封易结晶或危险的介质时,在机械密封的外侧(大气侧)设置简单的密封(如衬套密封、填料密封、唇密封等)。在两种密封之间引入其压力稍高于大气压力的清洁中性流体以便对密封冷却或加热,并将泄漏出来的被密封介质及时带走,以改善密封工作条件的一种方法。

**09.0791 阻封流体** quench fluid
起阻封作用的外部流体。

**09.0792 隔离流体** buffer fluid
在双端面机械密封、串联式机械密封、立式带油杯的单端面机械密封或外加压流体静压式机械密封中,从外部引入的与被密封介质相容的密封流体。

**09.0793 调温流体** temperature adjustable fluid

不与密封端面接触的能使密封得到冷却或加热的外部循环流体。

**09.0794 冷却流体** coolant
起冷却作用的调温流体。

**09.0795 加热流体** heating fluid
起加热作用的调温流体。

**09.0796 被密封介质** sealed medium
主机中需要加以密封的工作介质。

**09.0797 密封流体** sealant
密封端面直接接触的高压侧流体。

### 09.07.04 机械密封性能参数

**09.0798 密封环带** seal band
较窄的那个密封端面外径与内径之间的环形区域。

**09.0799 弹簧压强** spring pressure
弹性元件施加到密封环带单位面积上的力。

**09.0800 闭合力** closing force
由密封流体压力和弹性元件的弹力(或磁性元件的磁力)等引起的作用于补偿环上使之对于非补偿环趋于闭合的力。

**09.0801 开启力** opening force
作用于补偿环上使之对于非补偿环趋于开启的力。该力一般是由密封端面间的流体膜的压力引起的。

**09.0802 反压系数** back pressure factor
密封端面间流体膜平均压力与密封流体压力之比。

**09.0803 平衡直径** balance diameter
密封流体压力在补偿环辅助密封(即副密封)处的有效作用直径。

**09.0804 载荷系数** load factor

密封流体压力作用在补偿环上,使之对于非补偿环趋于闭合的有效作用面积与密封环带面积之比。

**09.0805 流体膜** fluid film
机械密封端面间的流体薄膜。

**09.0806 副密封摩擦力** friction force of secondary seal
补偿环在副密封处轴向移动时的摩擦力。

**09.0807 端面压强** face pressure
作用在密封环带的单位面积上净剩的闭合力。

**09.0808 *pv* 值** *pv* value
密封流体压力 *p* 与密封端面平均滑动速度 *v* 的乘积。

**09.0809 *pv* 极限值** limiting *pv* value
密封达到失效时的 *pv* 值。用以表示密封的水平。

**09.0810 *pv* 许用值** working *pv* value
*pv* 极限值除以安全系数。

**09.0811** $p_c v$ 值　$p_c v$ value

端面比压与密封端面平均滑动速度 $v$ 的乘积。

**09.0812** $p_c v$ 极限值　limiting $p_c v$ value

密封达到失效时的 $p_c v$ 值,它表示密封材料的工作能力。

**09.0813** $p_c v$ 许用值　working $p_c v$ value

极限 $p_c v$ 值除以安全系数。

**09.0814** 气穴现象　cavitation

在密封端面间局部产生汽(或气)泡的一种现象。通常发生在压力迅速减少的区域。

**09.0815** 闪蒸现象　flash

在密封界面间液膜突然迅速汽化的一种现象。

**09.0816** 搅拌转矩　stirring torque

机械密封正常运转时由旋转组件对流体的搅拌作用而引起的转矩。

**09.0817** 启动转矩　break out torque

机械密封在启动时所需要的最大转矩。

**09.0818** 功率消耗　power consumption

机械密封工作时由端面摩擦和旋转组件搅拌作用等各种因素所引起的总的功率消耗。

**09.0819** 泄漏量　leakage rate

单位时间内通过主密封和辅助密封泄漏的流体总量。

# 09.08 弹　簧

## 09.08.01 各 种 弹 簧

**09.0820** 弹簧　spring

利用材料的弹性和结构特点,使变形与载荷之间保持规定关系的一种弹性元件。

**09.0821** 螺旋弹簧　helical spring

呈螺旋状的弹簧。

**09.0822** 圆柱螺旋弹簧　cylindrical helical spring

外廓呈圆柱形的螺旋弹簧。

**09.0823** 圆柱螺旋压缩弹簧　cylindrical helical compression spring

承受压缩力的圆柱螺旋弹簧

**09.0824** 圆柱螺旋拉伸弹簧　cylindrical helical tension spring

承受拉伸力的圆柱螺旋弹簧。

**09.0825** 圆柱螺旋扭转弹簧　cylindrical helical torsion spring

承受扭力矩的圆柱螺旋弹簧。

**09.0826** 不等节距圆柱螺旋弹簧　variable pitch cylindrical helical spring

节距不相等的圆柱螺旋弹簧。

**09.0827** 多股螺旋弹簧　stranded wire helical spring

用多股钢丝拧成钢索制成的圆柱螺旋弹簧。

**09.0828** 中凸形螺旋弹簧　barrel-shaped spring

簧圈直径向两端递减的螺旋弹簧。

**09.0829** 中凹形螺旋弹簧　hourglass-shaped spring

簧圈直径向两端递增的螺旋弹簧。

**09.0830** 密圈螺旋弹簧　tightly coiled helical spring

在冷卷成形时,沿弹簧轴向施加压力使弹簧

各圈间有相互挤压力的螺旋弹簧。

**09.0831 截锥螺旋弹簧** conical spring
呈截锥状的螺旋弹簧。

**09.0832 截锥涡卷弹簧** volute spring
用带材制成的截锥形的截锥螺旋弹簧。

**09.0833 平面涡卷弹簧** spiral spring
螺旋线在一个平面内的弹簧。

**09.0834 碟形弹簧** belleville spring
外廓呈碟状的弹簧。

**09.0835 组合碟形弹簧** dish-shaped-spring
stack
用多片碟形弹簧对合或叠合、或者用几组多片叠合的碟簧再对合而成的组合弹簧。

**09.0836 环形弹簧** ring spring
利用多个具有内外锥面配合的弹性环组成的弹簧。

**09.0837 板弹簧** leaf spring
单片或多片板材(簧板)制成的弹簧。

**09.0838 弹簧箍** buckle
固紧簧板的金属箍。

**09.0839 弓形板弹簧** semi-elliptic leaf
spring
外廓呈弓状的板弹簧。

**09.0840 等刚度弓形板弹簧** constant stiff-
ness semi-elliptic spring
在工作中刚度不变化的弓形板弹簧。

**09.0841 变刚度弓形板弹簧** variable rate
semi-elliptic spring
在工作中刚度发生变化的弓形板弹簧。

**09.0842 椭圆形板弹簧** full-elliptic spring
外廓呈椭圆状的板弹簧。

**09.0843 等刚度椭圆形板弹簧** constant
rate full-elliptic spring
在工作中刚度不变化的椭圆形板弹簧。

**09.0844 变刚度椭圆形板弹簧** variable rate
full-elliptic spring
在工作中刚度发生变化的椭圆形板弹簧。

**09.0845 悬臂板弹簧** quarter-elliptic spring
在工作中呈悬臂状的板弹簧。

**09.0846 组合弹簧** combined spring
多个或多种弹簧的组合。

**09.0847 扭杆弹簧** torsion bar spring
承受扭力矩的杆状弹簧。

**09.0848 蛇形弹簧** serpentine spring
形状弯曲呈蛇形的弹簧。

**09.0849 异形弹簧** wire spring
用金属丝(或金属线)制成的特殊形状的弹簧。

**09.0850 片弹簧** flat spring
用带材或板材制成的各种片状弹簧。

**09.0851 橡胶弹簧** rubber spring
利用橡胶弹性起缓冲、减震作用的弹簧。

**09.0852 压缩式橡胶弹簧** compression-type
rubber spring
承受压缩力的橡胶弹簧。

**09.0853 剪切式橡胶弹簧** shear-type rub-
ber spring
承受剪切力的橡胶弹簧。

**09.0854 扭转式橡胶弹簧** torsion-type rub-
ber spring
承受扭力矩的橡胶弹簧。

**09.0855 组合式橡胶弹簧** combined-type
rubber spring

由几个简单形状橡胶元件组成的橡胶弹簧。

**09.0856  层状橡胶弹簧**  laminated rubber spring
多个橡胶垫用金属隔板层压而成的橡胶弹簧。

**09.0857  衬套式橡胶弹簧**  sleeve-shape rubber spring

由橡胶套与内外钢套组合而成的橡胶弹簧。

**09.0858  橡胶挡**  rubber stop
限制运动体位移量并起缓冲作用的橡胶元件。

**09.0859  空气弹簧**  air spring
在可伸缩的密闭容器中充以压缩空气,利用空气弹性作用的弹簧。

### 09.08.02  弹簧结构和性能参数

**09.0860  [弹簧]节距**  pitch
螺旋弹簧两相邻有效圈截面中心线的轴向距离。

**09.0861  间距**  space
螺旋弹簧两相邻有效圈的轴向间距。

**09.0862  自由高度**  free height
弹簧无载荷时的高度(或长度)。

**09.0863  [弹簧]工作高度**  working height
螺旋弹簧承受工作载荷时的高度(或长度)。

**09.0864  [弹簧]工作载荷**  specified load
弹簧工作过程中承受的力或扭矩。

**09.0865  [弹簧]极限载荷**  ultimate load
对应于弹簧材料屈服极限的载荷。

**09.0866  [弹簧]工作极限载荷**  working ultimate load
弹簧工作中可能出现的最大载荷。

**09.0867  总圈数**  total number of coils
沿螺旋轴线两端间的螺旋圈数。

**09.0868  有效圈数**  effective coil number
弹簧参与变形部分的总圈数。

**09.0869  极限高度**  height under ultimate load, length under ultimate load
螺旋弹簧承受极限载荷时的高度(或长度)。

**09.0870  弹簧中径**  mean diameter of coil
螺旋弹簧内径和外径的平均值。

**09.0871  旋绕比**  spring index
螺旋弹簧中径与材料直径(或材料截面沿弹簧径向宽度)的比值。

**09.0872  曲度系数**  curvature correction factor
旋绕比对应力影响的修正系数。

**09.0873  支承圈数**  number of end coils
弹簧端部用于支承或固定的圈数。

**09.0874  高径比**  slenderness ratio
螺旋压缩弹簧自由高度与中径的比值。

**09.0875  压并载荷**  solid load
螺旋压缩弹簧压并时的实际或理论载荷。

**09.0876  压并高度**  solid height
螺旋压缩弹簧压至各圈接触时的实际或理论高度。

**09.0877  压并应力**  stress at solid position
螺旋压缩弹簧压并时的实际或理论应力。

**09.0878  工作扭转角**  working torsion-angle
扭转弹簧承受工作载荷时的角位移。

**09.0879  极限扭转角**  ultimate torsion-angle
扭转弹簧承受极限载荷时的角位移。

**09.0880 工作极限扭转角** working ultimate torsion-angle

扭转弹簧承受工作极限载荷时的角位移。

**09.0881 自由角度** free angle

扭转弹簧无载荷时两臂的夹角。

**09.0882 索径** diameter of wire cord

多股螺旋弹簧的钢索直径。

**09.0883 索距** pitch of wire cord

多股螺旋弹簧钢索中钢丝的导程。

**09.0884 索拧角** twist angle of strands

多股螺旋弹簧钢索中心线与钢丝中心线的夹角。

**09.0885 初拉力** initial tension

密圈螺旋拉伸弹簧在冷卷时形成的内力,其值为弹簧开始产生拉伸变形时所需加的作用力。

**09.0886 径向节距** radial pitch

截锥涡卷弹簧径向的节距。

**09.0887 轴向节距** axial pitch

截锥涡卷弹簧轴向的节距。

**09.0888 初始触蛤变形量** deflection of first bottoming

截锥涡卷弹簧第一有效圈与支承面接触时的变形量。

**09.0889 初始触蛤载荷** load at first bottoming

截锥涡卷弹簧第一有效圈与支承面接触时的载荷。

**09.0890 支承面宽度** width of contact surface

碟形弹簧上、下支承面带的宽度。

**09.0891 支承面宽度系数** coefficient of contact surface width

碟簧的外径与支承面宽度之比。

**09.0892 碟簧内锥高** formed height of unloaded single disc

单个碟簧无载荷时的内锥高度。

**09.0893 组合碟簧自由高度** height of unloaded spring stack

组合碟簧无载荷时的总高度。

**09.0894 弧高** camber

板弹簧两支承点连线与第一片凹面间最大的垂直距离。

**09.0895 自由弧高** free camber

板弹簧在无载荷时的弧高。

**09.0896 单片弧高** camber of a leaf

板弹簧片两端或支承点连线与凹面间最大垂直距离。

**09.0897 载荷弧高** camber under load

板弹簧承受载荷时的弧高。

**09.0898 弦长** span

板弹簧两支承点间的距离。

**09.0899 自由弦长** free span

板弹簧无载荷时的弦长。

**09.0900 载荷弦长** span under load

板弹簧承受载荷时的弦长。

**09.0901 伸直弦长** flat span

板弹簧在载荷作用下呈平直状态时两支承点间的距离。

**09.0902 主片** main leaf

长度等于和大于伸直弦长的簧板。

**09.0903 副片** auxiliary leaf

长度小于伸直弦长的簧板。

**09.0904 承载面积** load area

橡胶弹簧承受载荷的面积。

**09.0905　自由面积**　free area
橡胶弹簧不承受载荷的面积。

**09.0906　内压**　internal air pressure
空气弹簧的内部压力(表压力)。

**09.0907　工作压力**　working pressure
空气弹簧在工作载荷下的内部压力。

**09.0908　有效直径**　effective diameter
空气弹簧有效面积圆直径。

**09.0909　有效面积**　effective area
空气弹簧在实际支承载荷时其内压有效作用面积。

**09.0910　有效面积变化特性**　characteristic
　　　of effective area variation
空气弹簧有效面积随其垂直变形量的变化规律。

**09.0911　设计高度**　design height
空气弹簧在标准状态下的高度。

**09.0912　基本容积**　basic spring volume
空气弹簧本体的内容积。

**09.0913　附加容积**　additional volume
空气弹簧附加空气室的容积。

**09.0914　总容积**　total volume
空气弹簧的基本容积和附加容积之和。

**09.0915　附加空气室**　auxiliary air reservoir
为了增加空气弹簧的空气容积以取得柔软性而附加的辅助空气室。

**09.0916　变形量**　deflection
弹簧沿载荷作用方向产生的相对位移。

**09.0917　弹簧特性**　characteristic of spring
弹簧的工作载荷与变形量(挠度)之间的关系。

**09.0918　弹簧刚度**　stiffness of spring
产生单位变形量的弹簧载荷。

**09.0919　弹簧柔度**　flexibility of spring
单位工作载荷下的弹簧变形量。

### 09.08.03　弹簧处理工艺

**09.0920　整定处理**　setting
又称"立定处理"。将热处理后的压缩弹簧压缩到工作极限载荷下的高度或压并高度(拉伸弹簧拉伸到工作极限载荷下的长度，扭转弹簧扭转到工作极限扭转角)，一次或多次短暂压缩(拉伸、扭转)以达到稳定弹簧几何尺寸为主要目的的一种工艺方法。

**09.0921　加温整定处理**　hot-setting
又称"加温立定处理"。在高于弹簧工作温度条件下的立定处理。

**09.0922　强压处理**　[compressive] pre-
　　　stressing

将压缩弹簧压缩至弹簧材料表层产生有益的与工作应力反向的残余应力,以达到提高弹簧承载能力和稳定几何尺寸的一种工艺方法。

**09.0923　加温强压处理**　hot-[compressive]
　　　prestressing
在高于弹簧工作温度条件下进行的强压处理。

**09.0924　强拉处理**　[tension] prestressing
将拉伸弹簧拉伸至弹簧材料表层产生有益的与工作应力反向的残余应力,以提高弹簧承载能力和稳定其几何尺寸的一种工艺方法。

**09.0925 加温强拉处理** hot〔tension〕pre-stressing

在高于弹簧工作温度条件下进行的强拉处理。

**09.0926 强扭处理** 〔torsion〕prestressing

将扭转弹簧扭转至弹簧材料表层产生有益

的与工作应力反向的残余应力,以提高弹簧承载能力和稳定其几何尺寸的一种工艺方法。

**09.0927 加温强扭处理** hot〔torsion〕pre-stressing

在高于弹簧工作温度条件下进行的强扭处理。

## 09.09 法　兰

**09.0928 法兰** flange

又称"凸缘"。结构或机械零件上垂直于零件轴线突出的边缘。

**09.0929 窄面法兰** narrow contact face flange

与垫片接触的面都位于螺栓孔圆周之内的法兰。

**09.0930 宽面法兰** wide contact face flange

在螺栓孔圆周内外布满垫片的法兰。

**09.0931 钢管法兰** steel pipe flange

**09.0932 整体法兰** integral flange

又称"长径法兰"。带有一个锥形截面颈的法兰。

**09.0933 活套法兰** loose flange

又称"自由法兰"。不直接固定在设备或管道上,只是松套在设备或管道端部的法兰。

**09.0934 螺纹法兰** crewed flange

与设备或管道采用螺纹连接的法兰。

**09.0935 对焊法兰** welding neck flange

**09.0936 平焊法兰** welded flange

通过角焊缝与设备或管道连接的法兰。

**09.0937 板式平焊法兰** slip-on-welding

plate flange

**09.0938 带颈平焊法兰** hubbed clip-on-welding flange

**09.0939 带颈承焊法兰** hubbed socked welding flange

**09.0940 对焊环松套带颈法兰** loose hubbed flange with welding nack-collar

**09.0941 板式新边松套法兰** loose plate flange with lapped pipe end

**09.0942 衬环法兰** lined flange

带有衬环层的法兰。

**09.0943 突面法兰** raised face flange

**09.0944 凹凸面法兰** male and female flange

**09.0945 榫槽面法兰** tongue and groove face flange

密封面具有相互配合的榫面和槽面的法兰。

**09.0946 反向法兰** counter flange

外直径与容器筒体外直径相同的法兰。

09.0947 铸铁管法兰 cast iron pipe flange

09.0948 灰铸铁管法兰 grey cast iron pipe flange

09.0949 灰铸铁螺纹管法兰 grey cast iron screwed pipe flange

## 09.10 操 作 件

09.0950 手柄 handle

09.0951 曲面手柄 machine handle

09.0952 直手柄 straight handle

09.0953 转动小手柄 small handle with sleeve

09.0954 转动手柄 handle with sleeve

09.0955 曲面转动手柄 machine handle with sleeve

09.0956 锥柱手柄 tapered patten handle

09.0957 球头手柄 ball handle

09.0958 单柄对重手柄 ball-crank handle

09.0959 双柄对重手柄 bi-lever balanced handle

09.0960 手柄球 ball knob

09.0961 手柄套 taper knob

09.0962 椭圆手柄套 curved surface knob

09.0963 长手柄套 long sleeve knob

09.0964 手柄杆 handle lever

09.0965 手柄座 handle seat

09.0966 手轮 handwheel

09.0967 锁紧手柄套 locking handle seat

09.0968 圆盘手柄套 disc handle seat

09.0969 定位手柄座 position fixing handle seat

09.0970 小波纹手柄轮 small sinuate handwheel

09.0971 小手轮 small handwheel

09.0972 波纹手轮 sinuate handwheel

09.0973 圆轮缘手轮 disc handwheel

09.0974 波纹圆轮缘手轮 sinuate disc handwheel

09.0975 把手 knob

09.0976 压花把手 knurlied knob

09.0977 十字把手 palm grip knob

09.0978 星形把手 star grip knob

09.0979 定位把手 position fixing knob

**09.0980　定位手柄**　position fixing handle

**09.0981　定位手柄杆**　position fixing handle lever

**09.0982　旋转定位手轮座**　position fixing handle seat with sleeve

## 09.11　筛　网

**09.0983　筛子**　sieve
将筛面装在筛框内,用以筛分的装置。

**09.0984　筛框**　frame
固定筛面并限制待筛物料散落的刚性框架。

**09.0985　筛面**　sieving medium
具有规则排列且形状、尺寸相同的孔的面。

**09.0986　筛孔[眼]**　screen opening
由筛子的经丝和纬丝相互交织成的有规则排列的孔眼。

**09.0987　筛孔尺寸**　aperture size
表示筛面上开孔的尺寸。

**09.0988　筛分面积百分率**　percentage sieving area
筛面的总开孔面积与该筛面的全面积之比,用百分比表示。

**09.0989　编织形式**　type of weave
经丝和纬丝相互交织的方式。

**09.0990　金属丝编织网**　woven wire cloth
由金属丝相互交叉织成网孔的筛面。

**09.0991　孔距**　pitch
穿孔板上相邻两孔的同位点之间的距离。

**09.0992　试验筛**　test sieve
符合一项试验筛标准规范的用于对待筛物料作粒度分析的筛子。

**09.0993　丝径**　wire diameter
编织网上金属丝的直径。

**09.0994　经丝**　warp
编织时网上所有纵向的金属丝。

**09.0995　纬丝**　weft
编织时网上所有横向的金属丝。

**09.0996　穿孔板**　perforated plate
具有规则排列的同样孔的板的筛面。

**09.0997　筋宽**　bridge width
穿孔板上相邻两孔边缘之间的最近距离。

**09.0998　边宽**　margin
穿孔板的边与其最外一排孔的外边缘之间的距离。

**09.0999　筛板厚度**　plate thickness
穿孔后的筛板厚度。

**09.1000　冲孔面**　punch side
冲头进入穿孔板的一面。

**09.1001　筛盖**　lid
紧贴地装配在试验筛上面以防止待筛物料逸出的盖。

**09.1002　接料盘**　receiver
紧贴地装配在筛子下面以承接通过所有筛子的那部分物料的盘。

**09.1003　合格试验筛**　certified test sieve
经指定的专门机构检验、鉴定,认为符合一项标准或约定规范的试验筛。

**09.1004　匹配试验筛**　matched test sieve

对一种给定物料,并在规定范围内,能复现一个校对试验结果的试验筛。

**09.1005　全套试验筛** full set of test sieves
一项标准规范中所包括的某一给定种类筛面的全部试验筛。

**09.1006　常规试验筛组** regular set of test sieves
为作粒度分析从全套试验筛中按正常规律选取的若干筛子。

**09.1007　非常规试验筛组** irregular set of test sieves
为作粒度分析从全套试验筛中不按正常规律选取的若干筛子。

**09.1008　试验用套筛** nest of test sieves
与上盖和接料盘组装在一起的常规的或非常规的一组试验筛。

**09.1009　筛分** sieving
用一个或一个以上的筛子将不同的颗粒按尺寸大小进行分离的过程。

**09.1010　筛分试验** test sieving
用一个或一个以上的试验筛进行筛分。

**09.1011　过筛率** sieving rate
在给定的时间内物料通过筛子的量,以质量单位表示或装料量的百分比表示。

**09.1012　筛下物** undersize
装料量中通过指定筛子筛孔的部分。

**09.1013　筛上物** oversize
装料量中未通过指定筛子筛孔的部分。

**09.1014　筛分终点** end point
当筛分进行到再进一步筛分所通过的量不足以显著地改变筛分结果的时候。

**09.1015　近似尺寸颗粒** near-size particle
约等于筛孔尺寸的颗粒。

**09.1016　颗粒尺寸** particle size
一个颗粒在最有利的姿态下能通过的最小筛孔的尺寸。

**09.1017　筛分粒度分析** size analysis by sieving
通过筛分试验将样品分成不同粒度级并报出结果。

**09.1018　粒度分布曲线** size distribution curve
表示粒度分析结果的曲线图。

**09.1019　筛上物累计分布曲线** cumulative oversize distribution curve
在筛孔尺寸递降的一套试验筛中,每个筛子筛上物的质量累计百分比与其对应的筛孔尺寸关系的曲线。

**09.1020　筛下物累计分布曲线** cumulative undersize distribution curve
在筛孔尺寸递降的一套试验筛中,每个筛子筛下物的质量累计百分比与其对应的筛孔尺寸关系的曲线。

**09.1021　干筛分** dry sieving
不加液体的筛分。

**09.1022　湿筛分** wet sieving
加液体的筛分。

**09.1023　堵塞** blinding
待筛物料的颗粒将筛孔堵住。

**09.1024　团块** agglomerate
互相粘在一起的若干颗粒。

**09.1025　装料量** charge
放入单个试验筛或试验用套筛中的试样或部分试样。

**09.1026　松装密度** apparent bulk density
装料量的质量与将其放在筛面上当时的体

积之比。

# 10. 传　动

## 10.01　一　般　名　词

**10.0001　传动[装置]**　transmission, driving
传递运动和动力的装置。

**10.0002　传动比**　transmission ratio, speed
　　　　　ratio
又称"速比"。在机械传动系统中,其始端
主动轮与末端从动轮的角速度或转速的比
值。

**10.0003　减速比**　speed reducing ratio
减速传动的传动比。

**10.0004　增速比**　speed increasing ratio
增速传动的传动比。

**10.0005　变速**　speed changing
运动部件从某一速度变换为另一速度的过
程。

**10.0006　有级变速**　step speed changing

在若干固定速度级内,不连续的变换速度。

**10.0007　无级变速**　stepless speed changing
在一定速度范围内,能连续、任意的变换速
度。

**10.0008　自动变速**　automatic speed chang-
　　　　　ing
在工作运动中,无人为动作的自动变换速
度。

**10.0009　变速器**　transmission
用于改变转速和转矩的机构。

**10.0010　减速器**　speed reducer
又称"减速机","减速箱"。用于降低转速、
传递动力、增大转矩的独立传动部件。

**10.0011　机械传动**　mechanical drive
利用机械传递运动或动力的传动方式。

## 10.02　齿　轮　传　动

### 10.02.01　一　般　名　词

**10.0012　齿轮传动**　gear drive
利用齿轮传递运动和动力的传动方式。

**10.0013　齿轮**　gear
轮缘上有齿能连续啮合传递运动和动力的
机械元件。

**10.0014　齿轮副**　gear pair
由两个相啮合的齿轮组成的基本机构。

**10.0015　平行轴齿轮副**　gear pair with par-

allel axes
两轴线互相平行的齿轮副。

**10.0016　相交轴齿轮副**　gear pair with in-
　　　　　tersecting axes
两轴线相交的齿轮副。

**10.0017　交错轴齿轮副**　gear pair with non-
　　　　　parallel non-intersecting axes
两轴线不平行、也不相交的齿轮副。

**10.0018 齿轮系** train of gears

若干齿轮副的任意组合。

**10.0019 配对齿轮** mating gear

齿轮副中的任意一个齿轮,均可称为该齿轮副中的另一齿轮的配对齿轮。

**10.0020 小齿轮** pinion

齿轮副中齿数较少的那个齿轮。

**10.0021 大齿轮** wheel, gear

齿轮副中齿数较多的那个齿轮。

**10.0022 主动齿轮** driving gear

齿轮副中的用于驱动其配对齿轮的齿轮。

**10.0023 从动齿轮** driven gear

齿轮副中的被其配对齿轮驱动的齿轮。

**10.0024 外齿轮** external gear

齿顶曲面位于齿根曲面之外的齿轮。

**10.0025 内齿轮** internal gear

齿顶曲面位于齿根曲面之内的齿轮

**10.0026 外齿轮副** external gear pair

两齿轮均为外齿轮的齿轮副。

**10.0027 内齿轮副** internal gear pair

有一个齿轮是内齿轮的齿轮副。

**10.0028 中心距** center distance

(1)平行轴或交错轴齿轮副的两轴线之间的最短距离。(2)蜗杆轴线与蜗轮轴线间的距离。

**10.0029 轴交角** shaft angle

(1)在相交轴齿轮副中使两轴线重合,或在交错轴齿轮副中,使两轴线平行,从而两齿轮的旋转方向得以相反时,两轴线之一所必须旋转的最小角度。(2)蜗杆轴线与蜗轮轴线之间的最小交错角。

**10.0030 连心线** line of centre

(1)在平行轴或交错轴齿轮副中,两轴线的公共垂直线。(2)蜗杆轴线与蜗轮轴线的垂线。

**10.0031 减速齿轮副** speed reducing gear pair

从动轮角速度小于主动轮角速度的齿轮副。

**10.0032 增速齿轮副** speed increasing gear pair

从动轮角速度大于主动轮角速度的齿轮副。

**10.0033 减速齿轮系** speed reducing gear train

齿轮系末端从动轮的角速度小于始端主动轮角速度的齿轮系。

**10.0034 增速齿轮系** speed increasing gear train

齿轮系末端从动轮的角速度大于始端主动轮角速度的齿轮系。

**10.0035 齿数比** gear ratio

齿轮副中,大轮齿数与小轮齿数(对于蜗杆,为蜗杆头数)的比值。

**10.0036 轴平面** axial plane

任何一个包含齿轮轴线的平面。

**10.0037 基准平面** datum plane

基本齿条或冠轮上的一个假想平面。在该平面上,齿厚与齿距的比值为一个给定的标准值。

**10.0038 节平面** pitch plane

在平行轴或相交轴齿轮副中,垂直于公共轴平面,并与两齿轮的节曲面相切的平面。

**10.0039 端平面** transverse plane

在圆柱齿轮或圆柱蜗杆上,垂直于其轴线的平面。

**10.0040 齿线** tooth trace

齿面与分度曲面的交线。

**10.0041　法平面**　normal plane
垂直于轮齿齿线的平面。在斜齿条上,法平面垂直于与它相交的每一个齿的齿线,但是,在斜齿轮或锥齿轮上,法平面只能与一个齿上的一条齿线实现垂直相交,在这个交点上,法平面包含一条垂直于该齿面的直线(即齿面在该交点处的法线)和一条垂直于分度曲面的直线(即基准平面在该交点处的法线)。在曲线齿锥齿轮中,法平面的位置通常令其通过齿线中点,并垂直于齿线。

**10.0042　分度曲面**　reference surface
齿轮上的一个约定的假想曲面,齿轮的轮齿尺寸均以此曲面为基准而加以确定。

**10.0043　节曲面**　pitch surface
在齿轮副中的任意一个齿轮上,其配对齿轮相对于该齿轮运转时的瞬时轴的轨迹曲面。

**10.0044　齿顶曲面**　tip surface
包含齿轮各个齿的齿顶面的假想曲面。

**10.0045　齿根曲面**　root surface
包含齿轮各个齿槽底面的假想曲面。

**10.0046　基本齿廓**　basic rack tooth profile
基本齿条的齿廓,是确定某种齿制的轮齿尺寸比例的依据。

**10.0047　基本齿条**　basic rack
(1)在法平面内具有基本齿廓的假想齿条。(2)以其齿廓作为带轮轮齿标准化基础的齿条,加工带轮轮齿的刀具与该齿条具有相同的齿廓。

**10.0048　产形齿条**　counterpart rack
一个能与基本齿条相贴合的齿条,其中一个齿条的齿恰好充满另一个齿条的齿槽。

**10.0049　产形齿轮**　generating gear of a gear
被用于确定某一个正着手于设计研究或加工制造齿轮时的实际存在的齿轮或假想齿轮。

**10.0050　产形齿面**　generating flank
产形齿轮的假想齿面。在某些切齿工艺中,产形齿面就是切齿刀具的切削刃按照一定的运动规律,在空间描绘出的轨迹曲面。

**10.0051　基准线**　datum line
基本齿条的法平面与基准平面的交线,它是一条用于确定基本齿条的轮齿尺寸(齿厚与齿距的比值,通常为 0.5)的直线。

**10.0052　轮齿**　gear teeth
齿轮上的每一个呈辐射状排列并用于持续啮合的凸起部分。

**10.0053　齿槽**　tooth space
(1)齿轮上两相邻轮齿之间的空间。(2)带轮两相邻齿间的空间。

**10.0054　右旋齿**　right-hand teeth
对斜齿圆柱齿轮和蜗杆,当齿轮轴线立于观察者前方,所见轮齿向右上方倾斜者为右旋齿。对曲线齿锥齿轮,当观察者从锥顶朝大端看过去,轮齿上的背锥齿廓,相对中间锥面上的齿廓,按顺时针方向转过了一个角度时,此轮齿也称为右旋齿。

**10.0055　左旋齿**　left-hand teeth
对于斜齿圆柱齿轮和蜗杆,当齿轮轴线立于观察者前方,所见轮齿向左上方倾斜者为左旋齿。对于曲线齿锥齿轮,当观察者从锥顶朝大端看过去,轮齿上的背锥齿部,相对于中间锥面上的齿廓,按反时针方向转过了一个角度时,此轮齿也称为左旋齿。

**10.0056　齿面**　tooth flank
位于齿顶曲面和齿根曲面之间的轮齿侧表面。

**10.0057　右侧齿面**　right flank
面对齿轮的一个选定端面,观察其齿顶朝上

的轮齿,位于齿体右侧的齿面。

**10.0058　左侧齿面**　left flank
面对齿轮的一个选定端面,观察其齿顶朝上
的轮齿,位于齿体左侧的齿面。

**10.0059　同侧齿面**　corresponding flanks
在一个齿轮上,各右侧齿面互称为同侧齿
面,各左侧齿面也互称为同侧齿面。

**10.0060　异侧齿面**　opposite flanks
在一个齿轮上,右侧齿面与左侧齿面互称为
异侧齿面。

**10.0061　工作齿面**　working flank
(1)轮齿上的一个齿面,它与配对齿轮的齿
面相啮合并传递运动。(2)带齿与轮齿相啮
合,传递运动或动力的接触面。

**10.0062　非工作齿面**　non-working flank
轮齿工作齿面的异侧齿面。

**10.0063　相啮齿面**　mating flank
在齿轮副中,两个相互啮合的齿面,互称为
相啮齿面。

**10.0064　共轭齿面**　conjugate flank
一对相啮齿面,它们在整个啮合过程中,能
始终保持相切并按照预定的规律运动。

**10.0065　可用齿面**　usable flank
齿轮齿面上可用于啮合的区域。

**10.0066　有效齿面**　active flank
齿轮齿面上与配对齿轮相啮合的区域。

**10.0067　上齿面**　addendum flank
位于齿顶曲面与分度曲面之间的那一部分
齿面。

**10.0068　下齿面**　dedendum flank
位于分度曲面与齿根曲面之间的那一部分
齿面。

**10.0069　齿根过渡曲面**　fillet
位于可用齿面与齿槽底面之间的那一部分
齿面。

**10.0070　齿顶**　crest
又称"齿顶面"。位于轮齿顶部,被齿顶曲面
所包含的那一部分轮齿表面。

**10.0071　齿槽底面**　bottom land
位于齿槽底部,被齿根曲面所包含,并与齿
根过渡曲面相连接的那一部分齿槽表面。

**10.0072　齿廓**　tooth profile
齿面被一个与齿线相交的既定平面或曲面
所截的截线。

**10.0073　端面齿廓**　transverse profile
在圆柱齿轮和圆柱蜗杆上,齿面被端平面所
截的截线。

**10.0074　法向齿廓**　normal profile
齿面被法平面所截的截线。

**10.0075　轴向齿廓**　axial profile
齿面被轴平面所截的截线。

**10.0076　背锥齿廓**　back cone tooth profile
锥齿轮的齿面被背锥所截的截线。

**10.0077　渐开线齿廓**　involute profile
齿廓为渐开线。

**10.0078　直线齿廓**　straight-side profile
齿廓为直线。

**10.0079　摆线齿廓**　cycloidal profile
齿廓为摆线或摆线的等距曲线。

**10.0080　圆弧齿廓**　circular arc profile
齿廓为圆弧。

**10.0081　共轭齿廓**　conjugate profile
一对相啮合的齿廓,在整个啮合过程中,能
在保持相切的条件下,按照预定的规律运

动。

**10.0082 齿棱** tip
齿面与齿顶曲面的交线。

**10.0083 齿高** tooth depth
齿顶圆与齿根圆之间的径向距离。

**10.0084 工作高度** working depth
两个配对齿轮的齿顶圆柱面各与连心线相交,所得到的交点之间的最短距离。

**10.0085 齿顶高** addendum
齿顶圆与分度圆之间的径向距离。

**10.0086 齿根高** dedendum
齿根圆与分度圆之间的径向距离。

**10.0087 弦齿高** chordal height
法向弦齿厚的中点到齿顶面的最短距离。

**10.0088 齿宽** facewidth
齿轮的有齿部位沿分度圆柱面的直母线方向量度的宽度。

**10.0089 齿厚** tooth thickness
一个轮齿的两侧齿面之间的分度圆弧长。

**10.0090 模数** module
齿距除以圆周率 $\pi$ 所得到的商。

**10.0091 端面模数** transverse module
端面齿距除以圆周率 $\pi$ 所得到的商。

**10.0092 法向模数** normal module
法向齿距除以圆周率 $\pi$ 所得到的商。

**10.0093 轴向模数** axial module
轴向齿距除以圆周率 $\pi$ 所得到的商。

**10.0094 径节** diametral pitch
圆周率 $\pi$ 与分度圆上齿距的比值。其值为模数的倒数。

**10.0095 齿数** number of teeth
一个齿轮的轮齿总数。

**10.0096 当量齿数** virtual number of teeth
当量齿轮的齿数。

**10.0097 头数** number of threads
蜗杆螺旋齿的齿数。

**10.0098 圆柱螺旋线** circular helix
动点沿圆柱面上的一条直母线作等速移动,而该直母线又绕圆柱面的轴线作等角速的旋转运动时,动点在此圆柱面上的运动轨迹。

**10.0099 圆锥螺旋线** conical spiral
动点沿圆锥面上的一条直母线作等速移动,而该直母线又绕圆锥面的轴线作等角速的旋转运动时,动点在此圆锥面上的运动轨迹。

**10.0100 螺旋角** helix angle
在圆柱面上,圆柱螺旋线的切线与通过切点的圆柱面直母线之间所夹的锐角。在圆锥面上,圆锥螺旋线的切线与通过切点的圆锥面直母线之间所夹的锐角。

**10.0101 基圆螺旋角** base helix angle
对于渐开线斜齿轮,指的是基圆螺旋线的螺旋角。

**10.0102 导程** lead
圆柱面上的一条螺旋线与该圆柱面的一条直母线的两个相邻交点之间的距离。

**10.0103 导程角** lead angle
圆柱螺旋线的切线与端平面之间所夹的锐角。

**10.0104 基圆导程角** base lead angle
(1)对于渐开线斜齿轮,指的是基圆螺旋线的导程角。(2)渐开线蜗杆的基圆螺旋线的导程角。

**10.0105　阿基米德螺线**　Archimedes spiral
动点沿一直线作等速移动,而此直线又围绕与其直交的轴线作等角速的旋转运动时,动点在该直线的旋转平面上的轨迹。

**10.0106　摆线**　cycloid
在平面上,一个动圆(发生圆)沿着一条固定的直线(基线)或固定圆(基圆)作纯滚动时,此动圆上一点的轨迹。

**10.0107　长幅摆线**　prolate cycloid
在平面上,一个动圆(发生圆)沿着一条固定的直线(基线)作纯滚动时,在动圆之外并与动圆固连的一点的轨迹。

**10.0108　短幅摆线**　curtate cycloid
在平面上,一个动圆(发生圆)沿着一条固定的直线(基线)作纯滚动时,在动圆之内并与动圆固连的一点的轨迹。

**10.0109　外摆线**　epicycloid
在平面上,一个动圆(发生圆)沿着一个固定圆(基圆)的外侧,作外切或内切的纯滚动时,动圆上任意一点的轨迹。

**10.0110　长幅外摆线**　prolate epicycloid
在平面上,一个动圆(发生圆)沿着一个固定的圆(基圆)的外侧,作外切或内切的纯滚动时,位于外切的动圆之外或位于作内切的动圆之内,并与动圆固连的一点的轨迹。

**10.0111　短幅外摆线**　curtate epicycloid
在平面上,一个动圆(发生圆)沿着一个固定的圆(基圆)的外侧,作外切或内切的纯滚动时,位于外切的动圆之内或位于作内切的动圆之外,并与动圆固连的一点的轨迹。

**10.0112　内摆线**　hypocycloid
在平面上,一个动圆(发生圆)沿着一个固定的圆(基圆)的内侧作纯滚动时,此圆上一点的轨迹。

**10.0113　长幅内摆线**　prolate hypocycloid
在平面上,一个动圆(发生圆)沿着一个固定的圆(基圆)的内侧作纯滚动时,在动圆之外并与动圆固连的一点的轨迹。

**10.0114　短幅内摆线**　curtate hypocycloid
在平面上,一个动圆(发生圆)沿着一个固定的圆(基圆)的内侧作纯滚动时,在动圆之内并与动圆固连的一点的轨迹。

**10.0115　渐开线**　involute
在平面上,一条动直线(发生线)沿着一个固定的圆(基圆)作纯滚动时,此动直线上一点的轨迹。

**10.0116　延伸渐开线**　prolate involute
在平面上,一条动直线(发生线)沿着一个固定的圆(基圆)作纯滚动时,与圆心同居于动直线的一侧,并与动直线固连的一点的轨迹。

**10.0117　缩短渐开线**　curtate involute
在平面上,一条动直线(发生线)沿着一个固定的圆(基圆)作纯滚动时,与圆心分别居于动直线的各一侧,并与动直线固连的一点的轨迹。

**10.0118　球面渐开线**　spherical involute
球面上的一个大圆(发生圆)沿着位于同一球面上的一个固定的小圆(基圆)作纯滚动时,位于该大圆上的一个任意点在球面上的运动轨迹。

**10.0119　渐开螺旋面**　involute helicoid
平面沿着一个固定的圆柱面(基圆柱面)作纯滚动时,此平面上的一条以恒定角度与基圆柱的轴线倾斜交错的直线在固定空间内的轨迹曲面。

**10.0120　阿基米德螺旋面**　Archimedes'
　　　　　　　helicoid, screw helicoid
动直线以恒定的角度与一条固定的直线(轴线)相交,并沿此轴线方向作等速移动时,又绕此轴线作等角速的旋转运动;此动直线在固定空间内的运动轨迹。

**10.0121　球面渐开螺旋面**　spherical involute helicoid
平面沿着一个固定的[基]圆锥面作纯滚动时,此平面上的一条以恒定的角度与基圆锥的轴线倾斜交错的直线在固定空间内的轨迹曲面。

**10.0122　圆环面**　toroid
母圆围绕着位于圆周之外,但与此圆在同一平面内的一条直线(轴线)作旋转运动,此圆在固定空间内的轨迹曲面。

**10.0123　圆环面的母圆**　generant of the toroid
圆环面被其轴平面所截出的两个圆之中的任意一个圆。

**10.0124　圆环面的中性圆**　middle circle of the toroid
圆环面的母圆圆心绕轴线作旋转运动时的轨迹。

**10.0125　圆环面的中间平面**　mid-plane of the toroid
圆环面的对称平面,它包含中性圆,并与轴线相交。

**10.0126　圆环面的内圆**　inner circle of the toroid
圆环面被中间平面所截取的两个圆之中,直径较小的那个圆。

**10.0127　啮合干涉**　meshing interference
齿轮副在啮合过程中,由于必要的正确啮合的条件不足,其中一个齿轮的齿面越出了所允许的运动界限,而出现的在理论上穿越其相啮齿面的现象。

**10.0128　切齿干涉**　cutter interference
切齿时,由于刀具穿越了工件的理论齿面,以致工件材料切除过多,导致被加工出来的齿面形状与理论齿面相比,发生了有规律的变动的现象。

**10.0129　过渡曲线干涉**　fillet interference
齿轮副在啮合过程中,发生在一齿轮的齿顶与其配偶齿轮齿根过渡曲线处的干涉。

**10.0130　齿廓重叠干涉**　profile overlap interference
内啮传动中,两齿轮的渐开线齿廓可能在靠近基圆处发生的重叠现象。

**10.0131　齿廓修形**　profile modification
有意识地微量修削齿廓,使齿廓形状偏离理论齿廓。

**10.0132　修缘**　tip relief
齿廓修形的一种,在齿顶有效齿面附近对齿廓形状进行有意识的修削。

**10.0133　修根**　root relief
齿廓修形的一种,在齿根有效齿面附近对齿廓形状进行有意识的修削。

**10.0134　齿向修形**　axial modification
有意识地沿齿线方向微量修削齿面,使齿面形状偏离理论上的齿形。

**10.0135　齿端修薄**　end relief
对轮齿的一端或两端,在一小段齿宽范围内,将齿厚向齿端方向逐渐削薄。

**10.0136　鼓形修整**　crowning
采用齿向修形的办法,使轮齿的齿宽中部向外凸出。

**10.0137　鼓形齿**　crowned teeth
经过鼓形修整的轮齿。

**10.0138　挖根**　undercut
由于加工工艺的需要,对轮齿的齿根过渡曲面进行有意识的修削。

**10.0139 瞬时轴** instantaneous axis

在平行轴或相交轴的齿轮副中,指两齿轮作相对的瞬时回转运动的轴线。在交错轴齿轮副中,指两齿轮作相对的瞬时螺旋运动的轴线。

**10.0140 [瞬时]接触点** point of contact

两个相啮齿廓在某一瞬时的公切点。

**10.0141 [瞬时]接触线** line of contact

在某一瞬时内,两个相啮齿面的所有接触点的连接线。

**10.0142 啮合** engagement

一对齿轮的齿,依次交替地接触,从而实现一定规律的相对运动的过程和形态。

**10.0143 啮合线** path of contact

对点接触齿轮副,在其整个啮合过程中,其瞬时接触点在固定空间的轨迹。

**10.0144 端面啮合线** transverse path of contact

平行轴圆柱齿轮副中的任意一对相啮合的端面齿廓在其整个啮合过程中,其瞬时接触点在端平面上的运动轨迹。

**10.0145 啮合曲面** surface of action

一对相啮合的齿面,在其整个啮合过程中,其瞬时接触线在固定空间内的轨迹曲面。

**10.0146 啮合平面** plane of action

平行轴渐开线圆柱齿轮副的啮合曲面(曲面的特例—平面)。

**10.0147 啮合区域** zone of action

啮合曲面上有效齿面啮合的区域。

**10.0148 总作用弧** total arc of transmission

齿轮在啮合过程中,它的一个齿面从啮合开始到啮合终止所转过的分度圆弧长。

**10.0149 端面作用弧** transverse arc of transmission

齿轮在其啮合过程中,它的一个端面齿廓从啮合开始到啮合终止所转过的分度圆弧长。对于锥齿轮,指的是背锥齿廓在相应的啮合期间所转过的分度圆弧长。

**10.0150 纵向作用弧** overlap arc

包含同一条齿线各一个端点的两个轴平面间所截取的分度圆弧长。

**10.0151 总作用角** total angle of transmission

总作用弧所对圆心角。对于锥齿轮,其值应在冠轮上量度。

**10.0152 端面作用角** transverse angle of transmission

端面作用弧所对圆心角,对于锥齿轮,其值应在冠轮上量度。

**10.0153 纵向作用角** overlap angle

纵向作用弧所对圆心角。对于锥齿轮,其值应在冠轮上量度。

**10.0154 总重合度** total contact ratio

总作用角与齿距角的比值。对于锥齿轮,其值应在冠轮上量度。

**10.0155 端面重合度** transverse contact ratio

端面作用角与齿距角的比值。对于锥齿轮,其值应在冠轮上量度。

**10.0156 纵向重合度** overlap ratio

纵向作用角与齿距角的比值。对于锥齿轮,其值应在冠轮上量度。

**10.0157 标准中心距** reference center distance

两齿轮分度曲面相切时的中心距。

**10.0158 名义中心距** nominal center distance

实际齿厚为公称值的两齿轮无侧隙啮合时的中心距。

**10.0159　径向变位**　addendum modification
又称"变位"。指的是产形齿条或产形蜗杆的分度曲面与齿轮的分度曲面不相切的情况。

**10.0160　正变位**　positive addendum modification
刀具由标准位置自轮坯中心移出的切齿方式。

**10.0161　负变位**　negative addendum modification
刀具由标准位置向轮坯中心移进的切齿方式。

**10.0162　非变位齿轮**　X-zero gear
又称"标准齿轮"。变位系数为零的齿轮。

**10.0163　变位齿轮**　gear with addendum modification
采用变位法切制成的齿轮。

**10.0164　径向变位量**　addendum modification
圆柱齿轮与产形齿条作紧密啮合时,介于齿轮的分度圆柱面与齿条的基准平面之间沿公垂线量度的距离。

**10.0165　径向变位系数**　addendum modification coefficient
简称"变位系数"。径向变位量除以模数所得的商。

**10.0166　变位齿轮副**　X-gear pair, modified gear pair
至少包含一个变位齿轮的齿轮副。

**10.0167　角变位齿轮副**　gear pair with modified centre distance
两相啮合圆柱齿轮的变位系数之和($x_1 + x_2$)不为零的变位齿轮副。

**10.0168　正角变位齿轮副**　gear pair with positive modified centre distance
两相啮合圆柱齿轮的变位系数之和($x_1 + x_2$)大于零的角变位齿轮副。

**10.0169　负角变位齿轮副**　gear pair with negative modified centre distance
两相啮合圆柱齿轮的变位系数之和($x_1 + x_2$)小于零的角变位齿轮副。

**10.0170　高变位齿轮副**　gear pair with reference centre distance
两相啮合圆柱齿轮的非零变位系数($x_1 \neq 0$, $x_2 \neq 0$)之和($x_1 + x_2$)等于零的角变位齿轮副。

**10.0171　中心距变动系数**　center distance modification coefficient
名义中心距与标准中心距之差除以模数所得到的商。

**10.0172　传动误差**　transmission error
与传动特性有关的齿轮误差要素的实际值与理论值之差。

**10.0173　传动精度**　transmission accuracy
与传动特性有关的齿轮误差要素的实际值接近理论值的程度。

**10.0174　齿轮承载能力**　load capacity of gears
齿轮在规定使用寿命期内,在给定使用条件下,不发生失效,安全工作的载荷。

## 10.02.02 圆柱齿轮传动

**10.0175 圆柱齿轮** cylindrical gear
分度曲面为圆柱面的齿轮。

**10.0176 圆柱齿轮副** cylindrical gear pair
两轴线平行或交错的一对啮合着的圆柱齿轮。

**10.0177 高变位圆柱齿轮副** X-gear pair with reference center distance
公称中心距等于标准中心距的变位齿轮副。

**10.0178 角变位圆柱齿轮副** X-gear pair with modified center distance
名义中心距不等于标准中心距的变位齿轮副。

**10.0179 齿条** rack
具有一系列等距离分布齿的平板或直杆。

**10.0180 当量齿轮** virtual gear
对于斜齿轮,其齿线上某一点处的法平面与分度圆柱面的交线是一个椭圆,以此椭圆的最大曲率半径作为某一个假想直齿轮的分度圆半径,并以此斜齿轮的法向模数和法向压力角作为上述假想直齿轮的端面模数和端面压力角,此假想直齿轮就称为所述的斜齿轮的当量齿轮。

**10.0181 直齿轮** spur gear
齿线为分度圆柱面直母线的圆柱齿轮。

**10.0182 斜齿轮** helical gear
齿线为螺旋线的圆柱齿轮。

**10.0183 直齿条** spur rack
齿线是垂直于齿的运动方向的直线齿条。

**10.0184 斜齿条** helical rack
齿线是倾斜于齿的运动方向的直线齿条。

**10.0185 直齿轮副** spur gear pair
由两个配对的直齿圆柱齿轮组成的平行轴齿轮副。

**10.0186 斜齿轮副** helical gear pair
由两个配对的斜齿圆柱齿轮组成的平行轴齿轮副。

**10.0187 交错轴斜齿轮副** crossed helical gear pair
由两个配对的斜齿圆柱齿轮组成的交错轴齿轮副。

**10.0188 人字齿轮** herringbone gear, double helical gear
又称"双斜齿轮"。一半齿宽上为右旋齿,另一半齿宽上为左旋齿的圆柱齿轮。

**10.0189 渐开线圆柱齿轮** involute cylindrical gear
简称"渐开线齿轮"。端面上的可用齿廓是一段渐开线的圆柱齿轮。

**10.0190 摆线[圆柱]齿轮** cycloidal [cylindrical] gear
齿廓为摆线形状的圆柱齿轮。

**10.0191 圆弧[圆柱]齿轮** circular-arc gear
基本齿条的法向(或端面)可用齿廓为圆弧(或近似于圆弧的某种曲线)的斜齿圆柱齿轮。

**10.0192 单圆弧齿轮** single-circular-arc gear
基本齿条的法向(或端面)可用齿廓由一段圆弧(或近似于圆弧的某种曲线)组成的斜

齿圆柱齿轮。

**10.0193 双圆弧齿轮** double-circular-arc gear

主要由凸凹两段圆弧组成(或近似于圆弧的某种曲线)的斜齿圆柱齿轮。

**10.0194 分度圆柱面** reference cylinder

圆柱齿轮的分度曲面。

**10.0195 节圆柱面** pitch cylinder

平行轴齿轮副中的圆柱齿轮的节曲面。

**10.0196 基圆柱面** base cylinder

渐开线圆柱齿轮上的一个假想的圆柱面,形成齿轮齿面(渐开螺旋面)的发生平面在此假想圆柱面上作纯滚动。

**10.0197 齿顶圆柱面** tip cylinder

圆柱齿轮的齿顶曲面。

**10.0198 齿根圆柱面** root cylinder

圆柱齿轮的齿根曲面。

**10.0199 节点** pitch point

在一对相啮合的齿轮上,其两节圆的切点。

**10.0200 节线** pitch line

齿条的节平面与端平面的交线。

**10.0201 分度圆** reference circle

圆柱齿轮的分度圆柱面与端平面的交线。

**10.0202 节圆** pitch circle

(1)圆柱齿轮的节圆柱面与端平面的交线。
(2)基准节圆柱面与带轮轴线的垂直平面的交线。

**10.0203 基圆** base circle

渐开线圆柱齿轮(或摆线圆柱齿轮)上的一个假想圆,形成渐开线齿廓的发生线(或形成摆线齿廓的发生圆)在此假想圆的圆周上作纯滚动时,此假想圆就称为基圆。

**10.0204 顶圆** tip circle

又称"齿顶圆"。在圆柱齿轮上,其齿顶圆柱面与端平面的交线。

**10.0205 根圆** root circle

又称"齿根圆"。在圆柱齿轮上,其齿根圆柱面与端平面的交线。

**10.0206 分度圆螺旋线** reference helix

斜齿轮的分度圆柱面与齿面的交线,分度圆螺旋线也就是斜齿轮的齿线。

**10.0207 节圆螺旋线** pitch helix

斜齿轮的节圆柱面与齿面的交线。

**10.0208 基圆螺旋线** base helix

渐开线斜齿轮的基圆柱面与形成该齿轮齿面的渐开螺旋面的交线。

**10.0209 法向螺旋线** normal helix

在同一圆柱面上的两条相交的螺旋线中,如果在任何交点处两螺旋线的切线相互垂直,那么,其中的一条螺旋线就称为另一条螺旋线的法向螺旋线。这两条螺旋线的螺旋方向相反,螺旋角互余。

**10.0210 齿距** pitch

在齿轮的某一既定曲面上,一条给定的曲线被两个相邻的同侧齿面所截取的长度。

**10.0211 端面齿距** transverse pitch

在齿轮上,两个相邻而同侧的端面齿廓之间的分度圆弧长。

**10.0212 法向齿距** normal pitch

在斜齿轮的分度圆柱面上,其齿线的法向螺旋线在两个相邻的同侧齿面之间的弧长。

**10.0213 轴向齿距** axial pitch

在斜齿轮的一个轴平面内,两个相邻同侧齿廓之间的轴向距离。

**10.0214 公法线长度** base tangent length

对于外齿轮,指相隔若干个齿的两外侧齿面各与两平行平面中的一个平面相切,此两平行平面之间的垂直距离。对于内齿轮,指相隔若干个齿槽的两外侧齿面。

**10.0215 分度圆直径** reference diameter
圆柱齿轮的分度圆柱面(或分度圆)的直径。

**10.0216 节圆直径** pitch diameter
圆柱齿轮的节圆柱面和节圆的直径。

**10.0217 基圆直径** base diameter
渐开线齿轮和摆线齿轮的基圆柱面和基圆的直径。

**10.0218 顶圆直径** tip diameter
齿顶圆柱面和齿顶圆的直径。

**10.0219 根圆直径** root diameter
齿根圆柱面和齿根圆的直径。

**10.0220 齿根圆角半径** fillet radius
齿根过渡曲面的最小曲率半径。

**10.0221 端面齿厚** transverse tooth thickness
在圆柱齿轮的端平面上,一个齿的两侧端面齿廓之间的分度圆弧长。

**10.0222 法向齿厚** normal tooth thickness
在斜齿轮上,其齿线的法向螺旋线介于一个齿的两侧齿面之间的弧长。

**10.0223 端面弦齿厚** transverse chordal tooth thickness
在齿轮的一个端平面上,一个齿的两侧端面齿廓之间的分度圆弧长所对应的弦长。

**10.0224 法向弦齿厚** normal chordal tooth thickness
一个齿的两侧齿线之间的最短距离。即法向齿厚所对应的弦长。

**10.0225 端面齿槽宽** transverse spacewidth
简称"槽宽"。在端平面上,一个齿槽的两侧齿廓之间的分度圆弧长。

**10.0226 法向齿槽宽** normal spacewidth
简称"法向槽宽"。在斜齿轮的一个齿槽内,其两侧齿线的法向螺旋线位于该齿槽内的弧长。

**10.0227 齿厚半角** tooth thickness half angle
端面齿厚所对圆心角的一半。

**10.0228 槽宽半角** spacewidth half angle
端面齿槽宽所对圆心角的一半。

**10.0229 端面压力角** transvevse pressure angle
简称"压力角"。在齿轮端平面内,端面齿廓与分度圆的交点处,径向直线与在齿廓该点处切线之间所夹的锐角。

**10.0230 法向压力角** normal pressure angle
轮齿齿线上一个点的径向直线与该点处齿面的切平面之间所夹的锐角。

**10.0231 齿形角** nominal pressure angle
(1)基本齿条的法向压力角。(2)带齿两齿面间的夹角。

**10.0232 啮合角** working pressure angle
一般情况下,两相啮轮齿的端面齿廓在接触点处的公法线与两节圆的内公切线所夹的锐角。

**10.0233 顶隙** bottom clearance
在齿轮副中,一个齿轮的齿根圆柱面与配对齿轮的齿顶圆柱面之间在连心线上量度的距离。

**10.0234 圆周侧隙** circumferential backlash
在一对相啮合的齿轮中,固定其中一个齿轮,另一个齿轮所能转过的节圆弧长的最大值。

**10.0235　法向侧隙** normal backlash
两齿轮的工作齿面互相接触时,其非工作齿面之间的最短距离。

## 10.02.03　行星齿轮传动

**10.0236　行星齿轮** planet gear
又称"行星轮"。在行星齿轮传动中,作行星运动的齿轮。

**10.0237　行星架** planet carrier
支承行星齿轮的构件。

**10.0238　中心轮** center gear
在行星齿轮传动中,与行星齿轮相啮合且轴线固定的齿轮。

**10.0239　太阳轮** sun gear
行星齿轮传动中,与行星架同一轴线的外齿轮。

**10.0240　内齿圈** ring gear
行星齿轮传动中,与行星架同一轴线的内齿轮。

**10.0241　行星齿轮系** planetary gear train
简称"行星轮系"。至少有一个行星齿轮传动机构的若干个齿轮副的组合。

**10.0242　单级行星齿轮系** single planetary gear train
由一级行星齿轮传动机构组成的轮系。

**10.0243　多级行星齿轮系** multiple-stage planetary gear train
由两级或两级以上单级行星齿轮传动机构组成的轮系。

**10.0244　组合行星齿轮系** compound planetary train
由一级或多级行星齿轮传动机构与其他类型的齿轮传动机构组成的轮系。

**10.0245　均载机构** load balancing mechanism
能够补偿误差,使各行星齿轮均匀承受载荷的机构。

**10.0246　偏心元件** eccentric element
在少齿差行星齿轮传动中,支承行星齿轮的构件。

**10.0247　输出机构** output mechanism
在少齿差行星齿轮传动中,使行星齿轮的运动传递到输出元件上的机构。

**10.0248　销孔输出机构** pin-hole type output mechanism
由输出轴盘、圆柱销、柱销套及行星齿轮上的相应销孔组成。固定并均布在输出轴盘上的各圆柱销戴上柱销套插入行星齿轮上的相应销孔中,传动时沿销孔接触滚动,从而输出运动或动力。

**10.0249　浮动盘输出机构** floating disc type output mechanism
采用传递平行轴运动的浮动盘机构作为输出机构。

**10.0250　[十字]滑块输出机构** [cross] slide block type output mechanism
采用传递平行轴运动的十字滑块机构作为输出机构。

**10.0251　万向联轴器输出机构** universal joint type output mechanism
采用万向联轴器作为输出机构。

**10.0252　零齿差输出机构** zero teeth difference type output mechanism
由具有较大的法向侧隙,且齿数相等的内齿

轮副(或锥齿轮副)构成的输出机构。

**10.0253　行星齿轮传动机构**　planetary gear drive mechanism
由行星齿轮系构成的齿轮传动机构。

**10.0254　少齿差齿轮副**　gear pair with small teeth difference
由齿数差很少的内齿圈与行星齿轮组成的齿轮副。

**10.0255　少齿差行星齿轮传动机构**　planetary gear drive mechanism with small teeth difference
由某一种类型的少齿差齿轮副、偏心元件和输出机构所组成的传动机构。

**10.0256　摆线少齿差传动**　cycloidal drive with small teeth difference
由摆线少齿差齿轮副、偏心元件及输出机构组成的传动机构。

**10.0257　摆线少齿差齿轮副**　cycloidal gear pair with small teeth difference
由齿数差很少的摆线齿轮和针轮组成的齿轮副。

**10.0258　圆弧少齿差齿轮副**　circular arc gear pair with small teeth difference
由齿数差很少的圆弧直齿轮与针轮组成的齿轮副。

**10.0259　锥齿少齿差齿轮副**　bevel gear pair with small teeth difference
由齿数差很少的锥齿轮组成的齿轮副。

**10.0260　摆动锥齿轮**　swing bevel gear
作摆动或同时作回转运动的锥齿轮。

**10.0261　曲拐元件**　crank element
在锥齿少齿差传动中,使摆动锥齿轮产生摆动的元件。

**10.0262　周向限制机构**　circumferential restricting mechanism
将空间摆动变成平面回转运动并传至输出元件上的输出机构。

**10.0263　活齿**　oscillating tooth
与内齿圈或针轮啮合,并能在活齿架的孔中作往复运动和回转运动的构件。

**10.0264　活齿轮**　oscillating tooth gear
由活齿和活齿架组成的齿轮。

**10.0265　活齿架**　oscillating tooth carrier
活齿按圆周方向分布在其孔(或槽)中,并能在孔(或槽)中作往复和滚转运动的盘架。

**10.0266　活齿少齿差齿轮副**　oscillating tooth gear pair with small teeth difference
由齿数差很少的内齿圈(或针轮)与活齿轮组成的齿轮副。

**10.0267　滚珠活齿**　ball oscillating tooth
采用滚珠作为活齿。

**10.0268　滚子活齿**　roller oscillating tooth
采用滚子作为活齿。

**10.0269　推杆活齿**　push-rod oscillating tooth
采用推杆作为活齿。

**10.0270　组合活齿**　compound oscillating tooth
用滚子与推杆组成的传动构件。

### 10.02.04　摆线针轮行星齿轮传动

**10.0271　摆线针轮减速机**　cycloidal-pin gear speed reducer

采用摆线针轮行星传动机构的具有单独箱体的齿轮减速传动装置。

**10.0272 摆线针轮行星传动机构** cycloidal-pin wheel planetary gearing mechanism
由摆线少齿差齿轮副、偏心元件(转臂)及输出机构组成的传动机构。

**10.0273 摆线齿轮** cycloidal gear
齿廓为摆线的等距曲线形状的盘形或圆环形齿轮。

**10.0274 外齿摆线轮** external cycloidal gear
齿顶曲面位于齿根曲面之外的摆线轮。

**10.0275 内齿摆线轮** internal cycloidal gear
齿顶曲面位于齿根曲面之内的摆线轮。

**10.0276 复合齿形的摆线轮** cycloidal gear with compound profile
端面上的齿廓是由一条短幅外摆线内侧的等距曲线与另一条曲线复合而成摆线轮。

**10.0277 针齿轮** pin wheel
简称"针轮"。轮齿由若干个圆柱销(有套时包括销套)所构成,这些圆柱销的轴线均布于同一圆周上,并与齿轮轴线平行的圆柱或圆环形齿轮。

**10.0278 外齿针齿轮** external pin wheel
齿顶圆柱面位于齿根圆柱面之外的针齿轮。

**10.0279 内齿针齿轮** internal pin wheel
齿顶圆柱面位于齿根圆柱面之内的针齿轮。

**10.0280 针齿壳** pin wheel housing
沿圆周方向有均匀分布的孔或槽以便安置针齿销的壳体。

**10.0281 针齿销** wheel pin
作为轮齿而安置在针齿壳上相应孔中的圆柱销。

**10.0282 针齿套** wheel roller
套在针齿销外并与摆线轮齿啮合的圆柱套筒。

**10.0283 柱销** pin
在摆线针轮行星传动机构中,固定并均布在销孔输出机构的输出轴盘上相应孔中的圆柱销。

**10.0284 柱销套** roller
在摆线针轮行星传动机构中,套在销孔输出机构中的柱销上,并与摆线轮上相应柱销孔的圆柱面啮合的圆柱套筒。

**10.0285 分布曲面** distribution surface
摆线轮(或针轮)上一个约定的假想曲面或分布图。摆线轮(或针轮)的轮齿尺寸及位置均以此曲面或分布图为基准而加以确定。

**10.0286 柱销孔中心曲面** center surface of pin holes
包含摆线轮(或输出轴)上各柱销孔的中心线的假想曲面。

**10.0287 等距曲线** equidistant curve
在平面上,与一既定曲线上各点的法向距离处处相等的曲线,称为该既定曲线的等距曲线。若以该既定曲线上各点为圆心,作一系列等直径的圆,则这些圆内外两侧的包络线也就是该既定曲线的等距曲线。

**10.0288 外摆线的等距曲线** equidistant curve of epicycloid
在平面上,以外摆线为既定曲线时的等距曲线。

**10.0289 长幅外摆线的等距曲线** equidistant curve of prolate epicycloid
在平面上,以长幅外摆线为既定曲线时的等距曲线。

**10.0290 短幅外摆线的等距曲线** equidistant curve of curtate epicycloid

在平面上,以短幅外摆线为既定曲线时的等距曲线。

**10.0291 内摆线的等距曲线** equidistant curve of hypocycloid

在平面上,以内摆线为既定曲线时的等距曲线。

**10.0292 短幅内摆线的等距曲线** equidistant curve of curtate hypocycloid

在平面上,以短幅内摆线为既定曲线时的等距曲线。

**10.0293 针齿中心圆柱面** center cylinder of gear pins

在针轮上各针齿的中心线所在的曲面。

**10.0294 发生圆柱面** generating cylinder

在基圆柱面上做纯滚动以形成摆线轮齿面的一个假想圆柱面。

**10.0295 柱销孔中心圆柱面** center cylinder of pin holes

摆线轮的柱销孔中心曲面。

**10.0296 针齿中心圆** center circle of gear pins

针轮的针齿中心圆柱面与端平面的交线。

**10.0297 柱销孔中心圆** center circle of pin holes

摆线轮的柱销孔中心圆柱面与端平面的交线。

**10.0298 分布圆直径** distribution diameter

摆线轮的分布圆柱面和分布圆的直径。

**10.0299 针齿中心圆直径** center diameter of gear pins

针轮的针齿中心圆柱面和针齿中心圆的直径。

**10.0300 发生圆直径** generating diameter

形成摆线齿廓的发生圆柱面和发生圆的直径。

**10.0301 柱销孔中心圆直径** center diameter of pin holes

摆线轮的柱销孔中心圆柱面和柱销孔中心圆的直径。

**10.0302 针齿直径** gear pin diameter

针齿销直径。对于具有针齿套的针齿,指的是针齿套的外径。

**10.0303 分布圆齿距** distribution pitch

在摆线轮的一个端平面上,两个相邻而同侧的理论齿廓之间的分布圆弧长。

**10.0304 基圆齿距** base pitch

在摆线轮的一个端平面上,两个相邻而同侧的齿廓之间的相对应的基圆弧长。

**10.0305 顶根距** tip-root distance

以整支摆线为基础形成齿廓的奇数齿的摆线轮,在180°方向上,摆线轮的齿顶圆与齿根圆之间的垂直距离。

**10.0306 针齿中心圆齿距** center circle pitch of gear pins

在针轮的一个端平面上,两个相邻而同侧的齿廓之间的针齿中心圆弧长。

**10.0307 啮合相位角** phase angle of meshing

在摆线轮与针轮啮合副中,转臂相对于某一针齿中心的转角。设转臂固定并与直角坐标系的纵轴 $Y$ 重合时(坐标原点取在针轮中心上),即由 $Y$ 轴至某一针齿中心的转角。

**10.0308 啮合侧隙** working backlash

当一对相啮合的摆线轮与针轮处于理论啮合位置时,在某一针齿中心与节点的连线上,摆线轮齿廓与针齿齿廓之间量度的最短距离。摆线轮轮齿和针轮轮齿在不同位置啮合时,其啮合侧隙不相等。

**10.0309 幅高** panel height
在平面上,以整支摆线为基础形成齿廓的理论齿廓曲线,在半径方向的最低点与最高点之间的距离。

**10.0310 短幅系数** curtate ratio
短幅外(或内)摆线的幅高与外(或内)摆线幅高的比值。

**10.0311 长幅系数** prolate ratio
长幅外(或内)摆线的幅高与外(或内)摆线幅高的比值。

**10.0312 变幅系数** radius variation ratio
短幅系数和长幅系数的统称。

**10.0313 针径系数** coefficient of gear pin diameter
在针轮的端平面上,相邻两针齿中心之间的距离与针齿直径之比值。

**10.0314 齿宽系数** coefficient of facewidth
摆线轮轮齿宽度与针齿中心圆直径的比值。

**10.0315 移距修形** modification of moved distance
在摆线轮齿最后成形加工时,将切齿工具相对于轮坯中心沿径向移动一个微小的距离,从而对摆线的齿廓进行齿廓修形。

**10.0316 等距修形** modification of equidistance
在摆线轮齿最后成形加工时,将切齿工具的曲率半径适当变动,从而对摆线轮的齿廓进行齿廓修形。

**10.0317 转角修形** modification of rotated angle
在摆线轮齿最后成形加工时,相对切齿工具在初始加工时的位置,将摆线轮坯绕其中心转过一个微小的角度,从而对摆线轮的齿廓进行齿廓修形。

### 10.02.05 锥齿轮传动

**10.0318 锥齿轮** bevel gear
分度曲面为圆锥面的齿轮。

**10.0319 直齿锥齿轮** straight bevel gear
齿线是分度圆锥面的直母线的锥齿轮。

**10.0320 锥齿轮副** bevel gear pair
一对轴线相交的锥齿轮。

**10.0321 准双曲面齿轮副** hypoid gear pair
一对轴线交错的分度曲面为圆锥面的齿轮。

**10.0322 准双曲面齿轮** hypoid gear
准双曲面齿轮副中的任何一个齿轮。

**10.0323 冠轮** crown gear
又称"平面齿轮"。分锥角为90°的锥齿轮。

**10.0324 端面齿轮** contrate gear
顶锥角及根锥角均为90°的锥齿轮或准双曲面齿轮。

**10.0325 弧齿锥齿轮** spiral bevel gear
产形冠轮上的齿线是圆弧的锥齿轮。

**10.0326 摆线齿锥齿轮** epicycloid bevel gear
产形冠轮上的齿线是长幅外摆线的锥齿轮。

**10.0327 零度齿锥齿轮** zerol bevel gear
中点螺旋角为零度的曲线齿锥齿轮。

**10.0328 平顶齿轮** bevel gear with 90° face angle
顶锥角为90°的锥齿轮。

**10.0329 正交锥齿轮副** bevel gear pair with axes at right angles
一对轴线相交成90°的锥齿轮。

**10.0330 正交锥齿轮** bevel gear with axes at right angles
正交锥齿轮副中的任何一个齿轮。

**10.0331 斜交锥齿轮副** angular bevel gear pair
一对轴线相交成不等于90°的任意角度的锥齿轮。

**10.0332 斜交锥齿轮** angular bevel gear
斜交锥齿轮副中的任何一个齿轮。

**10.0333 准渐开线齿锥齿轮** palioid gear
产形冠轮上的齿线近似于渐开线的锥齿轮。

**10.0334 左旋齿锥齿轮** left-hand spiral bevel gear

**10.0335 右旋齿锥齿轮** right-hand spiral bevel gear

**10.0336 直线齿廓锥齿轮** bevel gear with straight tooth profile
法向齿廓为直线的锥齿轮。

**10.0337 圆弧齿廓锥齿轮** bevel gear with circular arc tooth profile
法向齿廓为圆弧的锥齿轮。

**10.0338 正常锥度齿锥齿轮** bevel gear with standard tapered teeth
又称"标准收缩齿锥齿轮"。轮齿的根锥锥顶、顶锥锥顶均同分锥锥顶相重合的锥齿轮。

**10.0339 双重锥度齿锥齿轮** bevel gear with duplex tapered teeth
又称"双重收缩齿锥齿轮"。轮齿的根锥锥顶、顶锥锥顶均不同分锥锥顶重合的锥齿轮。

**10.0340 等高齿弧齿锥齿轮** spiral bevel gear with constant teeth depth
轮齿大小端齿高相等的弧齿锥齿轮。

**10.0341 根锥顶点** root apex
齿轮的轴向剖面内,齿轮轴线和根锥母线的交点。

**10.0342 斜齿锥齿轮** skew [helical] bevel gear
产形冠轮上的齿线是不通过锥顶的直线的锥齿轮。

**10.0343 曲线齿锥齿轮** curved tooth bevel gear
产形冠轮上的齿线是某种平面曲线的锥齿轮。

**10.0344 圆柱齿轮端面齿轮副** contrate gear pair
由端面齿轮及其配对的圆柱齿轮组成的、轴交角呈90°相交或交错的齿轮副。

**10.0345 锥齿轮的当量圆柱齿轮** virtual cylindrical gear of bevel gear
假想的圆柱齿轮,其节圆半径等于所研究的锥齿轮的背锥距,并且其端面模数、齿高系数、变位系数等于此锥齿轮的背锥面上的这些参数。

**10.0346 当量圆柱齿轮副** virtual cylindrical gear pair
在锥齿轮副中,它的两个锥齿轮的相啮合的当量圆柱齿轮。

**10.0347 8字啮合锥齿轮** octoid gear
产形冠轮的齿面形状为平面的齿轮。

**10.0348 圆弧齿弧齿锥齿轮** spiral bevel gear with circular arc tooth profile
产形冠轮的轮齿的法向齿廓是圆心位于分

度平面附近的圆弧的弧齿锥齿轮。

**10.0349　分度圆锥面**　reference cone
简称"分锥"。锥齿轮的分度曲面。

**10.0350　节圆锥面**　pitch cone
简称"节锥"。相交轴齿轮副中的两个锥齿轮的节曲面。

**10.0351　齿顶圆锥面**　tip cone
简称"顶锥"。锥齿轮的齿顶曲面。

**10.0352　齿根圆锥面**　root cone
简称"根锥"。锥齿轮的齿根曲面。

**10.0353　背锥[面]**　back cone
锥齿轮上的一个假想圆锥[面],它与节锥同轴线,其母线与节锥母线垂直相交,交点位于节圆上。通常,背锥面被定为锥齿轮轮齿的大端端面。

**10.0354　前锥[面]**　front cone
在锥齿轮上,通常作为轮齿小端端面的一个假想圆锥面,其母线与节锥母线垂直相交。

**10.0355　中间锥面**　middle cone
简称"中锥"。锥齿轮上的假想圆锥面,其母线通过齿宽中点,并与节锥垂直相交。

**10.0356　分锥顶点**　reference cone apex
分度圆锥面的顶点。

**10.0357　轴线交点**　crossing point of axes
锥齿轮副的两轴线的交点。对于交错轴齿轮副,指的是两轴线在垂直于连心线的平面上的投影的交点。

**10.0358　公共锥顶**　common apex
锥齿轮副两节锥的公共顶点,即轴线交点。

**10.0359　定位面**　locating face
作为安装基准面用于确定锥齿轮轴向位置的平面。

**10.0360　锥距**　outer cone distance
分锥顶点沿分锥母线至背锥的距离。

**10.0361　内锥距**　inner cone distance
分锥顶点沿分锥母线至前锥的距离。

**10.0362　中点锥距**　mean cone distance
分锥顶点沿分锥母线至轮齿齿宽中点的距离。

**10.0363　背锥距**　back cone distance
背锥顶点沿背锥母线至分锥的距离。

**10.0364　齿顶圆直径**　tip diameter
背锥面上齿顶圆的直径。

**10.0365　齿根圆直径**　root diameter
背锥面上齿根圆的直径。

**10.0366　[锥齿轮]分度圆**　reference circle
分度圆锥面被某一垂直于轴线的平面所截的圆。该圆上的齿距是给定值。

**10.0367　安装距**　mounting distance
分锥顶点至定位面的轴向距离,对于准曲面齿轮则为两轴公垂线与定位面间的最短距离。

**10.0368　轮冠距**　tip distance
大端齿顶圆所在平面至定位面的距离。

**10.0369　冠顶距**　apex to crown
分锥顶点至大端齿顶圆所在平面的距离。

**10.0370　偏置距**　offset
准双曲面齿轮副的中心距。

**10.0371　齿线偏移量**　offset of tooth trace
斜齿锥齿轮的产形冠轮的齿线与冠轮轴线之间的最短距离。

**10.0372　分度圆锥角**　reference cone angle
又称"分锥角"。锥齿轮轴线与分锥母线之间的夹角。对外锥齿轮,此角为锐角;对内锥齿轮,此角为钝角。

**10.0373 节[圆]锥角** pitch angle
锥齿轮轴线与节锥母线之间的夹角。

**10.0374 顶[圆]锥角** tip angle
锥齿轮轴线与顶锥母线之间的夹角。

**10.0375 根圆锥角** root angle
简称"根锥角"。锥齿轮轴线与根锥母线之间的夹角。

**10.0376 背锥角** back cone angle
锥齿轮轴线与背锥母线之间的夹角,即节锥角的余角。

**10.0377 齿顶角** addendum angle
顶锥角与分锥角之差。

**10.0378 齿根角** dedendum angle
分锥角与根锥角之差。

**10.0379 大端螺旋角** outer spiral angle
锥齿轮的齿线在轮齿大端端点的螺旋角。

**10.0380 小端螺旋角** inner spiral angle
锥齿轮的齿线在轮齿小端端点的螺旋角。

**10.0381 高变位锥齿轮副** gear pair with addendum modification
轴交角等于两齿轮分锥角之和的变位锥齿轮副。

**10.0382 角变位锥齿轮副** gear pair with shaft angle modification
轴交角不等于两齿轮分锥角之和的变位锥齿轮副。

**10.0383 锥齿轮的基本齿廓** basic tooth profile of bevel gears
"8"字啮合冠轮的大端法面假想齿廓。

**10.0384 齿尖** crown
齿轮的轴向剖面内顶锥与背锥的交点。

**10.0385 8字啮合冠轮** octoid crown gear
又称"平面产形齿轮"。8字啮合锥齿轮的冠轮,其齿面为一平面。

**10.0386 凹面** concave side
又称"凹齿面"。由铣刀盘的外切刀齿切削的齿面,该齿面在齿长方向是凹的。

**10.0387 凸面** convex side
又称"凸齿面"。由铣刀盘的内切刀齿切削的齿面,该齿面在齿长方向是凸的。

**10.0388 正车齿面** drive side
车辆在向前方向开动时,大轮或小轮与相配轮齿面相接触的齿面。

**10.0389 倒车齿面** coast side
车辆在倒车方向开动时,大轮或小轮与相配轮齿面接触的齿面。

**10.0390 齿角** tooth angle
双刨刀刨齿机上的一个调整角度,其值为一个齿的两齿面上的节锥母线所对的角度之半。

### 10.02.06 谐波齿轮传动

**10.0391 谐波齿轮传动** harmonic gear drive
主要由波发生器、柔性齿轮和刚性齿轮三个基本构件组成,是一种靠波发生器使柔性齿轮产生可控弹性变形,并与刚性齿轮相啮合
来传递运动和动力的齿轮传动。

**10.0392 谐波齿轮传动机构** harmonic gear drive mechanism
由柔性齿轮、刚性齿轮、波发生器构成的齿轮传动机构。

**10.0393  波发生器**  wave generator
使柔轮按一定变形规律产生周期性弹性变形波的构件。

**10.0394  柔性齿轮**  flexible gear, flexspline
简称"柔轮"。在波发生器作用下能产生可控弹性变形的薄壁齿轮。

**10.0395  刚性齿轮**  circular spline
简称"刚轮"。相对于柔性齿轮而言,它和普通齿轮一样,工作时保持其原始形状的齿轮。

**10.0396  波数**  wave number
波发生器每转360°,柔轮齿圈壁厚中性层任一点上产生变形波的循环次数。

**10.0397  单波**  single wave
当波发生器每转360°,柔轮齿圈壁厚中性层任一点上产生变形波的循环次数为一。

**10.0398  双波**  double wave
当波发生器每转360°,柔轮齿圈壁厚中性层任一点上产生变形波的循环次数为二。

**10.0399  三波**  triple wave
当波发生器每转360°,柔轮齿圈壁厚中性层任一点上产生变形波的循环次数为三。

**10.0400  波高**  wave height
从波谷底到波峰顶的高度。

**10.0401  波高系数**  coefficient of wave height
波高与模数之比。

**10.0402  径向变形[量]**  radial deflection
又称"径向位移"。在波发生器的作用下,柔轮齿圈壁厚中性层上任一点在径向方向产生的变形量。

**10.0403  切向变形[量]**  tangential deflection

又称"切向位移"。在波发生器作用下,柔轮齿圈壁厚中性层上的任一点在切线方向产生的变形[量]。

**10.0404  轴向变形[量]**  axial deflection
又称"轴向位移"。在波发生器作用下,柔轮齿圈壁厚中性层上的任一点在轴线方向产生的变形[量]。

**10.0405  最大变形[量]**  maximum deflection
又称"最大位移"。指在波发生器的作用下,柔轮齿圈壁厚中性层上任一点变形的最大值(径向、切向、轴向)。

**10.0406  最大变形量系数**  coefficient of maximum deflection
最大变形量与模数之比。

**10.0407  畸变**  distortion
在传动机构超载的情况下,柔轮齿圈壁厚中性层的实际廓形相对其空载下的原始廓形产生偏离现象。

**10.0408  空程**  lost motion
在工作状态下,当输入轴由正向改为反向旋转时,输出轴在转角上的滞后量。

**10.0409  间隙空程**  lost motion caused by clearance
因柔轮与刚轮的齿隙和其他构件内的间隙所引起的空程。

**10.0410  弹变空程**  lost motion caused by elastic deflection
因构件弹性变形所引起的空程。

**10.0411  跳齿现象**  slippage phenomenon
因超载或设计制造不当,在啮合中柔轮齿从刚轮齿中滑脱的现象。

**10.0412  啮入**  approach, engaging-in
柔轮齿从开始进入啮合到柔轮齿达到最大

啮入深度为止的过程。

**10.0413 啮出** recess, engaging-out
柔轮齿从最大啮入深度处开始退出,直到柔轮齿脱离啮合为止的过程。

**10.0414 啮合齿数** total number of teeth in engagement
柔轮与刚轮同时啮合的齿数。

**10.0415 啮合区** zone of meshing, region of engagement
在波发生器作用下,柔轮齿与刚轮齿具有啮合作用的区域。

**10.0416 啮入区** zone of approach, engaging-in region
啮入过程经过的区域。

**10.0417 啮出区** zone of recess, engaging-out region
啮出过程经过的区域。

**10.0418 啮合区中心角** circular arc angle of engagement
啮合区域所对应的中心角。

**10.0419 正常啮合** normal engagement
柔轮齿与刚轮齿的接触点位于齿廓工作段之内。

**10.0420 顶缘啮合** tip edge engagement
柔轮齿顶边缘与刚轮齿廓,或刚轮齿顶边缘与柔轮齿廓相接触的啮合。

**10.0421 最大啮入深度** maximum depth in engaging
在啮合状态下,柔轮变形后长半轴(或短半轴)上的齿顶圆与刚轮齿顶圆半径之差的绝对值。

**10.0422 谐波齿轮减速器** harmonic gear reducer

输出轴转速小于输入轴转速的谐波齿轮传动装置。

**10.0423 谐波齿轮增速器** harmonic gear increaser
输出轴转速大于输入轴转速的谐波齿轮传动装置。

**10.0424 单级谐波齿轮传动** single-stage harmonic gear drive
由一个波发生器,一个柔轮和一个刚轮组合而成的传动。

**10.0425 多级谐波齿轮传动** multiple-stage harmonic gear drive
由数个单级谐波齿轮传动串联组合而成的传动。

**10.0426 复波谐波齿轮传动** dual harmonic gear drive
柔轮上的两个齿圈,通过一个波发生器的作用,分别与两个刚轮相啮合,以产生复合运动的传动。

**10.0427 密闭谐波齿轮传动** hermetically sealed harmonic gear drive
波发生器通过密闭式柔轮,在两种不同性质的空间严格隔离的条件下,传递运动或动力的传动。

**10.0428 径向谐波齿轮传动** harmonic gear drive with radial gear meshing
在波发生器的作用下,柔轮与刚轮呈径向啮合,它们之间的变形波垂直于谐波齿轮传动的输出轴。

**10.0429 端面谐波齿轮传动** harmonic gear drive with transverse gear meshing
在波发生器的作用下,柔轮与刚轮呈端面啮合,变形波平行于谐波齿轮传动机构的输出轴。

**10.0430 积极控制式波发生器** wave generator of positive control

柔轮齿圈整周变形都受到波发生器的确实控制。

**10.0431 行星式波发生器** planetary wave generator

配置有行星传动构件的波发生器。

**10.0432 外波发生器** external wave generator

配置在柔轮齿圈之外的波发生器。

**10.0433 内波发生器** internal wave generator

配置于柔轮齿圈之内的波发生器。

**10.0434 电磁式波发生器** electromagnetic wave generator

利用电磁力使柔轮齿圈产生变形波的波发生器。

**10.0435 液动式波发生器** hydraulic wave generator

利用液力使柔轮齿圈产生变形波的波发生器。

**10.0436 气动式波发生器** pneumatic wave generator

利用气动力使柔轮齿圈产生变形波的波发生器。

**10.0437 机械式波发生器** mechanical wave generator

利用机械力使柔轮齿圈产生变形波的波发生器。

**10.0438 圆盘式波发生器** disk-type wave generator

由圆盘偏心设置于输入轴上的非积极控制式波发生器。

**10.0439 双圆盘波发生器** two disk wave generator

两个等直径圆盘对称偏心设置于输入轴的非积极控制式波发生器。

**10.0440 三圆盘波发生器** three disk wave generator

由三个等直径圆盘(一双一单)对称偏心设置于输入轴的非积极控制式双波发生器。

**10.0441 凸轮式波发生器** cam-type wave generator

以某种轮廓环线的凸轮(常装有柔性滚动轴承)作为基本构件的积极控制式波发生器。

**10.0442 余弦凸轮波发生器** cosine-cam wave generator

以余弦变化规律作为凸轮基本廓形的积极控制式波发生器。

**10.0443 椭圆凸轮波发生器** elliptical cam wave generator

以椭圆作为凸轮基本廓形的积极控制式波发生器。

**10.0444 滚轮式波发生器** roller-type wave generator

以滚轮及滚轮架为基本构件组成的波发生器。

**10.0445 双滚轮波发生器** double-roller wave generator

在滚轮架上装有两个对称滚轮的波发生器。

**10.0446 三滚轮波发生器** triple-roller wave generator

在滚轮架上装有三个均布滚轮的波发生器。

**10.0447 四滚轮波发生器** four-roller wave generator

在滚轮架上对称装有四个滚轮的双波发生器。

**10.0448 滚轮架** roller carrier

波发生器中支架滚轮用的构件。

**10.0449　柔性滚动轴承**　flexible rolling bearing

专用于谐波齿轮传动中凸轮式波发生器的薄壁滚动轴承。

**10.0450　波发生器长轴**　major axis of wave generator

波发生器的最大径向尺寸(实际的或假想的)。

**10.0451　凸轮长轴**　major axis of cam

凸轮的最大径向尺寸。

**10.0452　柔轮长轴**　major axis of flexspline

柔轮变形后中性层的最大径向尺寸。

**10.0453　波发生器短轴**　minor axis of wave generator

波发生器的最小径向尺寸(实际的或假想的)。

**10.0454　凸轮短轴**　minor axis of cam

凸轮的最小径向尺寸。

**10.0455　柔轮短轴**　minor axis of flexspline

柔轮变形后中性层的最小径向尺寸。

**10.0456　长轴半径**　major semi-axis

**10.0457　短轴半径**　minor semi-axis

**10.0458　包角**　angle of contact

圆盘式波发生器的圆盘上与柔轮内表面贴合的角度。

**10.0459　圆筒形柔轮**　cylindrical tube-shape flexspline

基本形状呈圆筒形的柔轮。

**10.0460　环形柔轮**　ring-shape flexspline

基本形状呈环形的柔轮。

**10.0461　杯形柔轮**　cup-shape flexspline

基本形状呈圆柱杯形的柔轮。

**10.0462　钟形柔轮**　bell-shape flexspline

基本形状呈古钟形状的柔轮。

**10.0463　双钟形柔轮**　double bell-shape flexspline

基本形状呈近似单叶双曲面形状柔轮。

**10.0464　柔轮齿圈**　flexspline's toothed ring

柔轮上具有轮齿的部位。

**10.0465　柔轮衬环**　lining ring

配置于波发生器与柔轮齿圈内表面之间的薄壁圆环。

**10.0466　柔轮齿圈壁厚中性层**　neutral layer of flexspline's toothed ring

设定于柔轮齿圈段,平分齿根至柔轮内壁距离所在的曲面。

**10.0467　柔轮齿渐开线起始圆**　beginning circle of involute profile on external flexspline

在外齿柔轮的齿面上,接近齿根处开始有渐开线齿廓的圆。

**10.0468　柔轮长度**　length of flexspline

筒形或环形柔轮的总长,对于杯形柔轮或其他柔轮指顶端至筒底外表面的长度。

**10.0469　柔轮内径**　inner diameter of flexspline

柔轮光滑筒体的内径。

**10.0470　柔轮外径**　outer diameter of flexspline

柔轮光滑筒体的外径。

**10.0471　柔轮齿圈壁厚**　wall thickness of flexspline

指柔轮齿根至柔轮内壁(或外壁)的壁厚。

**10.0472　柔轮长径比**　length to diameter ra-

tio of flexspline
柔轮长度与内径之比。

**10.0473 柔轮筒体壁厚** wall thickness of cylinder
柔轮光滑筒体段之壁厚。

**10.0474 内齿刚轮** internal circular spline
即内齿轮。

**10.0475 外齿刚轮** external circular spline
即外齿轮。

**10.0476 弹性联接** elastic coupling
具有弹性的联接形式。

**10.0477 刚性联接** rigid coupling
具有刚性的联接形式。

**10.0478 滑块联接** oldham coupling
输入轴与波发生器之间借十字滑块联接的形式。

**10.0479 固定联接** integrated coupling
柔轮底部与输出联接盘以螺钉或焊接法联接的形式。

**10.0480 齿啮式联接** dynamic coupling
柔轮筒壁与输出联接盘以相同齿数的内、外齿圈,构成同步啮合运动的联接形式。

**10.0481 花键联接** spline coupling
柔轮筒壁与输出联接盘以内外花键联接的形式。

**10.0482 牙嵌式联接** castellated coupling
柔轮与输出联接盘以矩形牙相嵌的联接形式。

**10.0483 径向销联接** radial pin coupling
柔轮与输出联接盘以径向孔和圆柱销联接的形式。

# 10.03 蜗杆传动

## 10.03.01 一般名词

**10.0484 蜗杆传动** worm drive
由蜗杆与蜗轮互相啮合组成的交错轴间的齿轮传动。

**10.0485 蜗杆** worm
只具有一个或几个螺旋齿,并且与蜗轮啮合而组成交错轴齿轮副的齿轮。其分度曲面可以是圆柱面,圆锥面或圆环面。

**10.0486 蜗轮** worm wheel
作为交错轴齿轮副中的大齿轮,与配对蜗杆相啮合的齿轮。

**10.0487 蜗杆副** worm gear pair
由蜗杆及其配对蜗轮组成的交错轴齿轮副。

**10.0488 圆柱蜗杆** cylindrical worm
分度曲面为圆柱面的蜗杆。

**10.0489 圆柱蜗杆副** cylindrical worm gear pair
由圆柱蜗杆及其配对的蜗轮组成的交错轴齿轮副。

**10.0490 环面蜗杆** toroid worm, enveloping worm
分度曲面是圆环面的蜗杆。

**10.0491 环面蜗杆副** toroid worm gear pair, enveloping worm gear pair
由环面蜗杆及其配对的蜗轮组成的交错轴齿轮副。

**10.0492 锥蜗杆** spiroid
分度曲面为圆锥面的蜗杆。它有一条或若干条等导程的锥螺纹。

**10.0493 锥蜗轮** spiroid gear

与锥蜗杆配对的、其外形类似锥齿轮的蜗轮。

**10.0494 锥蜗杆副** spiroid gear pair
由锥蜗杆和锥蜗轮组成的交错轴齿轮副。

## 10.03.02 蜗杆分类

### 10.03.02.01 圆柱蜗杆

**10.0495 标准圆柱蜗杆传动** standard gears for cylindrical worm gear
蜗杆节圆与分度圆重合时的圆柱蜗杆传动。

**10.0496 变位圆柱蜗杆传动** profile shifted gears for cylindrical worm gear
蜗杆节圆与分度圆不重合时的圆柱蜗杆传动。

**10.0497 单导程圆柱蜗杆** single lead cylindrical worm
蜗杆轮齿两侧齿面导程相等的圆柱蜗杆。

**10.0498 双导程圆柱蜗杆** dual lead cylindrical worm
蜗杆轮齿两侧齿面导程不等的圆柱蜗杆。

**10.0499 基准蜗杆** basic worm
确定蜗杆轮齿基本尺寸及齿形的蜗杆,无制造误差的一种理想蜗杆。

**10.0500 阿基米德蜗杆** straight sided axial worm
齿面为阿基米德螺旋面的圆柱蜗杆。其端面齿廓是阿基米德螺旋线;轴向齿廓是直线。

**10.0501 渐开线蜗杆** involute helicoid worm
齿面为渐开螺旋面的圆柱蜗杆,其端面齿廓是渐开线。

**10.0502 法向直廓蜗杆** straight sided normal worm
法平面上,齿廓为直线的圆柱蜗杆。

**10.0503 锥面包络圆柱蜗杆** milled helicoid worm
齿面是圆锥面族的包络曲面的圆柱蜗杆。

**10.0504 圆弧圆柱蜗杆** hollow flank worm
蜗杆齿面一般为凹面的圆柱蜗杆。它是用具有凸圆弧刃的工具加工而成。

### 10.03.02.02 环面蜗杆

**10.0505 直廓环面蜗杆** toroid enveloping worm with straight line generatrix
具有螺旋齿的齿轮,其分度曲面为圆环面,在轴平面内理论齿廓为直线的蜗杆。

**10.0506 直廓环面蜗杆副** double enveloping worm gear pair with straight line generatrix
直廓环面蜗杆及其配对蜗轮组成的交错轴齿轮副。

**10.0507 变速比修形蜗杆传动** worm gearing modified with varying of transmission ratio

蜗杆加工时,刀具转动瞬时角速度随蜗杆转角按一定规律连续变化的修形蜗杆与配对蜗轮的直廓环面蜗杆传动。

**10.0508 渐开面包络环面蜗杆** toroid enveloping worm with involute helicoid generatrix

以直齿的或斜齿的渐开线圆柱轮为产形轮所展成的环面蜗杆。

**10.0509 锥面包络环面蜗杆** toroid en-

veloping worm with cone generatrix

以齿面呈圆锥面形状的产形轮所展成的环面蜗杆。

**10.0510 平面包络环面蜗杆** planar double enveloping worm

以直齿或斜齿的平面蜗轮为产形轮而展成的环面蜗杆。

### 10.03.03 蜗杆尺寸和性能参数

**10.0511 中间平面** mid-plane
垂直于蜗轮轴线并包含蜗杆副连心线的平面。当蜗杆与蜗轮的轴线呈直角交错时,蜗杆轴线在中间平面内。

**10.0512 啮合节点** working pitch point
蜗杆与其配对蜗轮连心线上的一个点,在该点上蜗杆理论螺旋面沿自身轴向的平移速度等于蜗轮的圆周速度。

**10.0513 蜗杆节圆柱面** pitch cylinder of worm

过啮合节点且平行于蜗杆轴线的直线绕蜗杆轴线回转时所形成的圆柱面。

**10.0514 蜗杆节圆** pitch circle of worm
蜗杆节圆柱面与垂直于蜗杆轴线的平面的交线。

**10.0515 蜗轮节圆柱面** pitch cylinder of wormwheel

过啮合节点且平行于蜗轮轴线的直线绕蜗轮轴线回转时所形成的圆柱面。

**10.0516 蜗轮节圆** pitch circle of wormwheel

蜗轮节圆柱面与中间平面的交线。

**10.0517 蜗杆轮齿** worm thread

蜗杆的螺旋齿。

**10.0518 蜗杆头数** number of threads of worm

蜗杆轮齿的总数,也就是蜗杆轮齿的齿数。

**10.0519 蜗杆齿宽** worm face width
蜗杆有齿部分在分度圆柱面上沿轴线方向量度的宽度。

**10.0520 蜗杆旋向** hands of worm
蜗杆轮齿螺旋方向。

**10.0521 蜗杆分度圆** reference circle of worm

蜗杆分度圆柱面与端平面的交线。

**10.0522 蜗杆齿顶圆柱面** tip cylinder of worm

蜗杆轮齿顶部的圆柱面。

**10.0523 蜗杆齿顶圆** tip circle of worm
蜗杆齿顶圆柱面与端平面的交线。

**10.0524 蜗杆齿根圆柱面** root cylinder of worm

与蜗杆齿槽底部相切的圆柱面。

**10.0525 蜗杆齿根圆** root circle of worm

蜗杆齿根圆柱面与端平面的交线。

**10.0526 渐开线蜗杆基圆柱面** base cylinder of involute helicoid worm

与蜗杆同轴的一个圆柱面,形成渐开线圆柱蜗杆齿面(渐开螺旋面)的成形线在此圆柱面上作纯滚动。

**10.0527 渐开线蜗杆基圆** base circle of involute helicoid worm

渐开线蜗杆基圆柱面与端平面的交线。

**10.0528 蜗杆螺旋线** helix of cylindrical worm

圆柱蜗杆齿面与蜗杆同轴圆柱面的交线。

**10.0529 蜗轮分度圆** reference circle of wormwheel

蜗轮在中间平面的一个给定的基准圆,此圆被两个相邻同侧齿面所截取的弧长,等于蜗杆的轴向齿距。

**10.0530 蜗轮齿顶曲面** tip surface of wormwheel

位于蜗轮轮齿顶部的曲面。用它来限制蜗轮的外圆柱面及齿顶圆环面的径向尺寸。

**10.0531 蜗轮顶圆柱面** tip cylinder of wormwheel

蜗轮齿顶曲面上呈圆柱形的那一部分齿顶表面。

**10.0532 蜗轮顶圆** tip circle of wormwheel

蜗轮顶圆柱面与端平面的交线。

**10.0533 咽喉面** gorge

蜗轮齿顶曲面上呈圆环形状的那一部分齿顶表面。

**10.0534 喉圆** gorge circle

齿顶圆环面的内圆。

**10.0535 咽喉母圆** generant circle of gorge

蜗轮咽喉面的母圆。

**10.0536 蜗轮齿根圆环面** root toroid of wormwheel

在蜗轮上,与齿槽底面相切的圆环面。

**10.0537 蜗轮齿根圆** root circle of wormwheel

齿根圆环面与中间平面的交线。

**10.0538 蜗轮轴平面** axial plane of wormwheel

通过蜗轮轴线的平面。

**10.0539 蜗轮端平面** transverse plane of wormwheel

垂直于蜗轮轴线的平面。

**10.0540 蜗轮端面齿廓** transverse profile of wormwheel

蜗轮齿面被蜗轮的端平面所截的截线。

**10.0541 蜗轮齿宽** face width of wormwheel

蜗轮轮齿的计算宽度。

**10.0542 齿宽角** width angle

蜗轮齿宽所对应的蜗杆圆心角。

**10.0543 咽喉母圆半径** gorge rodius

蜗轮咽喉母圆的半径。

**10.0544 分度圆齿距** reference pitch

蜗轮上,两个相邻的同侧齿廓之间的分度圆弧长。蜗轮分度圆齿距等于其配对蜗杆的轴向齿距。

**10.0545 分度圆齿顶高** reference addendum

蜗轮喉圆与分度圆之间的径向距离。

**10.0546 蜗轮齿廓变位量** addendum modification of wormwheel

圆柱蜗杆传动中,蜗杆分度圆柱面与蜗轮分

度圆之间沿连心线量度的距离。

**10.0547 蜗轮变位系数** addendum modification coefficient of wormwheel
蜗轮齿廓变位量除以模数的商。

**10.0548 分度圆齿根高** reference dedendum
蜗轮分度圆与齿根圆之间的径向距离。

**10.0549 蜗轮齿厚** tooth thickness of wormwheel
蜗轮中间平面上,一个轮齿两侧齿面间的分度圆弧长。

**10.0550 蜗轮齿槽宽** space width of wormwheel
蜗轮的中间平面上,一个齿槽两侧齿面间的分度圆弧长。

**10.0551 直径系数** diametral quotient
圆柱蜗杆的分度圆直径与轴向模数的比值。

**10.0552 包围齿数** enveloping teeth
蜗杆螺旋齿面在中间平面内包围的蜗轮齿数。

**10.0553 滑动角** lubrication angle
又称"润滑角"。蜗杆副接触线上某点的切线与该点的相对运动方向间的锐角。

**10.0554 理论接触面** theory contact area
蜗杆和蜗轮的共轭齿面。

**10.0555 蜗杆轴平面** axial plane of worm
过蜗杆轴线的平面。

**10.0556 蜗杆法平面** normal plane of worm
垂直于蜗杆某一圆柱螺旋线或与该圆柱螺旋线平行的假想螺旋线的平面。

**10.0557 蜗杆喉法平面** gorge-normal plane of worm
过蜗杆轮齿中点螺旋线与喉平面交点且垂直于蜗杆轮齿中点螺旋线的平面。

**10.0558 蜗杆端平面** transverse plane of worm
垂直于蜗杆轴线的平面。

**10.0559 平面二次包络蜗轮** planar double-enveloping wormwheel
以平面包络环面蜗杆为产形轮展成的蜗轮。

**10.0560 平面蜗轮** planar wormwheel
一个齿面形状为平面的齿轮,它与环面蜗杆啮合而组成交错轴齿轮副。

# 10.04 带 传 动

## 10.04.01 一 般 名 词

**10.0561 带传动** belt drive
由柔性带和带轮组成传递运动和(或)动力的机械传动,分摩擦传动和啮合传动。

**10.0562 平带传动** flat belt drive
由平带和平带轮组成的摩擦传动,带的工作面与带轮的轮缘表面接触。

**10.0563 V 带传动** V-belt drive
由一条或数条 V 带和 V 带轮组成的摩擦传动。

**10.0564 圆带传动** round belt drive
由圆带和带轮组成的摩擦传动。

**10.0565 同步带传动** synchronous belt drive
由同步带和同步带轮组成的啮合传动,其同

步运动和(或)动力是通过带齿与轮齿相啮合传递的。

**10.0566 开口传动** open-belt drive
带轮两轴线平行、两轮宽的中心平面重合，转向相同的带传动。

**10.0567 交叉传动** cross-belt drive
带轮两轴线平行、两轮宽的中心平面重合，转向相反的带传动。

**10.0568 半交叉传动** quarter-twist belt drive
带轮两轴线在空间交错的带传动,交错角度通常为90°。

**10.0569 角度传动** angle drive
带轮两轴线相交成任意角度的带传动。

**10.0570 主动带轮** driving pulley
传动中用于驱动带运动的带轮。

**10.0571 从动带轮** driven pulley
传动中被带驱动的带轮。

**10.0572 塔轮** step pulley
由几个不同直径、按大小顺序排列的带轮组。

**10.0573 锥轮** cone pulley
形状为截圆锥体的带轮,用于无级变速传动。

**10.0574 导轮** idler pulley
在半交叉传动或角度传动中,引导带的运动方向,使其导入边对准轮宽的中心平面的空转带轮。

**10.0575 张紧轮** tension pulley
为改变带轮的包角或控制带的张紧力而压在带上的随动轮。

**10.0576 [带]中心距** center distance
当带处于规定的张紧力时,两带轮轴线间的距离。

**10.0577 带长** belt length
对于平带为内周长度,对于 V 带为基准长度或有效长度,对同步带为节线长度。

**10.0578 包角** angle of contact
带传动装置中,带与带轮接触弧所对应的带轮圆心角。

**10.0579 带速** belt speed
带运动中的节线速度。

**10.0580 滑动率** sliding ratio
传动中由于带的滑动引起的从动轮圆周速度相对于主动轮圆周速度的降低率。

**10.0581 初拉力** initial tension
带运行前张紧在带轮上的拉力。

**10.0582 紧边拉力** tight side tension
带运行时,紧边(拉力较大的一边)的拉力。

**10.0583 松边拉力** slack side tension
带运行时,松边(拉力较小的一边)的拉力。

**10.0584 有效拉力** effective tension
带运行时,紧边拉力与松边拉力之差。

**10.0585 离心拉力** centrifugal tension
带随轮作弧线运行时,由于离心力所产生的拉力。

**10.0586 传动带** driving belt
在带传动中,用以传递运动和(或)动力的带。

**10.0587 平带** flat belt
横截面为矩形或近似为矩形的传动带,其工作面为宽平面。

**10.0588 皮革平带** leather belt
由皮革制成的平带。

**10.0589　普通平带**　conventional belt
以帆布为承载层的平带。

**10.0590　编织平带**　cotton belt
由纤维线(棉、毛、丝等)编织成的无接头平带。

**10.0591　复合平带**　laminated belt
由尼龙片基或涤纶绳为承载层,工作面贴铬鞣革或挂胶帆布等层压而成的平带。

**10.0592　V带**　V-belt
横截面为等腰梯形或近似为等腰梯形的传动带,其工作面为两侧面。

**10.0593　普通V带**　classical V-belt
楔角为40°,相对高度约为0.7的V带。

**10.0594　窄V带**　narrow V-belt
楔角为40°、相对高度约为0.9的V带。

**10.0595　宽V带**　wide V-belt
相对高度约为0.3的V带。

**10.0596　半宽V带**　half wide V-belt
相对高度约为0.5的V带。

**10.0597　大楔角V带**　wide angle V-belt
楔角为60°的V带。

**10.0598　汽车V带**　automotive V-belt
汽车、拖拉机等内燃机专用的V带。

**10.0599　齿形V带**　cogged V-belt
具有均布横向齿的V带。

**10.0600　联组V带**　joined V-belt
几条相同的普通V带或窄V带在顶面联成一体的V带组。

**10.0601　接头V带**　open end V-belt
按需要截取一定长度的普通V带,用专用接头联接成的环形带。

**10.0602　双面V带**　double V-belt
横截面为六角形或近似为六角形的传动带,其工作面为四个侧面。

**10.0603　多楔带**　poly V-belt
以平带为基体、内表面具有等距纵向楔的环形传动带,其工作面为楔的侧面。

**10.0604　圆带**　round belt
横截面为圆形或近似为圆形的传动带。

**10.0605　同步带**　synchronous belt
横截面为矩形或近似为矩形、内表面(或内、外表面)具有等距横向齿的环形传动带。

### 10.04.02　V 带 传 动

**10.0606　节线**　pitch line
当带垂直其底边弯曲时,在带中保持原长度不变的任意一条周线。

**10.0607　节面**　pitch zone
由全部节线构成的面。

**10.0608　节宽**　pitch width
带的节面宽度。当带垂直其底边弯曲时,该宽度保持不变。

**10.0609　顶宽**　top width
横截面中梯形轮廓的最大宽度。

**10.0610　高度**　height
横截面中梯形轮廓的高度。

**10.0611　相对高度**　relative height
带的高度与其节宽之比值。

**10.0612　楔角V**　wedge angle
V带两侧边的夹角。

**10.0613　基准长度**　datum length

V 带在规定的张紧力下,位于测量带轮基准直径上的周线长度。

**10.0614　有效长度**　effective length
V 带在规定的张紧力下,位于测量带轮有效直径上的周线长度。

**10.0615　V 带轮**　V-grooved pulley
轮缘上具有一条或数条梯形沟槽的带轮。

**10.0616　轮槽节宽**　pitch width of pulley groove
轮槽上与配用 V 带的节宽尺寸的相同的宽度。

**10.0617　槽角**　angle of pulley groove
轮槽横截面两侧边的夹角。

**10.0618　节圆周长**　pitch circumference
直径等于节径的圆周长。

**10.0619　基准宽度**　datum width
表示槽形轮廓宽度的一个无公差规定值,该宽度通常和所配用 V 带的节面处于同一位置,其值应在规定公差范围内与 V 带的节宽一致。

**10.0620　有效宽度**　effective width
表示槽形轮廓宽度的一个无公差规定的值,该宽度通常位于轮槽两侧边的最外端。

**10.0621　基准直径**　datum diameter
轮槽基准宽度处带轮的直径。

**10.0622　有效直径**　effective diameter
轮槽有效宽度处带轮的直径。

**10.0623　基准圆周长**　datum circumference
直径等于基准直径的圆周长。

**10.0624　有效圆周长**　effective circumference
直径等于有效直径的圆周长。

**10.0625　基准线差**　datum line differential
节宽与基准宽度的位置在径向的偏移。

**10.0626　有效线差**　effective line differential
节宽与有效宽度的位置在径向间的偏移。

### 10.04.03　同 步 带 传 动

**10.0627　带节距**　belt pitch
在规定的张紧力下,带的纵截面上相邻两齿对称中心线间的直线距离。

**10.0628　节线长**　pitch length
带的节线长度。

**10.0629　带宽**　belt width
用以传递动力的带的横向尺寸。

**10.0630　带高**　belt height
带的总高度。

**10.0631　带齿**　tooth of synchronous belt
与同步带轮轮齿啮合的带表面横向突起部分。

**10.0632　齿顶线**　tip line
各齿顶的连线。

**10.0633　齿根线**　root line
各齿根的连线。

**10.0634　齿顶圆角半径**　radius at tooth tip
连接齿面与齿顶的圆弧半径。

**10.0635　齿根厚**　width at tooth root
带在平直状态时,同一齿的两个齿面与齿根线理论交点间的直线距离。

**10.0636　同步带轮**　synchronous pulley

轮缘上具有等间距轴向齿的带轮。

**10.0637　基准节圆柱面**　pitch reference
　　　　　　　cylinder
带轮上用以确定轮齿尺寸的同轴假想圆柱
面。

**10.0638　[带]齿顶圆**　tip circle
带轮上包容齿顶的圆柱面与其轴线的垂直
平面的交线。

**10.0639　[带]齿根圆**　root circle
带轮上包容齿根的圆柱面与其轴线的垂直
平面的交线。

**10.0640　外径**　outside diameter
齿顶圆的直径。

**10.0641　节径**　pitch diameter
带轮节圆的直径。

**10.0642　节顶距**　pitch line differential
带轮节圆与齿顶圆之间的径向距离。

**10.0643　节根距**　pitch line location
齿根线与节线间的距离。

**10.0644　节距**　pitch
带轮节圆上相邻两齿,同侧齿面间的弧长。

**10.0645　最小轮宽**　minimum pulley width
与同步带配用的带轮端面间(或有挡圈带轮
的挡圈间)的最小轴向距离。

**10.0646　测量带轮**　measuring pulley
用以精确测量同步带长度的特制或精选的
带轮。

**10.0647　测量带轮的齿侧间隙**　measuring
　　　　　　　pulley tooth clearance
当带与测量带轮的工作齿面接触时,带的非
工作齿面与测量带轮齿面间的最短距离。

**10.0648　齿槽深**　tooth space depth
齿顶圆与齿根圆间的径向距离。

**10.0649　齿槽底宽**　width at tooth space
　　　　　　　root
齿槽两齿面与齿根圆理论交点间的直线距
离。

**10.0650　齿槽角**　tooth space angle
齿槽两齿面间的夹角。

**10.0651　齿顶宽**　width at tooth tip
齿顶线与同一齿的两齿面理论交点间的直
线距离。

# 10.05　链　传　动

## 10.05.01　链　　条

**10.0652　链传动**　chain drive
利用链与链轮轮齿的啮合来传递动力和运
动的机械传动。

**10.0653　链条**　chain
由相同或间隔相同的构件以运动副形式串
接起来的组合件。

**10.0654　滚子链**　roller chain

组成零件中具有回转滚子,且滚子表面在啮
合时直接与链轮齿接触的链条。

**10.0655　短节距滚子链**　short pitch roller
　　　　　　　chain
基本节距与滚子外径的比值小于2且滚子
外径小于链板高度的滚子链。

**10.0656　单排滚子链**　simplex roller chain

仅含有一排滚子的链条。

**10.0657 双排滚子链** duplex roller chain
含有两排并列滚子的链条。

**10.0658 三排滚子链** triplex roller chain
含有三排并列滚子的链条。

**10.0659 多排滚子链** multiplex roller chain
含有三排以上并列滚子的链条。

**10.0660 弯板链** cranked link chain
相邻链节相同,每一链节具有宽端与窄端结构的滚子链。

**10.0661 带附件的滚子链** roller chain with attachments
为输送物料在链条上装有专用元件的滚子链。

**10.0662 延长节距滚子链** extended pitch roller chain
基本节距与滚子外径的比值大于 2 的滚子链。

**10.0663 带空心销轴的滚子链** roller chain with hollow pins
组成滚子链的销轴具有空心结构的链条。

**10.0664 套筒链** bush chain
组成零件中没有滚子,套筒表面在啮合时直接与链轮齿接触的链条。

**10.0665 板式链** leaf chain
由多片链板用销轴连接而成的链条。

**10.0666 块链** block chain

**10.0667 齿形链** inverted tooth chain
由多个链片铰接而成,铰链为滚动副或滑动副,链片与轮齿作楔入啮合的链条。

**10.0668 销合链** pintle chain
链节由可锻铸铁铸成并用钢销轴连接起来,无内外链节之分的链条。

**10.0669 平顶链** hinge type flattop chain
由带铰卷的链板和销轴两个基本零件组成的具有连续平顶面的链条。

**10.0670 易拆链** detachable less chain
又称"无铆链"。多用模锻制成,内链节为一整体,外链节由两块日字形链板组成,内链节内部空间供装附件用的链条。

**10.0671 可拆链** detachable chain
由开式钩头与尾杆组成整体链节框架,并靠钩头套住尾杆联接起来的容易拆装链节的链条。

**10.0672 侧弯链** side bow roller chain
内外链板间与销轴套筒间的间隙比标准滚子链大,使链条增加了横向弯曲与扭曲性能的链条。

**10.0673 传动链** transmission chain
主要用于传递运动和动力的链条。

**10.0674 输送链** conveyor chain
主要用作输送工件、物品和材料的链条。

**10.0675 双排输送链** double strand conveyor chain
两排链条平行安装组成的链条。

**10.0676 拉曳链** drag chain
套筒迎向物料的一面被设计成具有较大推刮能力的平面,弯链板可装以各种附件的链条。

**10.0677 管钳链** wrench chain
又称"扳手链"。板式链变形型式,专门用于夹紧圆柱状或不规则形状物体的链条。

## 10.05.02 链 条 元 件

**10.0678 内链节** inner link
由套筒和链板过盈配合联接而成的链节。

**10.0679 外链节** outer link
由销轴和链板过盈配合联接而成的链节。

**10.0680 过渡链节** cranked link
链条一端为内链节,另一端为外链节时所用的接头链节。

**10.0681 联接链节** connecting link
链条两端均为内链节时所用的接头链节。

**10.0682 套筒** bush
与销轴构成铰链副的筒形元件。

**10.0683 [链传动]滚子** roller
装在套筒上可以自由转动的筒形元件。

**10.0684 链板** link plate
带孔的片状链条元件。

**10.0685 内链板** inner plate
内链节上的链板。

**10.0686 外链板** outer plate
外链节上的链板。

**10.0687 中链板** intermediate plate
双排及多排链中,两排内链节之间的链板。

**10.0688 "8"字形链板** figure-eight-shaped
link plate, waisted plate
廓线近于"8"字形的链板。

**10.0689 直边链板** straight[-sided] link
plate
中部廓线平行且端部圆弧中心角不大于180°的链板。

**10.0690 弯板链板** cranked plate
侧面两端平行、中部弯折的链板。

**10.0691 [链传动]销轴** pin
用作链条铰链回转轴的细长圆柱形元件。

**10.0692 联接销轴** connecting link pin
连接链节上具有安装止锁件用的槽(或孔)的销轴。

**10.0693 实心销轴** solid pin
用作链条铰链回转轴的细长圆柱形元件。

**10.0694 空心销轴** hollow pin
形状为空心圆柱体的销轴。

**10.0695 可拆销轴** detachable connecting
pin
过渡链节上的连接用销轴。

**10.0696 带肩销轴** shouldered
端部带有轴肩的销轴。

**10.0697 小滚子** small roller
外径小于链板高度的滚子。

**10.0698 大滚子** large roller
外径大于链板高度的滚子。

**10.0699 带边滚子** flange roller
一端带有凸缘的滚子。

**10.0700 止锁件** fastener
为防止链节松脱,在链条侧端装设的限位元件。

**10.0701 弹性锁片** spring clip
卡装在连接销轴端部的、具有弹性的片状止锁件。

**10.0702 钢丝锁销** solid long cotter
穿过联接销轴端部的折曲钢丝锁件。

**10.0703 链轮** chainwheel, sprocket
与链条相啮合的带齿的轮形机械零件。

**10.0704 主动链轮** driving chain wheel
简称"主动轮"。驱动链条的链轮。

**10.0705 从动链轮** driven chain wheel
简称"从动轮"。被链条所驱动的链轮。

**10.0706 小链轮** minor sprocket

**10.0707 单排链轮** sprocket for simplex
chain
具有单排轮齿的链轮。

**10.0708 双排链轮** sprocket for double
chain
具有双排轮齿的链轮。

**10.0709 多排链轮** sprocket for multiple
chain
具有三排及三排以上轮齿的链轮。

**10.0710 带轮毂链轮** sprocket with hub

**10.0711 盘状链轮** plate sprocket

**10.0712 导轨** guide rail
用以支撑链条的导向元件。

**10.0713 张紧器** tensioner
为避免松边张力不足引起链条在链轮上跳
齿或掉链而设置的张紧链条的装置。

## 10.06 其他机械传动

**10.0714 螺旋传动** screw drive
由螺杆和旋合螺母组成的机械传动。

**10.0715 螺杆** screw
利用本身的螺纹传递运动或动力的杆状机
械零件。

**10.0716 滚珠丝杠副** ball screw
丝杠与旋合螺母之间以钢珠为滚动体的螺
旋传动副。它可将旋转运动变为直线运动
或将直线运动变为旋转运动。

**10.0717 定位滚珠丝杠副** positioning ball
screw
又称"P类滚珠丝杠副"。通过旋转角度和
导程控制轴向位移量的滚珠丝杠副。

**10.0718 传动滚珠丝杠副** transport ball
screw
又称"T类滚珠丝杠副"。与旋转角度无
关,用于传递动力的滚珠丝杠副。

**10.0719 单线滚珠丝杠副** single-start ball
screw
导程和螺距相等的滚珠丝杠副。

**10.0720 滚珠丝杠** ball screw shaft
具有螺纹滚道的轴。

**10.0721 滚珠螺母组件** ball nut
由滚珠螺母、钢球、循环机构和附件所构成
的组件。

**10.0722 循环列数** number of circuits
在滚珠螺母上循环钢球闭合回路条数。

**10.0723 圈数** number of turns
一列循环中钢球链所用的导程数。

**10.0724 载荷钢球** load ball
承受载荷的钢球。

**10.0725 间隔钢球** spacer ball
起隔离作用的钢球,其直径比载荷钢球略

小。

**10.0726 滚道** ball track
在丝杠和螺母上供钢球滚动用的空间螺旋通道。

**10.0727 摩擦轮传动** friction wheel drive
利用两轮直接接触并压紧而产生摩擦力来实现动力传递的机械传动。

## 10.07 液 压 传 动

**10.0728 液压传动** hydrostatic [power] transimission
用液体压力能来转换或传递机械能的传动方式。

**10.0729 泵** pump
改变容积内流体的压力或输送流体的机器。

**10.0730 液压泵** hydraulic pump
依靠密闭工作容积的改变实现吸、压液体，从而将机械能转换为液压能的机器。

**10.0731 齿轮泵** gear pump
依靠密封在一个壳体中的两个或两个以上齿轮,在相互啮合过程中所产生的工作空间容积变化来输送液体的泵。

**10.0732 柱塞泵** plunger pump
利用柱塞在泵缸体内往复运动,使柱塞与泵壁间形成容积改变,反复吸入和排出液体并增高其压力的泵。

**10.0733 叶轮泵** vane pump
在转子转动时,藉凸轮环的制约使转子槽中的径向滑动叶片产生往复运动,从而使叶片间的密封工作空间(与定子、转子、端盖所形成的空间)变化,以实现吸、排的液压泵。

**10.0734 螺杆泵** screw pump
具有两个或两个以上啮合螺杆,可以在壳体中转动以实现吸、排的液压泵。

**10.0735 液压执行元件** hydraulic actuator
把液体压力能转换成机械能的装置,包括液压马达和液压缸。

**10.0736 液压马达** hydraulic motor
作连续回转运动并输出转矩的液压执行元件。

**10.0737 液压缸** hydraulic cylinder
将液压能转变为直线运动机械功的一种能量转换的液压执行元件。

**10.0738 阀** valve
控制液体通过以降低其压力或改变其流量及流动方向的装置。

**10.0739 换向阀** reversing valve
用于改变液体流动方向的阀。

**10.0740 电磁阀** solenoid valve
用电磁铁操纵阀芯移动的阀。

**10.0741 控制阀** control valve
控制液体流动方向、压力或流量的阀的总称。

**10.0742 方向控制阀** directional control valve
控制液体流动方向的阀。

**10.0743 单向阀** check valve, uni-directional valve, non-return valve
仅允许流体向一个方向流动的方向控制阀。

**10.0744 电磁换向阀** solenoid operated di-

rectional valve
靠电磁铁的推力使阀芯移动来实现换向的方向控制阀。

**10.0745 液压换向阀** hydraulic directional valve
利用控制液体压力推动阀芯来改变流体流动方向的方向控制阀。

**10.0746 压力控制阀** pressure control valve
简称"压力阀"。控制流体压力的阀。

**10.0747 减压阀** reducing valve, pressure reducing valve
用节流方法使出口压力低于进口压力,并保持出口压力近于恒定的压力控制阀。

**10.0748 顺序阀** sequence valve, priority valve
以控制压力来使阀口启闭,从而控制执行元件实现预定顺序动作的阀。

**10.0749 插装阀** cartridge valve
具有控制功能的元件组成的组件,插入阀块而构成的阀。

**10.0750 滑阀** spool valve

依靠圆柱形阀芯在阀体或阀套内作轴向移动而打开或关闭阀口的液压控制阀。

**10.0751 溢流阀** pressure relief valve, overflow valve
维持阀进口压力近于恒定,系统中多余的流体通过该阀回流的压力控制阀。

**10.0752 流量控制阀** flow control valve
简称"流量阀"。控制流体流量的阀。

**10.0753 比例控制阀** proportional control valve
简称"比例阀"。被调量与控制信号成一定比例的阀。

**10.0754 比例流量阀** proportional flow control valve
流量阀与比例装置组成的、流量与控制信号成比例的阀。

**10.0755 节流阀** throttle valve
用改变通道的过流面积或长度来控制流体流量的阀。

**10.0756 调速阀** speed control valve
具有压力补偿装置的节流阀。

# 10.08 液力传动

## 10.08.01 一般名词

**10.0757 液力传动** hydrodynamic drive
以液体为工作介质,在两个或两个以上的叶轮组成的工作腔内,通过液体动量矩的变化来传递能量的传动。

**10.0758 液力元件** hydrodynamic unit
液力偶合器与液力变矩器的总称,它是液力传动的基本单元。

**10.0759 液力变矩器** hydrodynamic torque

converter
输出力矩与输入力矩之比可变的液力元件。

**10.0760 液力机械元件** hydromechanical unit
由液力元件与齿轮传动机构组成的传动元件,其特点是存在功率分流。

**10.0761 液力传动装置** hydrodynamic transmission

具有液力元件及液力机械元件与齿轮传动的传动装置。

**10.0762 辅助系统** auxiliary system
为保证液力元件及液力传动装置正常工作所必须的补偿、润滑、冷却、操纵及控制等系统的总称。

**10.0763 补偿系统** compensating system
为补偿液力元件的泄漏,防止气蚀和保证冷却而设置的供液系统。

## 10.08.02 液力偶合器

**10.0764 液力偶合器** fluid coupling
输出转矩与输入转矩相等的液力元件。

**10.0765 普通型液力偶合器** general type of constant filling fluid coupling
没有任何限矩、调速机构及其他措施的液力偶合器。

**10.0766 限矩型液力偶合器** load limiting type of constant filling fluid coupling
采用某种措施在低转速比时限制转矩升高的液力偶合器。

**10.0767 调速型液力偶合器** variable speed fluid coupling
通过改变工作腔中充液量来调节输出转速的液力偶合器。

**10.0768 单腔液力偶合器** single-space fluid coupling
具有一个工作腔的液力偶合器。

**10.0769 双腔液力偶合器** two-space fluid coupling
具有两个工作腔的液力偶合器。

**10.0770 闭锁式液力偶合器** locking fluid coupling
在高转速比时,涡轮与泵轮同步运转的液力偶合器。

**10.0771 液力缓速器** hydrodynamic retarder
涡轮固定,并起减速制动作用的液力偶合器。

## 10.08.03 液力变矩器

**10.0772 正转液力变矩器** direct running torque converter
在牵引工况区,涡轮与泵轮转向一致的液力变矩器。

**10.0773 反转液力变矩器** backward running torque converter
在牵引工况区,涡轮与泵轮转向相反的液力变矩器。

**10.0774 综合式液力变矩器** torque converter-coupling
具有偶合器工况区的液力变矩器。

**10.0775 闭锁液力变矩器** locking torque converter
泵轮与涡轮通过闭锁离合器闭锁为一体的液力变矩器。

**10.0776 可调式液力变矩器** adjustable torque converter
可通过某种措施(如转动叶片等)来调节特性参数的液力变矩器。

**10.0777 双泵轮液力变矩器** twin impeller torque converter

具有连续排列的两个泵轮的液力变矩器。

**10.0778 级** stage

在液力变矩器中,被其他叶轮叶栅隔开的涡轮叶栅数目。

**10.0779 相** phase

液力变矩器中,由于单向离合器或其他结构(如离合器、制动器)的作用所能达到的叶轮工作状态。

**10.0780 外分流液力机械变矩器** external shunting current hydromechanical torque converter

由液力变矩器与齿轮机构组成,其功率分流在液力变矩器外部进行的传动元件。

**10.0781 内分流液力机械变矩器** internal shunting current hydromechanical torque converter

由液力变矩器与齿轮机构组成。其功率分流在液力变矩器内部进行的传动元件。

**10.0782 双涡轮液力变矩器** twin turbine torque converter

具有连续排列的两个涡轮的液力变矩器。

**10.0783 复合分流液力机械变矩器** composition shunting current hydromechanical torque converter

由液力变矩器与齿轮机构组成,其功率分流可以在液力变矩器内部或外部进行的传动元件。

## 10.08.04 叶轮及结构参数

**10.0784 叶轮** blade wheel

具有一列或多列叶片的工作轮。

**10.0785 离心叶轮** centrifugal wheel

工作液体由中心向周边流动的叶轮。

**10.0786 向心叶轮** centripetal wheel

工作液体由周边向中心流动的叶轮。

**10.0787 轴流叶轮** axial wheel

工作液体沿着轴向流动的叶轮。

**10.0788 泵轮** impeller

从动力机吸收机械能并使工作液体动量矩增加的叶轮。

**10.0789 涡轮** turbine

向工作机输出机械能并使工作液体动量矩发生变化的叶轮。

**10.0790 导轮** reactor

在液力变矩器中,能使工作液体动量矩发生变化,但又不输出也不吸收机械能的不转动叶轮。

**10.0791 叶片** blade

是叶轮的主要导流部分,它直接改变工作液体的动量矩。

**10.0792 回转叶片** rotating blade

可绕自身轴线回转的叶片。

**10.0793 平面叶片** flat blade

骨面为平面的叶片。

**10.0794 径向叶片** radial blade

骨面通过叶轮轴线的平面叶片。

**10.0795 柱面叶片** cylindrical blade

骨面为柱形的叶片。

**10.0796 空间叶片** space blade

骨面为空间曲面的叶片。

**10.0797 倾斜叶片** inclined blade
骨面与叶轮轴面相交的平面叶片。

**10.0798 前倾叶片** forward blade
泵轮流道出口处骨面向着泵轮转向的倾斜叶片,涡轮叶片的倾斜方向与泵轮相反。

**10.0799 后倾叶片** backward inclined blade
泵轮流道出口处骨面与泵轮转向相反的倾斜叶片,涡轮叶片的倾斜方向与泵轮相反。

**10.0800 叶栅** cascade
按照一定规律排列的一组叶片。

**10.0801 无叶片区** inter space
工作腔内的无叶栅区。

**10.0802 工作腔** working space
由叶轮叶片间通道表面和引导工作液体运动的内、外环间的其他表面所限定的空间(不包括液力偶合器的辅助腔)。

**10.0803 循环圆** circulating circle
工作腔的轴面投影图,以旋转轴线上半部的形状表示。

**10.0804 有效直径** maximum diameter of flow path
循环圆(或工作腔)的最大直径。

**10.0805 工作腔内径** minimum diameter of flow path
循环圆(或工作腔)的最小直径。

**10.0806 外环** shell
叶轮流道的外壁面。

**10.0807 内环** guide ring
叶轮流道的内壁面。

**10.0808 流道** interval channel
两相邻叶片与内外环组成的过流空间。

**10.0809 设计流线** center line of fluid flow
工作腔轴面流道内将流道分为流量相等两部分的中间流线。

**10.0810 中间流线** center line of flow path
工作腔轴面流道内切圆圆心的联线。

**10.0811 叶片正面** pressure side of blade
在设计工况时,叶片承受液流平均压力较高的面。

**10.0812 叶片背面** vacuum side of blade
在计算工况时,叶片承受液流平均压力较低的面。

**10.0813 叶片进口边** entrance edge of blade
液流流入叶轮的叶片边。

**10.0814 叶片出口边** exit edge of blade
液流流出叶轮的叶片边。

**10.0815 叶片进口半径** entrance radius of blade
叶轮叶片进口边与设计流线的交点至轴线的距离。

**10.0816 叶片出口半径** exit radius of blade
叶轮叶片出口边与设计流线的交点至轴线的距离。

**10.0817 叶片骨线** center line of blade profile
叶片沿流线方向截面形状的中线。

**10.0818 叶片骨面** center surface of blade
由同一叶片的骨线所构成的面。

**10.0819 流道宽度** width of flow path
叶片在循环圆上垂直于流线方向的宽度。

**10.0820 叶片长度** length of blade
叶片的骨线长度。

**10.0821 叶片厚度** thickness of blade
垂直于骨面方向上叶片的厚度。

**10.0822　叶片角**　blade angle
叶片骨线沿液流方向的切线与圆周速度反方向的夹角。

**10.0823　叶片进口角**　entrance blade angle
叶片进口处的叶片角。

**10.0824　叶片出口角**　exit blade angle
叶片出口处的叶片角。

**10.0825　叶片包角**　scroll of blade
设计流线与叶片进、出口边交点处两个轴面间的夹角。

**10.0826　液流角**　fluid flow angle
相对速度与圆周速度的反方向间的夹角

**10.0827　冲角**　attack angle
液流角与叶片角的差值,液流冲向叶片正面的为正冲角,反之为负冲角。

**10.0828　阻流板**　step
液力偶合器中为控制液流流动状态而在泵轮、涡轮之间加设的挡板。

**10.0829　导管**　scoop tube
调速型液力偶合器中用来调节工作腔充液量的导流管。

**10.0830　过流断面**　inside section
在流道内,液流所通过的并与之垂直的断面。

### 10.08.05　性 能 参 数

**10.0831　圆周速度**　peripheral velocity
叶轮上某点的旋转线速度。

**10.0832　轴面分速度**　axial plane component of velocity
液体质点的绝对速度在轴面上的速度分量。

**10.0833　圆周分速度**　circumcomponent of velocity
液体质点的绝对速度在圆周切线方向上的速度分量。

**10.0834　速度环量**　circulation [of velocity]
速度矢量在某一封闭周界切线上投影沿着该周界的线积分,对于叶轮,即为设计流线上某点的圆周分速度与该点所在位置圆周长度之积。

**10.0835　循环流量**　quantity of fluid flow
单位时间内流过循环流道某一过流断面的工作液体的容量。

**10.0836　能头**　head
以液柱高度表示的单位重量工作液体所具有的能量。

**10.0837　理论能头**　theoretical head
不考虑液力损失时,工作液体流经叶轮后能头的增量。

**10.0838　实际能头**　effective head
考虑液力损失时,工作液体流经叶轮后能头的增量。

**10.0839　有限叶片修正系数**　finite blade correction coefficient
叶片数有限时对叶轮理论能头的修正系数。

**10.0840　排挤系数**　excretion coefficient
因叶片厚度使过流断面减少的系数。

**10.0841　液力损失**　hydraulic losses
在液力元件循环流道内,工作液体因黏性、流道形状以及流动状态所引起的能量损失。

**10.0842　摩擦损失**　frictional losses
工作液体与流道和工作腔表面之间的摩擦及工作液体内部摩擦的液力损失。

**10.0843　冲击损失**　shock losses
工作液体进入叶片流道时,液流相对速度方向与叶片进口骨线方向不一致造成的局部液力损失。

**10.0844　通流损失**　ventilation losses
除冲击损失以外的所有液力损失,它包括沿程摩擦和各种局部阻力损失。

**10.0845　机械损失**　mechanical losses
圆盘损失、密封及轴承处的机械摩擦损失的总和。

**10.0846　圆盘损失**　disc friction losses
流道以外的所有相对旋转表面与工作液体摩擦所引起的能量损失。

**10.0847　容积损失**　volumetric losses
由于泄漏所造成的液体容量损失。

**10.0848　导管损失**　scoop tube losses
工作液体绕导管流动及导出液流所引起的能量损失。

**10.0849　液力效率**　hydraulic efficiency
只考虑液力损失时的效率。

**10.0850　容积效率**　valumetric efficiency
只考虑容积损失时的效率。

**10.0851　最高效率**　maximum efficiency
扣除所有最小损失后的液力元件的效率。

**10.0852　泵轮转矩**　impeller torque
作用在泵轮上的转矩。

**10.0853　涡轮转矩**　turbine torque
外界载荷作用于涡轮轴上的转矩。

**10.0854　泵轮液力转矩**　hydraulic torque of impeller
在工作腔内泵轮作用于液流的转矩。

**10.0855　涡轮液力转矩**　hydraulic torque of turbine
在工作腔内,涡轮作用于液流的转矩。

**10.0856　导轮液力转矩**　hydraulic torque of reactor
在工作腔内,导轮作用于液流的转矩。

**10.0857　能容**　capacity
液力元件传递能量的能力。

**10.0858　变矩系数**　torque ratio
液力变矩器输出转矩与输入转矩之比。

**10.0859　零速变矩系数**　stall torque ratio
零速工况时的变矩系数。

**10.0860　相位转换工况点**　phase position condition cut-over
液力变矩器两个相邻相之间的交点。

**10.0861　透穿数**　permeability number
它表示液力变矩器的透穿程度。

**10.0862　叶轮的轴向力**　axial force on blade wheel
工作液体对叶轮及其相联零件表面作用力的轴向分量。

**10.0863　补偿压力**　charging pressure
补偿系统在液力元件进口处的供液压力。

**10.0864　几何相似**　geometric similarity
两液力元件过流部分及相应的各线性尺寸成比例和相应角度相等的工况。

**10.0865　运动相似**　kinematic similarity
几何相似的液力元件的转速比相同的工况。

**10.0866　动力相似**　dynamic similarity
具有几何相似和运动相似的工况。

**10.0867　零矩工况**　stall torque condition
涡轮转矩为零时的工况。

**10.0868 零速工况** stall condition
转速比为零时的工况。

**10.0869 计算工况** design condition
设计计算时所采用的工况。

**10.0870 反转工况** reversing damped condition
泵轮正转,涡轮在外载荷带动下反转的工况。

**10.0871 反传工况** backward condition
在超越工况中,涡轮在外载荷带动下,泵轮从动力机吸收功率的工况。

**10.0872 启动工况** starting condition
零速工况下,涡轮由静止到运转的工况。

**10.0873 制动工况** damped condition
零速工况下,涡轮由运转到静止时的工况。

**10.0874 加速[起动]特性** stating characteristic
原动机转速不变,涡轮轴转速从零加速到额定转速时的特性。

**10.0875 制动特性** brake characteristic
原动机转速不变,涡轮从额定转速减少到零时的特性。

**10.0876 共同工作范围** range of combination work
液力元件输入特性与动力机允许工作范围所形成的区域。

**10.0877 牵引工况性能试验** traction condition characteristic test
输入轴与输出轴均按正常的旋转方向旋转,动力由泵轮轴输入,由涡轮输出的试验。

**10.0878 定转矩试验** constant torque characteristic test
输出转速保持为零或接近零,提高输入转速到试验规定的输入转矩值,然后按设定的增量逐次提高输出转速,并在整个试验过程中保持输入转矩不变,直至预定值或极限值(相应的输入转速或功率不得大于最大设计值),再以相同的增量逐次降低输出转速至零或接近于零的试验。

**10.0879 定转速试验** constant speed characteristic test
提高输入转速到试验规定的转速值,并在整个试验过程中保持不变。按设定的增量逐次降低输出转速直至预定值(输入转矩不得大于液力变矩器的最大设计转矩),再以相同的增量逐次提高输出转速到初始值的试验。

**10.0880 启动转矩** starting torque
零速工况时,涡轮由静止到开始运转时的瞬间输出转矩。

**10.0881 制动转矩** damped torque
零速工况时,涡轮由运转到静止瞬间的输出转矩。

**10.0882 标定转矩** rated torque
液力偶合器额定工况时的转矩。

**10.0883 过载系数** overload ratio
液力偶合器最大转矩与标定转矩之比

**10.0884 启动过载系数** starting overload ratio
液力偶合器起动转矩与标定转矩之比。

**10.0885 制动过载系数** damped overload ratio
制动转矩与标定转矩之比。

**10.0886 转差率** slip
液力偶合器泵轮和涡轮转速之差与泵轮转速之比的百分率。

**10.0887 额定转速** rated speed

产品出厂规定的转速。

**10.0888　充液量**　filling amount
充入液力元件腔体中的工作液体容量。

**10.0889　充液率**　filling factor
充液量与腔体总容量之比的百分率。

**10.0890　导管开度**　scoop tube span
导管实际行程与最大行程之比。

**10.0891　波动比**　fluctuate ratio
液力偶合器外特性曲线的最大波峰值与最小波谷值之比。

**10.0892　调速范围**　regulating range
调速型液力偶合器输出轴最高转速与最低稳定转速之比。

# 10.09　气压传动

**10.0893　气压传动**　pneumatic transmission
以压缩空气为动力源来驱动和控制各种机械设备以实现生产过程机械化和自动化的一种技术。

**10.0894　气动技术**　pneumatics
研究压缩空气流动规律的科学技术。

**10.0895　气动系统**　pneumatic system
以气体(常用压缩空气)为工作介质传递动力或信号的系统。

**10.0896　气动回路**　pneumatic circuit
用以实现某种特定功能的气动系统或系统中的一部分。

**10.0897　气动控制**　pneumatic control
用空气作为介质的压力控制。

**10.0898　湿空气**　humid air
含有水蒸气的空气。

**10.0899　临界压力比**　critical pressure ratio
在气动装置中当气流达到音速流动时上游绝对压力与下游绝对压力的比值。

**10.0900　排气管路**　exhaust line
将气体输送至排气口的气管路。

**10.0901　耗气量**　air consumption
气动元件或装置为完成规定的动作或在规定的时间内所消耗的标准状态空气量。

**10.0902　理论耗气量**　theoretical air consumption
气动元件或装置为完成规定的动作或在规定时间内,按规定的计算方法计算,所消耗的理论空气量。

**10.0903　实际耗气量**　actual air consumption
气动元件或装置为完成规定的动作或在规定的时间内实际消耗的空气量。

**10.0904　额定耗气量**　rated air consumption
在额定工况下,气动元件或装置在工作时所消耗的空气量。

**10.0905　溢流量**　relief flow rate
在规定工况下,当控制压力超过原调定值某一规定值时,从卸荷元件中流过的空气流量。

**10.0906　无热再生**　heatless regeneration
将压力状态下干燥的空气膨胀至大气压,通入被水分饱和了的干燥剂中,以吸除其中的水分。

**10.0907　加热再生**　heat regeneration
对已被水分饱和了的干燥化合物加热使其析出水分。

**10.0908　除油过滤器　air remover**
去除压缩空气中油分的过滤装置。

**10.0909　空气干燥器　air dryer**
减小工作介质湿蒸气含量的装置。

**10.0910　冷冻式干燥器　refrigerant type dryer**
通过制冷循环冷却分离出水蒸气的干燥器。

**10.0911　再生式干燥器　regenerative type dryer**
无需更换干燥化合物便可使干燥器分离水分,能力重新恢复的干燥器。

**10.0912　空气调解单元　air conditioner unit**
由空气过滤器、减压阀(带压力表)和油雾器组成的组件,使空气保持适当的状态。

**10.0913　油雾器　atomized lubricator**
该装置用于将润滑油引入(可控或不可控)工作介质。

**10.0914　气动真空发生元件　pneumatic-vacuum generator**
利用气体的喷射原理获得真空的装置。

**10.0915　气动控制元件　pneumatic control components**
通过它们能改变工作介质的压力、流量或流动方向来实现执行元件所规定的运动,如各种压力、流量、方向控制阀和各种气动逻辑元件。

**10.0916　气阀　valve**
又称"气门"。用来控制进、排气道通、断的元件。

**10.0917　单向节流阀　one-way restrictor**
由单向阀和节流阀并联而成的组合式流量控制阀。

**10.0918　行程节流阀　stroke throttle valve**
依靠凸轮、杠杆等机械方法控制节流阀的开度,以实现流量控制的阀。

**10.0919　快速排气阀　quick exhaust valve**
当输入口气压下降时,排出口能自动打开,使气体排往大气的阀。

**10.0920　排气节流阀　exhaust restrictor**
安装在气动系统的排气口处,通过调节排入大气的空气流量来改变气动执行机构的运动速度。

**10.0921　气控换向阀　pneumatic operated directional valve**
用压缩空气推动阀芯,变换流体流动方向的方向控制阀。

**10.0922　[气压传动]梭阀　shuttle valve**
有两个进气口,一个出气口,并具有逻辑"或"功能的控制阀。

**10.0923　双压阀　dual-pressure valve**
有两个输入口和一个输出口。当两个输入口同时有输入时,才会有输出。具有逻辑"与"功能。

**10.0924　气动逻辑元件　moving part device, pneumatic logic valve**
用膜片、阀芯等改变气流方向,具有一定逻辑功能的气动元件。

**10.0925　气动逻辑控制元件　pneumatic logic control components**
包括逻辑功能元件及时间控制元件在内以实现逻辑控制功能的气动逻辑元件。

**10.0926　伺服阀　servo-valve**
接收一模拟控制信号并控制一相应的模拟流体动力输出的阀。

**10.0927　气动执行元件　pneumatic executive components**

以压缩空气为工作介质产生机械运动的装置,如作直线运动的气缸或作回转运动的气马达。

**10.0928　气缸　cylinder**
与活塞构成工作容积的部件。

**10.0929　薄型气缸　thin cylinder**
轴向外形尺寸是相同行程普通气缸的1/3～2/3的变型气缸。

**10.0930　气马达　air motor**
将气动能转化成转动机械能的气动元件。

**10.0931　叶片式气马达　vane air motor**
由定子和转子组成。转子偏心安装在定子内,其上有与转轴平行的沟槽,气压作用在可在沟槽内滑动的叶片上。

**10.0932　柱塞式气马达　piston air motor**
通常由几个柱塞驱动主轴旋转的马达。通过马达的转动控制阀门使气压相继作用在各个柱塞上。

**10.0933　气动消声器　pneumatic silence**
用于降低进气或排气噪声的装置。

**10.0934　气动辅助元件　supplemental components**
主要指气动消声器、转换器、放大器、气管、管接头、显示器等辅助性元件。

**10.0935　绳索气缸　cable cylinder**
以柔性缆索的位移来输出作用力的气缸。

**10.0936　气动气液阻尼缸　pneumatic air-hydraulic dashpot**
工作缸以压缩空气为介质,推动气缸活塞作直线往复运动,并带动阻尼油缸作同样运动的气缸。

**10.0937　气动传感器　pneumatic sensor**
用气动方法检测系统的参数并转换成相应的模拟信号或数字信号,供后续系统进行判断和控制的装置。

**10.0938　气动放大器　pneumatic amplifier**
能将小功率信号转换成大功率输出的装置。

# 10.10　电　气　传　动

**10.0939　电气传动　electric drive**
又称"电力拖动"。生产过程中,以电动机作为原动机来带动生产机械,并按所给定的规律运动的电气设备。

**10.0940　直流电气传动　direct current electric drive**
应用直流电动机的电气传动。

**10.0941　交流电气传动　alternating-current electric drive**
应用交流电动机的电气传动。

**10.0942　可逆电气传动　reversible electric drive**
电动机运行方向可变的电气传动。

**10.0943　不可逆电气传动　nonreversible electric drive**
电动机运行方向不变的电气传动。

**10.0944　调速电气传动　adjustable speed electric drive**
电动机转速可调的电气传动。

**10.0945　非调速电气传动　unadjustable speed electric drive**
电动机转速不可调的电气传动。

**10.0946　步进电气传动　step motion elec-**

tric drive

应用步进电动机的电气传动。

**10.0947 直线电气传动** linear motion electric drive

应用直线电动机的电气传动。

**10.0948 整流器供电的直流[电气]传动** rectifier feed electric drive

直流电动机由静止整流装置供电的电气传动。

**10.0949 串级电气传动** Scherbius electric drive, electric drive with cascade

又称"谢比乌斯电气传动"。绕线式感应电动机的转差功率,通过变流装置回馈到交流电网的电气传动。

**10.0950 超同步串级电气传动** supersynchronous Scherbius electric drive

绕线式感应电动机的转子,从电网吸收能量以运行于同步转速以上的串级电气传动。

**10.0951 变频电气传动** variable frequency electric drive

交流电动机由变频装置供电的电气传动。

**10.0952 施控系统** controlling system, controlling equipment

又称"施控装置"。由对被控系统进行控制的所有元件组成的系统。

**10.0953 控制系统** control system

由被控系统及其施控系统(装置)组成的系统。

**10.0954 线性控制系统** linear control system

用线性方程来描述的线性控制系统。系统

中不包含非线性元件或环节。

**10.0955 非线性控制系统** nonlinear control system

用非线性方程来描述的非线性控制系统。系统中包含有非线性元件或环节。

**10.0956 开环控制系统** open loop control system

系统的输出量对系统的控制没有影响的控制系统。

**10.0957 闭环控制系统** closed loop control system, feedback control system

又称"反馈控制系统"。系统的输出量对系统的控制作用有直接影响的控制系统。

**10.0958 自适应系统** adaptive system

在环境变化的影响下,通过对系统的监测,自动调整系统的参数,使系统具有适应环境变化,获得与事先给定目标相一致的最优性能的控制系统。

**10.0959 模糊控制** fuzzy control

利用模糊数学的基本思想和理论的控制方法。

**10.0960 模糊控制系统** fuzzy control system

能够实现模糊控制的系统。

**10.0961 集中分散控制系统** total distributed control system

简称"集散系统"。具有控制功能分散,显示和操作功能集中的控制系统。

**10.0962 智能控制系统** intelligent control system

具有某些仿人智能的工程控制和信息处理的系统。

# 英 文 索 引

## A

Archimedes' helicoid 10.0120
Archimedes spiral 10.0105
armature 09.0344
arm of force 01.0116
artificial sea water 08.0017
asbestos-free friction material
07.0058
asbestos friction material 09.0375
assembly drawing 04.0048
assembly unit 01.0008
Assur group 01.0036
ASTM viscosity temperature equation
07.0122
ASTM viscosity-temperature slope
07.0123
asymmetry cycle 05.0028
atmospheric corrosion 08.0033
atmospheric exposure test 08.0112
atomic wear 07.0103

atomized lubricator 10.0913
attack angle 10.0827
attitude angle 09.0576
auto-controlled clutch 09.0293
automatic speed changing 10.0008
automotive V-belt 10.0598
auxiliary air reservoir 09.0915
auxiliary leaf 09.0903
auxiliary seal 09.0775
auxiliary seal ring 09.0776
auxiliary system 10.0762
availability 06.0058
axial chamfer dimension 09.0690
axial clearance of plain journal bearing
09.0545
axial contact bearing 09.0620
axial deflection 10.0404
axial double mechanical seal 09.0757
axial force on blade wheel 10.0862

axial load 09.0720
axial lood factor 09.0733
axial modification 10.0134
axial module 10.0093
axial pitch 09.0887, 10.0213
axial plane 10.0036
axial plane component of velocity
10.0832
axial plane of worm 10.0555
axial plane of wormwheel 10.0538
axial profile 10.0075
axial wheel 10.0787
axis of rotation 03.0003
axis of thread 09.0051
axis rotation matrix 01.0084
axode 01.0091
axonometric drawing 04.0044
axonometric projection 04.0026

# B

back cone 10.0353
back cone angle 10.0376
back cone distance 10.0363
back cone tooth profile 10.0076
back pressure factor 09.0802
back-to-back arrangement 09.0672
backward condition 10.0871
backward inclined blade 10.0799
backward running torque converter
10.0773
balance diameter 09.0803
balanced mechanical seal 09.0754
balance of machinery 01.0167
balance of mechanism 01.0164
balance quality grade 03.0059
balance tolerance 03.0034
balancing 03.0041
balancing mass 01.0168
balancing speed 01.0169
ball 09.0665
ball bearing 09.0626
ball complement bore diameter

09.0713
ball complement outside diameter
09.0714
ball-crank handle 09.0958
ball diameter 09.0704
ball handle 09.0957
ball knob 09.0960
ball nut 10.0721
ball oscillating tooth 10.0267
ball screw 10.0716
ball screw shaft 10.0720
ball set bore diameter 09.0709
ball set outside diameter 09.0710
Ball's point 01.0081
ball track 10.0726
band brake 09.0413
bar 01.0184
barrel-shaped spring 09.0828
Barus equation 07.0125
base circle 10.0203
base circle of cam contour 01.0262
base circle of cam pitch curve

01.0261
base circle of involute helicoid worm
10.0527
base cylinder 10.0196
base cylinder of involute helicoid worm
10.0526
base diameter 10.0217
base helix 10.0208
base helix angle 10.0101
base lead angle 10.0104
base pitch 10.0304
base tangent length 10.0214
basic event 06.0009
basic hole 04.0112
basic motion curve 01.0274
basic profile 09.0031
basic rack 10.0047
basic rack tooth profile 10.0046
basic rating life 09.0729
basic shaft 04.0114
basic size 04.0074
basic spring volume 09.0912

basic tooth profile of bevel gears
10.0383

basic worm 10.0499

bath lubrication 07.0180

bathtub curve 06.0030

bearing 09.0472

bearing anti-friction layer 09.0527

bearing axial load 09.0566

bearing bore diameter 09.0686

bearing bore relief 09.0554

[bearing] boundary dimension
09.0685

bearing center line 09.0573

bearing characteristic number
07.0144

bearing disc 09.0356

bearing liner 09.0529

bearing liner backing 09.0526

bearing load carrying capacity
09.0572

bearing material layer thickness
09.0549

bearing mean specific load 09.0581

bearing outside diameter 09.0687

bearing projected area 09.0580

bearing radial load 09.0565

bearing ring 09.0648

bearing running-in layer 09.0528

[bearing] seal 09.0661

bearing series 09.0679

[bearing] shield 09.0662

bearing torque resistance 09.0568

bearing washer 09.0651

bearing width 09.0688

bearing with solid lubricant 09.0487

bedding degree of bearing liner
09.0555

beginning circle of involute profile on
external flexspline 10.0467

bel 02.0028

belleville spring 09.0834

bellows 09.0777

bellows seal adaptor 09.0782

bell-shape flexspline 10.0462

belt drive 10.0561

belt height 10.0630

belting bolt 09.0076

belt length 10.0577

belt pitch 10.0627

belt speed 10.0579

belt width 10.0629

bending vibration 02.0053

bevel gear 10.0318

bevel gear pair 10.0320

bevel gear pair with axes at right an-
gles 10.0329

bevel gear pair with small teeth differ-
ence 10.0259

bevel gear with 90° face angle
10.0328

bevel gear with axes at right angles
10.0330

bevel gear with circular arc tooth pro-
file 10.0337

bevel gear with duplex tapered teeth
10.0339

bevel gear with standard tapered teeth
10.0338

bevel gear with straight tooth profile
10.0336

bi-directional brake 09.0399

bihexagonal head screw 09.0083

bi-lever balanced handle 09.0959

bimetallic corrosion 08.0069

Bingham solid 07.0126

bio-mechanism 01.0058

blade 10.0791

blade angle 10.0822

blade wheel 10.0784

blank drawing 04.0052

blast wave 02.0098

bleeding 07.0132

blinding 09.1023

block brake 09.0416

block chain 10.0666

block diagram 04.0061

bobed bearing 09.0509

bolt 09.0071

border 04.0009

bottom clearance 10.0233

bottom event 06.0097

bottom land 10.0071

bottom view 04.0039

boundary lubrication 07.0171

brake 09.0391

brake arm 09.0438

brake-band clutch 09.0323

brake belt 09.0444

brake calliper plate yoke 09.0437

brake characteristic 10.0875

brake chatter 09.0468

brake disk 09.0436

brake drum 09.0435

brake lining 09.0433, 09.0443

brake noise 09.0469

brake pad 09.0439

brake piece 09.0447

brake shoe 09.0369, 09.0434

brake shoe clutch 09.0324

brake steel belt 09.0442

brake wheel 09.0441

braking deceleration 09.0461

braking failure 09.0471

braking frequency 09.0459

braking hop 09.0470

braking rotational speed 09.0460

break out torque 09.0817

Bresse normal circle alternating circle
01.0073

bridge width 09.0997

broad-band random vibration
02.0038

buckle 09.0838

buckling 07.0053

buffer engaging process 09.0378

buffer fluid 09.0792

bump 02.0084

bump test 02.0106

burning 07.0050

bush 10.0682

bush chain 10.0664

button head rivet 09.0241

# C

cable cylinder　10.0935

cage　09.0668

caging device　09.0340

calibration mass　03.0054

cam　01.0228

camber　09.0894

camber of a leaf　09.0896

camber under load　09.0897

cam brake　09.0420

cam contour　01.0259

cam follower　01.0254

cam mechanism　01.0229

cam pitch curve　01.0260

cam profile　01.0259

camshaft　01.0230

cam-type wave generator　10.0441

capacity　10.0857

cap nut　09.0160

capped bearing　09.0607

carbon base friction material
　09.0374

carbon-carbon composite friction mate-
　rial　07.0061

carbon-carbon composite material
　09.0376

cartridge valve　10.0749

cascade　10.0800

castellated coupling　10.0482

cast iron pipe flange　09.0947

catastrophic failure　06.0021

catastrophic wear　07.0067

cathode control　08.0091

cathodic protection　08.0101

caustic embrittlement　08.0062

cavitation　09.0814

cavitation corrosion　08.0054

cavitation erosion　07.0078

cavitation wear　07.0075

center circle of gear pins　10.0296

center circle of pin holes　10.0297

center circle pitch of gear pins
　10.0306

center cylinder of gear pins　10.0293

center cylinder of pin holes　10.0295

center diameter of gear pins　10.0299

center diameter of pin holes　10.0301

center distance　10.0028, 10.0576

center distance modification coefficient
　10.0171

center gear　10.0238

center line of blade profile　10.0817

center line of flow path　10.0810

center line of fluid flow　10.0809

center of gravity　03.0002

center of mass　03.0001

center point　01.0079

center-point curve　01.0080

center surface of blade　10.0818

center surface of pin holes　10.0286

central projection method　04.0020

central washer　09.0654

centric axial load　09.0721

centric slider-crank mechanism
　01.0205

centrifugal brake　09.0407

centrifugal clutch　09.0302

centrifugal force　01.0103

centrifugal governor　01.0163

centrifugal tension　10.0585

centrifugal wheel　10.0785

centripetal force　01.0104

centripetal wheel　10.0786

centrode　01.0069

centrode mechanism　01.0294

ceramic friction material　07.0056

certified test sieve　09.1003

chain　10.0653

chain coupling　09.0268

chain drive　10.0652

chainwheel　10.0703

channeling　07.0154

chaos　02.0062

characteristic of effective area variation
　09.0910

characteristic of spring　09.0917

charge　09.1025

charging pressure　10.0863

chart　04.0067

check valve　10.0743

chemical corrosion　08.0030

chlorinated lubricant　07.0188

chordal height　10.0087

circle of friction　07.0025

circling point　01.0077

circling point curve　01.0078

circlip　09.0199

circuit diagram　04.0063

circular arc angle of engagement
　10.0418

circular arc cam　01.0242

circular arc gear　10.0191

circular arc gear pair with small teeth
　difference　10.0258

circular arc profile　10.0080

circular helix　10.0098

circular plain bearing　09.0497

circular spline　10.0395

circular vibration　02.0068

circulating circle　10.0803

circulating lubrication　07.0179

circulation [of velocity]　10.0834

circumcomponent of velocity
　10.0833

circumferential backlash　10.0234

circumferential restricting mechanism
　10.0262

clamp ring　09.0785

classical V-belt　10.0593

clearance　04.0086

clearance fit　04.0088

clevis pin with head　09.0235

clip bolt　09.0077

closed kinematic chain　01.0033

closed loop control system　10.0957

closing force　09.0800

[closing] ring　09.0194

clutch　09.0291

coast side　10.0389

COD　05.0087

coefficient of adhesion　07.0085

coefficient of contact surface width　09.0891

coefficient of facewidth　10.0314

coefficient of friction　07.0017

coefficient of gear pin diameter　10.0313

coefficient of kinetic friction　07.0019

coefficient of maximum deflection　10.0406

coefficient of static friction　07.0018

coefficient of travel speed variation　01.0225

coefficient of wave height　10.0401

coefficient of wear　07.0111

cogged V-belt　10.0599

cognate mechanism　01.0220

cold stand-by redundancy　06.0087

cold weld　07.0087

collar screw　09.0099

combined motion curve　01.0275

combined spring　09.0846

combined-type rubber spring　09.0855

common apex　10.0358

compensated ring　09.0770

compensating ring adaptor　09.0779

compensating system　10.0763

compensation　07.0153

compensator　09.0537

complete failure　06.0023

complete fault　06.0043

complete thread　09.0023

compliance　02.0014

composite bearing material　09.0558

composition shunting current hydromechanical torque converter　10.0783

compound hinges　01.0023

compound oscillating tooth　10.0270

compound pendulum　01.0142

compound planetary train　10.0244

compound rotating joints　01.0023

compound screw mechanism　01.0292

compound system　06.0081

compressibility number　07.0149, 09.0570

compression effect　09.0579

compression-type rubber spring　09.0852

[compressive] prestressing　09.0922

concave globoid cam　01.0239

concave side　10.0386

concentration corrosion cell　08.0074

conceptual drawing　04.0056

conditional event　06.0010

condition of self locking　01.0135

cone assembly　09.0677

cone brake　09.0415

cone clutch　09.0319

cone head rivet　09.0243

cone head semi-tubular rivet　09.0253

cone of friction　07.0024

cone pulley　10.0573

cone resistance value　07.0130

confidence level of reliability　06.0063

conical cam　01.0238

conical external toothed lock washer　09.0186

conical pin　09.0225

conical serrated external toothed lock washer　09.0189

conical spiral　10.0099

conical spring　09.0831

conical spring washer　09.0181

conjugate cam　01.0249

conjugate flank　10.0064

conjugate profile　10.0081

connecting link　10.0681

connecting link pin　10.0692

connection diagram　04.0064

consistency　07.0119

constant acceleration and deceleration motion curve　01.0281

constant failure intensive period　06.0032

constant failure rate period　06.0033

constant flow valve　09.0539

constant loading　05.0013

constant rate full-elliptic spring　09.0843

constant speed characteristic test　10.0879

constant stiffness semi-elliptic spring　09.0840

constant torque characteristic test　10.0878

constant velocity motion curve　01.0278

contact fatigue　05.0008

continuous lubrication　07.0177

continuous system　01.0180, 02.0012

contrate gear　10.0324

contrate gear pair　10.0344

controlled clutch　09.0292

controlling equipment　10.0952

controlling system　10.0952

control system　10.0953

control valve　10.0741

conventional belt　10.0589

convex globoid cam　01.0240

convex side　10.0387

conveyor chain　10.0674

coolant　09.0794

copper base friction plate　09.0371

core plate　09.0352

correction [balancing] plane　03.0050

correction mass 03.0053

corrective maintenance 06.0071

corresponding flanks 10.0059

corrodokote test 08.0115

corrosion 08.0001

corrosion cell 08.0073

corrosion damage 08.0006

corrosion depth 08.0008

corrosion effect 08.0002

corrosion environment 08.0004

corrosion fatigue 05.0009

corrosion fatigue limit 08.0020

corrosion potential 08.0079

corrosion product 08.0007

corrosion protection 08.0025

corrosion rate 08.0009

corrosion resistance 08.0012

corrosion system 08.0003

corrosion test 08.0105

corrosion wear 07.0100

corrosive agent 08.0005

corrosivity 08.0011

cosine acceleration motion curve
  01.0279

cosine-cam wave generator 10.0442

cost ratio 06.0075

cotter pin 09.0237

cotton belt 10.0590

Coulomb friction 07.0041

counterbore ball bearing 09.0630

counter flange 09.0946

counterpart rack 10.0048

countersunk grooved pin 09.0234

countersunk head rivet 09.0244

countersunk head screw with forged
  slot 09.0110

countersunk head semi-tubular rivet
  09.0254

couple 01.0114

coupled modes 02.0074

coupler 01.0188

couple unbalance 03.0020

coupling 09.0260

coupling with corrugated pipe

09.0277

coupling with elastic spider 09.0288

coupling with metallic elastic element
  09.0274

coupling with non-metallic elastic ele-
  ment 09.0280

coupling with polygonal rubber ele-
  ment 09.0286

coupling with rubber-metal ring
  09.0282

coupling with rubber pads 09.0284

coupling with rubber plates 09.0285

coupling with rubber sleeve 09.0283

coupling with rubber type element
  09.0281

covering coefficient 07.0047

cover screw 09.0106

crack extension energy rate 05.0088

crack initiation life 05.0081

crack opening displacement 05.0087

crack propagation life 05.0080

crack size 05.0070

crank 01.0186

crank and oscillating guide-bar mecha-
  nism 01.0210

crank and rotating guide-bar mecha-
  nism 01.0211

crank and swing guide-bar mechanism
  01.0210

crank and translating guide-bar mech-
  anism 01.0212

crank angle between two limit posi-
  tions 01.0226

cranked link 10.0680

cranked link chain 10.0660

cranked plate 10.0690

crank element 10.0261

crank-rocker mechanism 01.0199

crazing 08.0059

crest 09.0033, 10.0070

crest diameter 09.0047

crevice corrosion 08.0041

crewed flange 09.0934

critical crack size 05.0073

critical failure 06.0013

critical fault 06.0037

critical humidity 08.0014

critical passivation current 08.0083

critical passivation potential 08.0082

critical pressure ratio 10.0899

critical protective potential 08.0098

critical speed 03.0004

cross-belt drive 10.0567

crossed helical gear pair 10.0187

crossed roller bearing 09.0642

crossing point of axes 10.0357

crossover 01.0287

crossover impact 01.0288

crossover shock 01.0288

cross recessed countersunk flat head
  screw 09.0127

cross recessed countersunk flat head
  wood screw 09.0137

cross recessed pan head screw
  09.0126

cross recessed pan head thread cutting
  screw 09.0129

cross recessed pan head wood screw
  09.0136

cross recessed raised countersunk oval
  head screw 09.0128

cross recessed raised countersunk oval
  head wood screw 09.0138

[cross] slide block type output mecha-
  nism 10.0250

crown 10.0384

crowned teeth 10.0137

crown gear 10.0323

crowning 10.0136

crush 09.0551

CRV 07.0130

cumulative error in lead 09.0068

cumulative error in pitch 09.0066

cumulative fatigue damage 05.0060

cumulative oversize distribution curve
  09.1019

cumulative probability distribution
  function 06.0052

cumulative undersize distribution curve
09.1020
cup angle 09.0701
cup nib bolt 09.0088
cup-shape flexspline 10.0461
cup small inside diameter 09.0700
curtate cycloid 10.0108
curtate epicycloid 10.0111
curtate hypocycloid 10.0114
curtate involute 10.0117
curtate ratio 10.0310
curvature correction factor 09.0872
curved spring washer 09.0179
curved surface knob 09.0962
curved tooth bevel gear 10.0343
cutter interference 10.0128
cycle 02.0019
cycle counting method 05.0094
cyclic efficiency of machinery
01.0155
cyclic hardening 05.0044
cyclic loading 05.0012
cyclic softening 05.0045

cyclic stress-strain curve 05.0046
cyclic-temperature loading fatigue
05.0006
cycloid 10.0106
cycloidal [cylindrical] gear 10.0190
cycloidal drive with small teeth differ-
ence 10.0256
cycloidal gear 10.0273
cycloidal gear pair with small teeth dif-
ference 10.0257
cycloidal gear with compound profile
10.0276
cycloidal-pin gear speed reducer
10.0271
cycloidal-pin wheel planetary gearing
mechanism 10.0272
cycloidal profile 10.0079
cylinder 10.0928
cylindrical blade 10.0795
cylindrical cam 01.0236
cylindrical gear 10.0175
cylindrical gear pair 10.0176

cylindrical helical compression spring
09.0823
cylindrical helical spring 09.0822
cylindrical helical tension spring
09.0824
cylindrical helical torsion spring
09.0825
cylindrical indexing cam mechanism
01.0251
cylindrical pair 01.0024
cylindrical pin 09.0220
cylindrical pin with external thread
09.0222
cylindrical pin with internal thread
09.0223
cylindrical roller bearing 09.0638
cylindrical roller thrust bearing
09.0644
cylindrical tube-shape flexspline
10.0459
cylindrical worm 10.0488
cylindrical worm gear pair 10.0489

# D

damage safety structure 05.0084
damage tolerant design 05.0082
damped condition 10.0873
damped overload ratio 10.0885
damped torque 10.0881
damping 02.0079
datum circumference 10.0623
datum diameter 10.0621
datum length 10.0613
datum line 10.0051
datum line differential 10.0625
datum plane 10.0037
datum width 10.0619
decibel 02.0029
dedendum 09.0037, 10.0086
dedendum angle 10.0378
dedendum flank 10.0068
deep groove ball bearing 09.0629

deflection 09.0916
deflection of first bottoming 09.0888
degeneration 09.0389
degradation failure 06.0025
degree of freedom of link 01.0019
degree of protection 08.0027
degrees of freedom 02.0008
depassivation 08.0022
deposit corrosion 08.0042
design condition 10.0869
design drawing 04.0057
design failure 06.0016
design fault 06.0040
design height 09.0911
design profile 09.0032
design review 06.0099
detachable chain 10.0671
detachable connecting pin 10.0695

detachable less chain 10.0670
detail 04.0033
detail drawing 04.0047
determinate fault 06.0047
deterministic force 01.0111
deterministic vibration 02.0035
detrimental resistance 01.0100
developing drawing 04.0001
deviation 04.0079
deviation in lead 09.0067
deviation in pitch 09.0065
deviation of flank angle 09.0069
deviation of stroke 09.0070
dezincification of brass 08.0046
diagram 04.0032
diameter of wire cord 09.0882
diameter series 09.0681
diametral clearance of plain journal

bearing 09.0543

diametral pitch 10.0094

diametral quotient 10.0551

diaphragm 09.0338

diaphragm clutch 09.0326

diaphragm coupling 09.0279

diaphragm spring 09.0361

differential aeration cell 08.0075

differential constraint 01.0179

differential mechanism 01.0310

differential screw mechanism
  01.0293

diffusion control 08.0092

diffusion effect 09.0584

diffusive wear 07.0101

dimension 04.0006

dimension series 09.0680

direct contact brake 09.0392

direct current electric drive 10.0940

directional control valve 10.0742

direct running torque converter
  10.0772

disc clutch 09.0318

disc friction losses 10.0846

disc handle seat 09.0968

disc handwheel 09.0973

discrete system 01.0181, 02.0011

disengaging mechanism 09.0336

disengaging process 09.0379

disengaging time 09.0381

dishing 07.0052

dish-shaped-spring stack 09.0835

disk brake 09.0414

disk cam 01.0233

disk-type wave generator 10.0438

displacement matrix 01.0087

displacement response 01.0290

dissolved oxygen 08.0016

distortion 10.0407

distribution diameter 10.0298

distribution pitch 10.0303

distribution surface 10.0285

dive key 09.0207

dominant frequency 02.0047

double bell-shape flexspline 10.0463

double-circular-arc gear 10.0193

double coil spring lock washer
  09.0183

double-crank mechanism 01.0201

double-direction thrust bearing
  09.0623

double enveloping worm gear pair with
  straight line generatrix 10.0506

double guide-bar mechanism
  01.0214

double helical gear 10.0188

double mechanical seal 09.0756

double-rocker mechanism 01.0200

double-roller wave generator
  10.0445

double row bearing 09.0594

double row single-direction thrust ball
  bearing 09.0635

double-slider mechanism 01.0208

double strand conveyor chain
  10.0675

double universal joint 09.0270

double V-belt 10.0602

double wave 10.0398

drag chain 10.0676

drawing 04.0030, 04.0031

drawing of partial enlargement
  04.0041

drift failure 06.0020

driven chain wheel 10.0705

driven gear 10.0023

driven link 01.0018

driven part 09.0334

driven pulley 10.0571

drive side 10.0388

driving 10.0001

driving belt 10.0586

driving chain wheel 10.0704

driving force 01.0098

driving gear 10.0022

driving link 01.0017

driving moment 01.0118

driving part 09.0333

driving-point impedance 02.0017

driving-point mobility 02.0024

driving pulley 10.0570

drop feed lubrication 07.0184

dropping corrosion test 08.0114

drum 09.0366

drum assembly 09.0365

drum brake 09.0412

drum cam 01.0236

drum clutch 09.0325

dry brake 09.0400

dry clutch 09.0330

dry friction 07.0039

dry sieving 09.1021

dry wear 07.0068

dual clutch 09.0311

dual harmonic gear drive 10.0426

dual lead cylindrical worm 10.0498

dual-pressure valve 10.0923

duplex roller chain 10.0657

duplicate 04.0071

duration of shock pulse 02.0095

dwell linkage mechanism 01.0218

dynamically loaded plain bearing
  09.0481

dynamical reaction 01.0107

dynamic balance of rotor 01.0166

dynamic coupling 10.0480

dynamic load 01.0102

dynamic similarity 10.0866

dynamics of machinery 01.0096

dynamic stiffness 02.0026

dynamic system 02.0005

dynamic unbalance 03.0021

# E

early failure period　06.0031

eccentric element　10.0246

eccentricity　09.0574

eccentric mechanism　01.0215

effective area　09.0909

effective circumference　10.0624

effective coil number　09.0868

effective crack size　05.0072

effective diameter　09.0908,
　10.0622

effective head　10.0838

effective length　10.0614

effective line differential　10.0626

effective resistance　01.0099

effective resistance moment　01.0120

effective stress concentration factor
　05.0042

effective tension　10.0584

effective width　10.0620

efficiency　01.0153

elastic coupling　10.0476

elastic impact　01.0138

elastic link　01.0011

elastic pin coupling　09.0289

elastic-plastic fracture mechanics
　05.0066

elastic support　01.0173

elastodynamic analysis　01.0174

elasto-hydrodynamic lubrication
　07.0167

elastomer friction plate　07.0062

electrical pitting　07.0106

electric drive　10.0939

electric drive with cascade　10.0949

electrochemical corrosion　08.0031

electrochemical protection　08.0096

electromagnetic brake　09.0404

electromagnetic clutch　09.0295

electromagnetic wave generator
　10.0434

electromagnetic whirlpool brake
　09.0429

electrostatic bearing　09.0492

elementary work　01.0140

elevation　04.0046

elliptical cam wave generator
　10.0443

elliptical vibration　02.0066

elliptic bearing　09.0499

embeddability　09.0562

end cam　01.0237

end cover　09.0789

end point　09.1014

end relief　10.0135

endurance test　02.0103

engagement　10.0142

engaging element　09.0337

engaging frequency　09.0383

engaging-in　10.0412

engaging-in region　10.0416

engaging mechanism　09.0335

engaging-out　10.0413

engaging-out region　10.0417

engaging process　09.0377

engaging rotating speed　09.0382

engaging time　09.0380

entrance blade angle　10.0823

entrance edge of blade　10.0813

entrance radius of blade　10.0815

envelope mechanism　01.0295

enveloping teeth　10.0552

enveloping worm　10.0490

enveloping worm gear pair　10.0491

environment　02.0004

environmental condition　06.0073

EPFM　05.0066

epicycloid　10.0109

epicycloid bevel gear　10.0326

equidistant curve　10.0287

equidistant curve of curtate epicycloid
　10.0290

equidistant curve of curtate hypocy-
　cloid　10.0292

equidistant curve of epicycloid
　10.0288

equidistant curve of hypocycloid
　10.0291

equidistant curve of prolate epicycloid
　10.0289

equilibrant moment　01.0123

equilibrium　01.0125

equilife curve　05.0050

equivalent coefficient of friction
　07.0020

equivalent force　01.0108

equivalent force system　01.0130

equivalent friction radius　07.0037

equivalent link　01.0143

equivalent load　09.0725

equivalent mass　01.0144

equivalent moment　01.0122

equivalent moment of inertia
　01.0151

equivalent system　02.0007

"E" ring　09.0198

erosion-corrosion　08.0053

erosive wear　07.0074

escapement　01.0309

Euler angles　01.0085

Euler rotation matrix　01.0086

Euler-Savery equation　01.0082

exact straight-line mechanism
　01.0222

exclusive event　06.0011

excretion coefficient　10.0840

exhaust line　10.0900

exhaust restrictor　10.0920

exit blade angle　10.0824

exit edge of blade　10.0814

exit radius of blade　10.0816

expanded-connecting　09.0006

expansion ring　09.0363

expansion ring clutch　09.0321

extended pitch roller chain　10.0662

external aligning bearing　09.0600

external circular spline　10.0475

external cone plate　09.0448

external-contacting brake　09.0417

external cycloidal gear　10.0274

external gear　10.0024

external gear pair　10.0026

externally mounted mechanical seal
　09.0742

external pin wheel　10.0278

external shunting current hydrome-
　chanical torque converter　10.0780

external tab washer　09.0192

external teeth lock washer　09.0184

external teeth serrated lock washer
　09.0187

external thread　09.0016

external wave generator　10.0432

extraneous vibration　02.0064

extreme-pressure lubricant　07.0190

extreme-pressure lubrication
　07.0172

eye bolt　09.0085

# F

face cam　01.0237

face pressure　09.0807

face-to-face arrangement　09.0673

facewidth　10.0088

face width of wormwheel　10.0541

failure　06.0012

failure cause　06.0026

failure data histogram　06.0035

failure mechanism　06.0027

failure rate　06.0028

failure rate curve　06.0029

farthest dwell angle　01.0268

fastener　09.0001, 10.0700

fatigue　05.0001

fatigue crack propagation speed
　05.0079

fatigue damage　05.0059

fatigue life　05.0037

fatigue limit　05.0036

fatigue limit diagram　05.0049

fatigue resistance　09.0563

fatigue strength　05.0034

fatigue strength design　05.0035

fatigue test　05.0089

fatigue test piece　05.0090

fault　06.0036

fault mode　06.0050

fault modes and effect analysis
　06.0091

fault modes effects and criticality anal-
　ysis　06.0092

fault tree analysis　06.0095

feather key　09.0207, 09.0208

feedback control system　10.0957

figuration drawing　04.0053

figure-eight-shaped link plate
　10.0688

filiform corrosion　08.0051

fillet　10.0069

fillet interference　10.0129

fillet radius　10.0220

filling amount　10.0888

filling factor　10.0889

filling slot ball bearing　09.0631

final peak sawtooth shock pulse
　02.0087

finite blade correction coefficient
　10.0839

finite life design　05.0053

first angle method　04.0015

fit　04.0085

fit tolerance　04.0110

fit tolerance zone　04.0101

fixed axode　01.0092

fixed centrode　01.0070

fixed connection　09.0004

fixed link　01.0013

fixed support　01.0171

flange　09.0928

flange coupling　09.0263

flanged bearing　09.0616

flange height　09.0692

flanger bearing bush　09.0525

flanger bearing liner　09.0524

flange roller　10.0699

flange width　09.0691

flank　09.0035

flank angle　09.0041

flash　09.0815

flat belt　10.0587

flat belt drive　10.0562

flat blade　10.0793

flat countersunk nib bolt　09.0089

flat head anchor bolt　09.0075

flat head rivet　09.0248

flat key　09.0205

flat leaf screw　09.0103

flat nut　09.0170

flat round head rivet　09.0246

flat span　09.0901

flat spring　09.0850

flat spring coupling　09.0275

flexibility of spring　09.0919

flexible assembly　09.0339

flexible clutch　09.0304

flexible gear　10.0394

flexible link　01.0012

flexible rolling bearing　10.0449

flexible rotor　03.0008

flexspline　10.0394

flexspline's toothed ring　10.0464

flinger　09.0663

floating disc type output mechanism
　10.0249

floating link　01.0188

floating-ring bearing　09.0494

flood lubrication 07.0185
flow control valve 10.0752
flow diagram 04.0062
fluctuate ratio 10.0891
fluctuating load 09.0723
fluid coupling 10.0764
fluid erosion 07.0076
fluid film 09.0805
fluid flow angle 10.0826
fluid friction 07.0038
fluid lubrication 07.0160
fluting 07.0096
flutter 02.0060
flywheel 01.0159
FMEA 06.0091
FMECA 06.0092
force-closed cam mechanism
  01.0244
forced vibration 02.0050
force polygon 01.0132
for hook-spanner 09.0165
format 04.0002
form-closed cam mechanism
  01.0245
formed height of unloaded single disc
  09.0892
form of thread 09.0029
form tolerance 04.0093
forward blade 10.0798
foundation bolt 09.0086

foundation nut 09.0149
four-bar linkage 01.0195
four-bar mechanism 01.0196
four-point contact ball bearing
  09.0633
four-roller wave generator 10.0447
fracture mechanics analysis 05.0064
fracture toughness 05.0078
frame 09.0984
free angle 09.0881
free area 09.0905
free camber 09.0895
free corrosion potential 08.0080
free height 09.0862
free span 09.0899
free spread 09.0553
free vibration 02.0051
frequency response function 02.0021
fretting corrosion 07.0099
fretting corrosion wear 08.0055
fretting fatigue 05.0010
fretting wear 07.0098
friction 07.0002
frictional compatibility 09.0560
frictional conformability 09.0561
frictional force 07.0009
frictional losses 10.0842
frictional moment 07.0010
frictional surface temperature
  07.0026

friction block clutch 09.0320
friction brake 09.0394
friction clutch 09.0317
friction duty 07.0045
friction facing 09.0353
friction force of secondary seal
  09.0806
friction material 07.0054
friction plate 09.0354
friction power 07.0008
friction surface 07.0046
friction wheel drive 10.0727
friction work 07.0007
front cone 10.0354
front view 04.0035
FTA 06.0095
full complement bearing 09.0596
full-elliptic spring 09.0842
full metallic friction material
  07.0060
full set of test sieves 09.1005
function-preventing fault 06.0043
fundamental deviation 04.0084
fundamental mode 02.0073
fundamental period 02.0020
fundamental tolerance 04.0103
fundamental triangle 09.0030
fuzzy control 10.0959
fuzzy control system 10.0960

# G

galloping 02.0061
galvanic corrosion 08.0070
galvanic series 08.0077
gaseous corrosion 08.0032
gas film critical thickness 09.0586
gas film stiffness 09.0590
gas lubrication 07.0159
gas whirl 09.0591
gauge diameter 09.0050
Gaussian random noise 02.0044
gear 10.0013, 10.0021

gear coupling 09.0265
gear coupling with elastic pins
  09.0290
gear drive 10.0012
gear pair 10.0014
gear pair with addendum modification
  10.0381
gear pair with intersecting axes
  10.0016
gear pair with modified center distance
  10.0167

gear pair with negative modified center
  distance 10.0169
gear pair with non-parallel non-
  intersecting axes 10.0017
gear pair with parallel axes 10.0015
gear pair with positive modified center
  distance 10.0168
gear pair with reference center distance
  10.0170
gear pair with shaft angle modification
  10.0382

gear pair with small teeth difference 10.0254

gear pin diameter 10.0302

gear pump 10.0731

gear ratio 10.0035

gear teeth 10.0052

gear with addendum modification 10.0163

general constraint 01.0047

general cylindrical pin 09.0221

general flat key 09.0206

general plan 04.0059

general taper key 09.0212

general taper pin 09.0226

general type of constant filling fluid coupling 10.0765

generant circle of gorge 10.0535

generant of the toroid 10.0123

generating cylinder 10.0294

generating diameter 10.0300

generating flank 10.0050

generating gear of a gear 10.0049

geneva mechanism 01.0303

geneva wheel 01.0302

geometric constraint 01.0178

geometric similarity 10.0864

gib-head taper key 09.0213

globoid indexing cam mechanism 01.0252

gorge 10.0533

gorge circle 10.0534

gorge-normal plane of worm 10.0557

gorge radius 10.0543

governor 01.0162

gradual failure 06.0020

graph 04.0066

graphitic corrosion 08.0047

Grashof's criterion 01.0227

gravity brake 09.0406

grey cast iron pipe flange 09.0948

grey cast iron screwed pipe flange 09.0949

grip ring 09.0201

groove ball bearing 09.0628

groove cam 01.0248

grooved pin 09.0230

groovy corrosion 08.0039

ground link frame 01.0013

group test method 05.0092

guide bar 01.0190

guide-bar mechanism 01.0209

guide block 01.0191

guide link 01.0190

guide rail 10.0712

guide ring 09.0657, 10.0807

gum 07.0137

# H

half bush wall thickness 09.0548

half of thread angle 09.0040

half peripheral length of bearing liner 09.0550

half-sine shock pulse 02.0086

half wide V-belt 10.0596

hammer head bolt 09.0087

handle 09.0950

handle lever 09.0964

handle seat 09.0965

handle with sleeve 09.0954

hands of worm 10.0520

handwheel 09.0966

harmonic gear drive 10.0391

harmonic gear drive mechanism 10.0392

harmonic gear drive with radial gear meshing 10.0428

harmonic gear drive with transverse gear meshing 10.0429

harmonic gear increaser 10.0423

harmonic gear reducer 10.0422

head 10.0836

headless rivet 09.0256

headless screw 09.0107

heat affected layer 07.0048

heat and moisture test 08.0117

heat fade 09.0466

heating fluid 09.0795

heatless regeneration 10.0906

heat regeneration 10.0907

heat spot 07.0049

heavy series hexagon nut 09.0145

height 10.0610

height of unloaded spring stack 09.0893

height series 09.0683

height under ultimate load 09.0869

helical gear 10.0182

helical gear pair 10.0186

helical pair 01.0028

helical rack 10.0184

helical spring 09.0821

helical spring lockwasher 09.0182

helix 09.0012

helix angle 10.0100

helix of cylindrical worm 10.0528

hermetically sealed harmonic gear drive 10.0427

herringbone gear 10.0188

Hersey number 07.0145

hexagon bolt 09.0078

hexagon bolt with collar 09.0079

hexagon bolt with flange 09.0080

hexagon castle nut 09.0157

hexagon head tapping screw 09.0121

hexagon head thread cutting screw 09.0122

hexagon head wood screw 09.0131

hexagon nut 09.0140

hexagon nut with collar 09.0142

hexagon nut with flange 09.0143

hexagon slotted nut 09.0156

hexagon socket countersunk flat cap head screw 09.0125

hexagon socket head cap screw 09.0124

hexagon socket headless screw with cup point 09.0123

hexagon thin castle nut 09.0158

hexagon thin nut 09.0141

hexagon weld nut 09.0146

high-cycle fatigue 05.0002

higher pair 01.0031

higher pair mechanism 01.0041

high speed balancing of flexible rotor 03.0048

high-temperature fatigue 05.0004

hinge 01.0022

hinge type flattop chain 10.0669

holding time 05.0051

hole 04.0072

hole-basic system of fits 04.0111

hollow flank worm 10.0504

hollow pin 10.0694

hot-[compressive] prestressing 09.0923

hot corrosion 08.0065

hot-setting 09.0921

hot stand-by redundancy 06.0086

hot [tension] prestressing 09.0925

hot [torsion] prestressing 09.0927

hourglass-shaped spring 09.0829

housing washer 09.0653

hubbed clip-on-welding flange 09.0938

hubbed socked welding flange 09.0939

humid air 10.0898

hybrid bearing 09.0486

hydraulic actuator 10.0735

hydraulically controlled brake 09.0402

hydraulically controlled clutch 09.0296

hydraulic cylinder 10.0737

hydraulic directional valve 10.0745

hydraulic efficiency 10.0849

hydraulic losses 10.0841

hydraulic mechanism 01.0056

hydraulic motor 10.0736

hydraulic pump 10.0730

hydraulic torque of impeller 10.0854

hydraulic torque of reactor 10.0856

hydraulic torque of turbine 10.0855

hydraulic wave generator 10.0435

hydrodynamic bearing 09.0482

hydrodynamic drive 10.0757

hydrodynamic lubrication 07.0165

hydrodynamic mechanical seal 09.0738

hydrodynamic retarder 10.0771

hydrodynamic torque converter 10.0759

hydrodynamic transmission 10.0761

hydrodynamic unit 10.0758

hydrogen blister 08.0064

hydrogen embrittlement 08.0063

hydromechanical unit 10.0760

hydrostatic bearing 09.0483

hydrostatic lubrication 07.0166

hydrostatic mechanical seal 09.0739

hydrostatic [power] transimission 10.0728

hypocycloid 10.0112

hypoid gear 10.0322

hypoid gear pair 10.0321

hysteresis loop 05.0043

# I

ideal shock pulse 02.0085

idler pulley 10.0574

immersion test 08.0109

immunity 08.0026

impact 01.0136

impact erosion 07.0077

impact force 01.0137

impeller 10.0788

impeller torque 10.0852

impingement erosion 07.0077

importance 06.0098

impressed current corrosion 08.0068

impressed current protection 08.0104

impulse 01.0110

impulsive force 01.0109

inboard rotor 03.0011

inch bearing 09.0603

inclination of bearing parting face 09.0552

inclined blade 10.0797

incomplete gear mechanism 01.0300

incomplete thread 09.0024

increment or decrement of work 01.0161

indeterminate fault 06.0048

indexed projection 04.0029

individual 06.0005

inelastic impact 01.0139

inertia brake 09.0405

inertia couple 01.0121

inertia tensor 01.0150

infinite life design 05.0052

inflection center 01.0075

inflection circle 01.0074

inflection point 01.0076

influence coefficient method 03.0058

initial peak sawtooth shock pulse 02.0088

initial pitting 07.0095

initial tension 09.0885, 10.0581

initial unbalance 03.0032

initial vibration 03.0035

inner circle of the toroid 10.0126

inner cone assembly 09.0367

inner cone distance 10.0361

inner diameter of flexspline 10.0469

inner driving medium   09.0350
inner link   10.0678
inner plate   09.0348, 10.0685
inner ring   09.0649
inner spiral angle   10.0380
input link   01.0015
input torque   01.0127
insert bearing   09.0614
inside section   10.0830
installation drawing   04.0054
instantaneous axis   10.0139
instantaneous center of absolute veloci-
  ty   01.0065
instantaneous center of acceleration
  01.0072
instantaneous center of relative velocity
  01.0064
instantaneous center of velocity
  01.0066
instantaneous coefficient of kinetic
  friction   07.0022
instantaneous efficiency of machinery
  01.0154
instantaneous screw axis   01.0089

instrument precision bearing
  09.0609
integral flange   09.0932
integrated coupling   10.0479
intelligent control system   10.0962
interchangeable sub-unit   09.0676
intercrystalline corrosion test
  08.0111
interference   04.0087
interference fit   04.0089
interference fit connection   09.0005
intergranular corrosion   08.0048
intergranular cracking   08.0061
intermediate plate   10.0687
intermittent fault   06.0046
intermittent mechanism   01.0298
internal air pressure   09.0906
internal circular spline   10.0474
internal cycloidal gear   10.0275
internal-expanding brake   09.0418
internal gear   10.0025
internal gear pair   10.0027
internally mounted mechanical seal
  09.0741

internal pin wheel   10.0279
internal shunting current hydrome-
  chanical torque converter   10.0781
internal tab washer   09.0193
internal teeth lock washer   09.0185
internal teeth serrated lock washer
  09.0188
internal thread   09.0017
internal wave generator   10.0433
inter space   10.0801
interval channel   10.0808
inverse cam mechanism   01.0253
inverted tooth chain   10.0667
involute   10.0115
involute cylindrical gear   10.0189
involute helicoid   10.0119
involute helicoid worm   10.0501
involute profile   10.0077
involute spline   09.0218
iron base friction plate   09.0372
irradiation corrosion   08.0066
irregular set of test sieves   09.1007
iso-corrosion line   08.0010
item block   04.0008

# J

jaw and toothed coupling   09.0278
jaw brake   09.0411
jaw clutch   09.0313

jewel bearing   09.0505
joined V-belt   10.0600
journal   03.0013

journal axis   03.0014
journal center   03.0015
jump   02.0059

# K

Kennedy-Aronhold theorem   01.0067
key   09.0203
key joint   09.0008
key-type clutch   09.0316
key way   09.0204
kinematic analysis of mechanism
  01.0060
kinematic chain   01.0032
kinematic diagram of mechanism
  01.0051

kinematic pair   01.0020
kinematic similarity   10.0865
kinematics of mechanism   01.0059
kinematic synthesis of mechanism
  01.0061
kinetic friction   07.0016
kinetic friction force   07.0043
kinetic friction torque   07.0031
kineto-elastodynamic analysis
  01.0176

kineto-elastodynamics   01.0175
kineto-elastodynamic synthesis
  01.0177
knife-line corrosion   08.0050
knob   09.0975
knurled knob   09.0976
knurled nut with collar   09.0162
knurled thin nut   09.0163
knurled thumb screw   09.0102

# L

lacquer 07.0135

laminated belt 10.0591

laminated rubber spring 09.0856

land 09.0536

large roller 10.0698

latch 01.0307

layer corrosion 08.0052

LCC 06.0074

lead 09.0054, 10.0102

lead angle 09.0055, 10.0103

leading shoe 09.0445

leading shoe brake 09.0425

leaf chain 10.0665

leaf spring 09.0837

leakage rate 09.0819

least material condition 04.0117

least material size 04.0118

leather belt 10.0588

LEFM 05.0065

left flank 10.0058

left-hand spiral bevel gear 10.0334

left-hand teeth 10.0055

left-hand thread 09.0022

left view 04.0037

length of blade 10.0820

length of flexspline 10.0468

length of thread engagement
　09.0060

length to diameter ratio of flexspline
　10.0472

length under ultimate load 09.0869

lettering 04.0004

level braking 09.0449

lid 09.1001

life adjustment factor 09.0736

life cycle cost 06.0074

life estimation 05.0054

life factor 09.0734

life profile 06.0076

lifting eye bolt 09.0101

lifting eye nut 09.0169

limit deviation 04.0082

limiting friction 07.0015

limiting $p_c v$ value 09.0812

limiting $pv$ value 09.0809

limits of size 04.0076

line 04.0005

linear control system 10.0954

linear elastic fracture mechanics
　05.0065

linear [motion] bearing 09.0624

linear motion electric drive 10.0947

lined flange 09.0942

line of center 10.0030

line of contact 10.0141

lines plan 04.0050

line vector 01.0094

lining ring 10.0465

link 01.0009, 01.0184

linkage 01.0194

linkage mechanism 01.0183

link plate 10.0684

load angle 09.0577

load area 09.0904

load at first bottoming 09.0889

load balancing mechanism 10.0245

load ball 10.0724

load capacity of gears 10.0174

load factor 09.0804

loading spectrum 05.0062

load limiting type of constant filling
　fluid coupling 10.0766

load-time history 05.0061

lobed plain bearing 09.0507

local degree of freedom 01.0046

localized corrosion 08.0038

local mass eccentricity 03.0016

local sensitivity 03.0040

locating face 10.0359

locating snap ring 09.0658

location tolerance 04.0096

locking angle 09.0384

locking fluid coupling 10.0770

locking handle seat 09.0967

locking torque converter 10.0775

lock ring at the end of shaft 09.0196

lock ring with screw 09.0197

locus of journal center 09.0569

logic diagram 04.0065

longitudinal vibration 02.0052

long sleeve knob 09.0963

loose flange 09.0933

loose hubbed flange with welding
　nackcollar 09.0940

loose plate flange with lapped pipe end
　09.0941

loose rib 09.0655

lost motion 10.0408

lost motion caused by clearance
　10.0409

lost motion caused by elastic deflection
　10.0410

low-cycle fatigue 05.0003

lower deviation 04.0081

lower pair 01.0030

lower pair mechanism 01.0040

low speed balancing of flexible rotor
　03.0047

low-temperature fatigue 05.0005

lubricant 07.0186

lubricant compatibility 07.0195

lubrication 07.0004

lubrication angle 10.0553

lubricity 07.0116

# M

machine 01.0003

machine element 01.0007

machine handle 09.0951

machine handle with sleeve 09.0955

machine part 01.0007

machinery 01.0005

machinery joining 09.0002

magnetic bearing 09.0491

magnetic mechanical seal 09.0764

magnetic powder 09.0370

magnetic powder brake 09.0428

magnetic powder clutch 09.0329

magnetic remanence brake 09.0430

magnetic yoke 09.0343

magneto-hydrodynamic lubrication
    07.0170

main leaf 09.0902

maintainability 06.0056

major axis of cam 10.0451

major axis of flexspline 10.0452

major axis of wave generator
    10.0450

major clearance 09.0058

major diameter 09.0045

major semi-axis 10.0456

male and female flange 09.0944

maltese mechanism 01.0303

manual brake 09.0409

manufacturing failure 06.0017

manufacturing fault 06.0041

margin 09.0998

marine corrosion 08.0035

mass centering 03.0045

mass-radius product 01.0170

matched bearing 09.0610

matched test sieve 09.1004

mating flank 10.0063

mating gear 10.0019

mating material 07.0063

mating plate 09.0355

maximum clearance 04.0107

maximum deflection 10.0405

maximum depth in engaging
    10.0421

maximum diameter of flow path
    10.0804

maximum efficiency 10.0851

maximum interference 04.0109

maximum limit of size 04.0077

maximum material condition
    04.0115

maximum material size 04.0116

maximum strain 05.0017

maximum stress 05.0016

maximum stress-intensity factor
    05.0075

mean braking deceleration 09.0462

mean coefficient of kinetic sliding fric-
    tion 07.0021

mean cone distance 10.0362

mean diameter of coil 09.0870

mean effective load 09.0726

mean friction radius 07.0036

mean kinetic friction force 07.0035

mean life 06.0060

mean repair time 06.0065

mean strain 05.0021

mean stress 05.0020

mean time between failures 06.0067

mean time to failures 06.0068

mean time to first failures 06.0069

mean time to restoration 06.0066

measuring plane 03.0049

measuring pulley 10.0646

measuring pulley tooth clearance
    10.0647

mechanical advantage 01.0156

mechanical drive 10.0011

mechanical engineering 01.0001

mechanical impedance 02.0016

mechanical losses 10.0845

mechanically controlled brake
    09.0408

mechanically controlled clutch
    09.0294

mechanical mobility 02.0023

mechanical seal 09.0737

mechanical seal with flouting inter-
    mediute ring 09.0763

mechanical seal with high back pres-
    sure 09.0745

mechanical seal with inside mounted
    spring 09.0743

mechanical seal with inward leakage
    09.0747

mechanical seal with low back pressure
    09.0746

mechanical seal with outside mounted
    spring 09.0744

mechanical seal with outward leakage
    09.0748

mechanical shock 02.0080

mechanical system 01.0006

mechanical vibration 02.0030

mechanical wave generator 10.0437

mechanical wear 07.0069

mechanism 01.0004

mechanism Ferguson cam mechanism
    01.0252

mechanism with multiple degrees of
    freedom 01.0045

mechanism with single degree of free-
    dom 01.0044

mechano-chemical wear 07.0070

median life 09.0727

median rating life 09.0731

medium life 06.0061

medium rank 06.0059

meshing interference 10.0127

metal bellows mechanical seal

09.0762

method of correction   03.0051

methods of lubrication   07.0176

metric bearing   09.0602

MHD lubrication   07.0170

microbial corrosion   08.0034

micro-cutting   07.0080

middle circle of the toroid   10.0124

middle cone   10.0355

middle raceway   09.0699

mid-plane   10.0511

mid-plane of the toroid   10.0125

mild wear   07.0065

milled helicoid worm   10.0503

minimum clearance   04.0106

minimum diameter of flow path   10.0805

minimum gas film thickness   09.0588

minimum interference   04.0108

minimum limit of size   04.0078

minimum oil film thickness   09.0587

minimum pulley width   10.0645

minimum strain   05.0019

minimum stress   05.0018

minimum stress-intensity factor   05.0076

minor axis of cam   10.0454

minor axis of flexspline   10.0455

minor axis of wave generator   10.0453

minor clearance   09.0059

minor diameter   09.0046

minor semi-axis   10.0457

minor sprocket   10.0706

mission profile   06.0077

mist lubrication   07.0181

mixed control   08.0094

mobile kinematic chain   01.0034

modal balancing   03.0057

modal of vibration   02.0069

modal parameter   02.0070

modal test   02.0104

modal unbalance tolerance   03.0037

model drawing   04.0049

mode shape   02.0072

modification of equidistance   10.0316

modification of moved distance   10.0315

modification of rotated angle   10.0317

modified constant velocity motion curve   01.0283

modified gear pair   10.0166

modified sine acceleration motion curve   01.0284

module   10.0090

molecule-mechanical wear   07.0105

moment   01.0113

moment arm   01.0116

moment of couple   01.0115

moment of flywheel   01.0160

moment of inertia   01.0145

monolayer plain bearing   09.0500

motion angle for return travel   01.0266

motion angle for rise travel   01.0265

mounting distance   10.0367

movable connection   09.0003

movable support   01.0172

moving axode   01.0093

moving centrode   01.0071

moving link   01.0014

moving part device   10.0924

MRT   06.0065

MTBF   06.0067

MTTF   06.0068

MTTFF   06.0069

MTTR   06.0066

multi-degree-of-freedom system   02.0010

multi-impulse fatigue   05.0007

multilayer bearing bush   09.0523

multilayer bearing liner   09.0522

multilayer metallic bearing   09.0502

multilayer plain bearing   09.0501

multi-loop mechanism .  01.0043

multi-oil wedge bearing   09.0508

multiplane balancing   03.0044

multiple-frequency vibration   02.0041

multiple hinges   01.0023

multiple-spring mechanical seal   09.0752

multiple-stage harmonic gear drive   10.0425

multiple-stage planetary gear train   10.0243

multiplex roller chain   10.0659

multi-row bearing   09.0595

multi-start thread   09.0020

mushroom head anchor bolt   09.0074

# N

narrow-band random vibration   02.0037

narrow contact face flange   09.0929

narrow V-belt   10.0594

natural mode of vibration   02.0071

Navier-Stokes equations   07.0141

nearest dwell angle   01.0267

near-size particle   09.1015

needle roller   09.0667

needle roller bearing   09.0640

needle roller bearing without inner ring   09.0678

needle roller thrust bearing   09.0646

negative addendum modification

10.0161

nest of test sieves   09.1008

neutral layer of flexspline's toothed ring   10.0466

Newtonian fluid   07.0140

nip   09.0551

noise   02.0042

nominal center distance   10.0158

nominal diameter   09.0044

nominal pressure angle   10.0231

nominal shock pulse   02.0093

nominal strain   05.0031

nominal stress   05.0030

nominal value of a shock pulse
   02.0094

non-circular gear mechanism
   01.0301

noncircular plain bearing   09.0498

non-contacting mechanical seal
   09.0740

non-critical failure   06.0014

non-critical fault   06.0038

non-direct contact brake   09.0393

non-dwell motion   01.0269

non-friction brake   09.0395

nonlinear control system   10.0955

non-linear vibration   02.0057

non-repaired item   06.0054

non-return valve   10.0743

nonreversible electric drive   10.0943

non-stationary vibration   02.0039

non-working flank   10.0062

normal backlash   10.0235

normal chordal tooth thickness
   10.0224

normal engagement   10.0419

normal helix   10.0209

normally disengaged brake   09.0396

normally disengaged clutch   09.0308

normally engaged brake   09.0397

normally engaged clutch   09.0309

normal module   10.0092

normal pitch   10.0212

normal plane   10.0041

normal plane of worm   10.0556

normal pressure angle   10.0230

normal profile   10.0074

normal random noise   02.0044

normal spacewidth   10.0226

normal tooth thickness   10.0222

normal wear   07.0064

number of active friction faces
   07.0028

number of braking pairs   09.0465

number of circuits   10.0722

number of end coils   09.0873

number of friction pairs   09.0388

number of teeth   10.0095

number of threads   10.0097

number of threads of worm   10.0518

number of turns   10.0723

nut   09.0139

NZ claw type coupling   09.0267

# O

oblique projection   04.0025

oblique projection method   04.0024

octagon bolt   09.0082

octagon nut   09.0153

octoid crown gear   10.0385

octoid gear   10.0347

Ocvirk number   07.0147

offset   10.0370

offset of tooth trace   10.0371

offset slider-crank mechanism
   01.0206

offset translating follower   01.0257

ohmic control   08.0093

oil duct   09.0534

oil film critical thickness   09.0585

oil film stiffness   09.0589

oil flow in bearing   09.0567

oil groove   09.0532

oil hole   09.0533

oil pocket   09.0535

oil recess   09.0535

oil-ring lubrication   07.0182

oil starvation   07.0155

oil whip   07.0150

oil whirl   07.0150

Oldham coupling   09.0266

oldham coupling   10.0478

omissive representation   04.0012

once per revolution vibration
   02.0040

one-dwell motion   01.0270

one-point testing method   05.0091

one shoe brake   09.0423

one-way clutch   09.0306

one-way restrictor   10.0917

onstant-breadth cam   01.0246

onstant-diameter cam   01.0247

open bearing   09.0604

open-belt drive   10.0566

open end V-belt   10.0601

opening force   09.0801

opening mode crack   05.0067

open kinematic chain   01.0034

open loop control system   10.0956

opposite flanks   10.0060

orientation tolerance   04.0095

original crack size   05.0071

original damage size   05.0085

original drawing   04.0069

orthogonal projection   04.0023

orthogonal projection method
   04.0022

oscillating follower   01.0258

oscillating load   09.0722

oscillating tooth   10.0263

oscillating tooth carrier   10.0265

oscillating tooth gear   10.0264

oscillating tooth gear pair with small
   teeth difference   10.0266

oscillation   02.0001

outboard rotor   03.0012

outer cone distance   10.0360

outer cone part   09.0368

outer diameter of flexspline   10.0470

outer driving medium   09.0351

outer link   10.0679

outer plate   09.0349, 10.0686
outer ring   09.0650
outer spiral angle   10.0379
outer strut angle   09.0386
output link   01.0016
output mechanism   10.0247
output torque   01.0128

outside diameter   10.0640
oval countersunk head rivet   09.0245
oval head semi-tubular rivet   09.0251
overflow valve   10.0751
overhung   03.0010
overlap angle   10.0153
overlap arc   10.0150

overlap ratio   10.0156
overload ratio   10.0883
over protection   08.0028
over recovery   09.0467
overrunning clutch   09.0297
oversize   09.1013
oxidative wear   07.0093

# P

pad   09.0530
pad bearing   09.0495
pad lubrication   07.0183
paired mounting   09.0670
palioid gear   10.0333
palm grip knob   09.0977
panel height   10.0309
paper base friction material   07.0059
parallel-crank mechanism   01.0202
parallel force system   01.0131
parallel projection method   04.0021
parallel screw thread   09.0014
parallel system   06.0080
paraller pin   09.0220
parched lubrication   07.0156
partial failure   06.0024
partial fault   06.0044
particle size   09.1016
passivation   08.0081
passive constraint   01.0048
passive current   08.0085
passive state   08.0084
path of contact   10.0143
pawl   01.0304
$p_c v$ value   09.0811
peening wear   07.0097
penetration [of a grease]   07.0129
pentagon nut   09.0154
percentage sieving area   09.0988
perforated plate   09.0996
periodical lubrication   07.0178
periodic speed fluctuation   01.0157
periodic vibration   02.0031
peripheral velocity   10.0831

permeability number   10.0861
persistent fault   06.0045
perspective projection   04.0027
perturbed force   01.0097
perturbed moment   01.0117
Petroff equation   07.0143
phase   10.0779
phase angle of meshing   10.0307
phase-change lubrication   07.0173
phase position condition cut-over   10.0860
pilot pin joint   01.0022
pin   09.0219, 10.0283, 10.0691
pin coupling with elastic sleeves   09.0287
pin-hole type output mechanism   10.0248
pinion   10.0020
pink noise   02.0046
pinned joint   09.0010
pintle chain   10.0668
pin-type clutch   09.0315
pin wheel   10.0277
pin wheel housing   10.0280
pin with split pin hole   09.0236
pipe type rivet   09.0258
piping system drawing   04.0055
piston air motor   10.0932
pitch   09.0053, 09.0860, 09.0991,   10.0210, 10.0644
pitch angle   10.0373
pitch circle   10.0202
pitch circle of worm   10.0514
pitch circle of wormwheel   10.0516

pitch circumference   10.0618
pitch cone   10.0350
pitch cylinder   10.0195
pitch cylinder of worm   10.0513
pitch cylinder of wormwheel   10.0515
pitch diameter   09.0049, 10.0216,   10.0641
pitch diameter of ball set   09.0707
pitch diameter of roller set   09.0708
pitch helix   10.0207
pitch length   10.0628
pitch line   09.0052, 10.0200,   10.0606
pitch line differential   10.0642
pitch line location   10.0643
pitch of wire cord   09.0883
pitch plane   10.0038
pitch point   10.0199
pitch reference cylinder   10.0637
pitch surface   10.0043
pitch width   10.0608
pitch width of pulley groove   10.0616
pitch zone   10.0607
pitting   07.0094
pitting corrosion   08.0040
pitting factor   08.0029
pitting potential   08.0089
pivot point curve   01.0080
pivoting friction   07.0013
plain bearing   09.0473
plain bearing bore   09.0512
[plain] bearing bush   09.0515

[plain] bearing half-line 09.0517
plain bearing housing 09.0513
plain bearing housing bore 09.0514
[plain] bearing liner 09.0517
plain bearing unit 09.0476
plain journal bearing 09.0477
plain journal bearing inside diameter
09.0540
plain journal bearing width 09.0541
plain self-aligning bearing 09.0493
plain thrust bearing 09.0478
plain washer 09.0172
plan 04.0045
planar cam mechanism 01.0231
planar contact pair 01.0029
planar double enveloping worm
10.0510
planar double-enveloping wormwheel
10.0559
planar linkage mechanism 01.0192
planar mechanism 01.0037
planar pivot four-bar mechanism
01.0197
planar rotation matrix 01.0083
planar wormwheel 10.0560
plane of action 10.0146
planetary gear drive mechanism
10.0253
planetary gear drive mechanism with
small teeth difference 10.0255
planetary gear train 10.0241
planetary wave generator 10.0431
planet carrier 10.0237
planet gear 10.0236
plane transposition 03.0056
plastic bearing 09.0504
plasto-hydrodynamic lubrication
07.0168
plate cam 01.0233
plate sprocket 10.0711
plate thickness 09.0999
ploughing 07.0079
plowing 07.0079
plunger brake 09.0421

plunger pump 10.0732
pneumatic air-hydraulic dashpot
10.0936
pneumatically controlled brake
09.0403
pneumatically controlled clutch
09.0301
pneumatic amplifier 10.0938
pneumatic circuit 10.0896
pneumatic control 10.0897
pneumatic control components
10.0915
pneumatic executive components
10.0927
pneumatic logic control components
10.0925
pneumatic logic valve 10.0924
pneumatic machanism 01.0057
pneumatic operated directional valve
10.0921
pneumatics 10.0894
pneumatic sensor 10.0937
pneumatic silence 10.0933
pneumatic system 10.0895
pneumatic transmission 10.0893
pneumatic tube 09.0364
pneumatic tube brake 09.0427
pneumatic tube clutch 09.0327
pneumaticvacuum generator
10.0914
pneumatic wave generator 10.0436
12 point flange nut 09.0155
12 point flange screw 09.0083
point of contact 10.0140
poise 07.0121
polarization resistance 08.0095
polar moment of inertia 01.0146
pole velocity 01.0068
polydyne cam 01.0289
polynomial motion curve 01.0282
poly V-belt 10.0603
population 06.0004
porous bearing 09.0490
position fixing handle 09.0980

position fixing handle lever 09.0981
position fixing handle seat 09.0969
position fixing handle seat with sleeve
09.0982
position fixing knob 09.0979
positioning ball screw 10.0717
position tolerance 04.0094
positive addendum modification
10.0160
positive clutch 09.0312
positive-return cam 01.0250
powder metallurgy bearing 09.0503
power consumption 09.0818
preload 09.0724
prelubricated bearing 09.0608
pressure control valve 10.0746
pressure plate 09.0357
pressure reducing valve 10.0747
pressure relief valve 10.0751
pressure side of blade 10.0811
pressure spring 09.0358
pressure-viscosity coefficient
07.0124
preventive maintenance 06.0070
primary seal 09.0773
prime circle 01.0261
principal axis of inertia 01.0148
principal moment of inertia 01.0149
priority valve 10.0748
probability density function 06.0051
probability paper 06.0053
production drawing 04.0058
product of inertia 01.0147
profile modification 10.0131
profile overlap interference 10.0130
profile shaft connection 09.0009
profile shifted gears for cylindrical
worm gear 10.0496
projection 04.0018
projection method 04.0017
projection plane 04.0019
projection tolerance zone 04.0102
prolate cycloid 10.0107
prolate epicycloid 10.0110

prolate hypocycloid 10.0113
prolate involute 10.0116
prolate ratio 10.0311
proportional control valve 10.0753
proportional flow control valve
    10.0754
protective atmosphere 08.0015
protective current density 08.0099

protective potential range 08.0097
pseudoplastic behaviour 07.0127
$P$-$S$-$N$ curve 05.0048
PTFE-bellows mechanical seal
    09.0761
pulsation cycle 05.0029
pulse drop-off time 02.0097

pulse rise time 02.0096
pump 10.0729
punch side 09.1000
pusher brake 09.0422
pushing out ring 09.0778
push-rod oscillating tooth 10.0269
$pv$ value 09.0582, 09.0808

# Q

Q-percentile life 06.0062
quadrant 04.0014
quantity of fluid flow 10.0835
quarter-elliptic spring 09.0845
quarter-twist belt drive 10.0568

quasi-periodic vibration 02.0032
quasi-rigid rotor 03.0009
quasi-sinusoidal vibration 02.0034
quasi-static unbalance 03.0019
quench 09.0790

quench fluid 09.0791
quick exhaust valve 10.0919
quick-release pin 09.0239
quick-return mechanism 01.0217

# R

race 09.0345
raceway contact diameter 09.0698
rack 10.0179
radial ball bearing 09.0627
radial bearing 09.0611
radial blade 10.0794
radial chamfer dimension 09.0689
radial clearance of plain journal bearing
    09.0544
radial contact bearing 09.0612
radial deflection 10.0402
radial double mechanical seal
    09.0758
radial load 09.0719
radial load factor 09.0732
radial pin coupling 10.0483
radial pitch 09.0886
radial roller bearing 09.0637
radial translating follower 01.0256
radius at tooth tip 10.0634
radius of gyration 01.0152
radius of rounded crest 09.0042
radius of rounded root 09.0043
radius variation ratio 10.0312
rain flow counting method 05.0095

raised face flange 09.0943
random loading 05.0015
random noise 02.0043
random phenomenon 06.0002
random test 06.0003
random vibration 02.0036
range of combination work 10.0876
ratchet 01.0305
ratchet clutch 09.0300
ratchet mechanism 01.0306
rated air consumption 10.0904
rated speed 10.0887
rated torque 10.0882
rating life 09.0728
reaction 01.0106
reactivation potential 08.0086
reactor 10.0790
real feature 04.0091
rear view 04.0040
receiver 09.1002
recess 10.0413
recirculating ball [roller] linear bear-
    ing 09.0625
rectangle spline 09.0217
rectangular shock pulse 02.0091

rectifier feed electric drive 10.0948
rectilinear vibration 02.0067
recuperation 09.0390
reducing valve 10.0747
redundant constraint 01.0048
redundant degree of freedom
    01.0046
reference addendum 10.0545
reference center distance 10.0157
reference circle 10.0201, 10.0366
reference circle of worm 10.0521
reference circle of wormwheel
    10.0529
reference cone 10.0349
reference cone angle 10.0372
reference cone apex 10.0356
reference cylinder 10.0194
reference dedendum 10.0548
reference diameter 10.0215
reference helix 10.0206
reference pitch 10.0544
reference surface 10.0042
reflective projection 04.0028
refrigerant type dryer 10.0910
regenerative type dryer 10.0911

09.0175
round wire circlip 09.0202
roundwire snap ring 09.0200
rubber bearing 09.0506
rubber-bellows mechanical seal

rubber spring 09.0851
rubber stop 09.0858
running-in 07.0029
running-in property 07.0115

09.0760

running-in wear 07.0104
running torque 09.0718
run-out tolerance 04.0097
rusting grade 08.0118

# S

sacrificial anode 08.0103
sacrificial anode protection 08.0102
saddle key 09.0215
safety brake 09.0432
safety clutch 09.0303
safety pin 09.0238
salt spray test 08.0113
sample 06.0006
sample size 06.0007
sandwich pair 01.0029
scale 04.0003
schematic diagram 04.0060
schematic diagram of mechanism
  01.0050
schematic representation 04.0013
Scherbius electric drive 10.0949
scoop tube 10.0829
scoop tube losses 10.0848
scoop tube span 10.0890
scoring 07.0089
scotch-yoke mechanism 01.0212
scratching 07.0090
screen opening 09.0986
screw 01.0095, 09.0094, 10.0715
screw axis 01.0088
screw displacement matrix 01.0090
screw drive 10.0714
screw helicoid 10.0120
screw mechanism 01.0291
screw pair 01.0028
screw pump 10.0734
screw thread 09.0013
screw thread pair 09.0018
scroll of blade 10.0825
scuffing 07.0089
scyewed joint 09.0007

sealant 09.0797
seal band 09.0798
seal chamber 09.0788
sealed bearing 09.0605
sealed medium 09.0796
seal face 09.0766
seal head 09.0772
seal interface 09.0767
seal ring 09.0765
season cracking 08.0057
secondary seal 09.0774
section 04.0043
section view 04.0042
seismic system 02.0006
seizure 07.0091
selective corrosion 08.0045
selective transfer 07.0092
self-aligning bearing 09.0599
self-aligning roller bearing 09.0641
self-aligning thrust roller bearing
  09.0647
self-excited vibration 02.0055
self locking 01.0134
self-locking brake 09.0410
self-locking mechanism 01.0297
self-lubricating bearing 09.0489
self-lubricating bearing material
  09.0559
semi-elliptic leaf spring 09.0839
semi-liquid lubrication 07.0161
semimetalic friction material
  07.0057
semi-round head rivet 09.0241
semi-round head rivet with small head
  09.0242
semi-tubular rivet 09.0250

sensitivity to unbalance 03.0039
sensitizing treatment 08.0024
separate thrust collar 09.0656
sequence effect of loading 05.0063
sequence valve 10.0748
series system 06.0079
serpentine spring 09.0848
serpentine steel flex coupling
  09.0276
service test 08.0106
servo-valve 10.0926
set screw 09.0095
setting 09.0920
severe wear 07.0066
shaft 04.0073
shaft angle 10.0029
shaft-basic system of fits 04.0113
shaft washer 09.0652
shaking moment 01.0124
shear stability 07.0196
shear-type rubber spring 09.0853
shell 10.0806
shielded bearing 09.0606
shock excitation 02.0082
shock losses 10.0843
shock motion 02.0083
shock pulse 02.0081
shock response spectrum 02.0100
shock spectrum 02.0100
shock test 02.0105
shock wave 02.0099
shoes of brakes 09.0440
short pitch roller chain 10.0655
shouldered 10.0696
shoulder screw 09.0100
shuttle valve 10.0922

side bow roller chain   10.0672

side link   01.0185

sieve   09.0983

sieving   09.1009

sieving medium   09.0985

sieving rate   09.1011

simple harmonic vibration   02.0033

simple pendulum   01.0141

simplex roller chain   10.0656

simplified representation   04.0010

simulative corrosion test   08.0107

sine acceleration motion curve
    01.0280

single chamfer plain washer   09.0173

single-circular-arc gear   10.0192

single coil spring lock washer with
    tang ends   09.0178

single degree-of-freedom system
    02.0009

single direction thrust bearing
    09.0622

single lead cylindrical worm   10.0497

single-loop mechanism   01.0042

single mechanical seal   09.0755

single-plane [static] balancing
    03.0042

single planetary gear train   10.0242

single row bearing   09.0593

single-space fluid coupling   10.0768

single-spring mechanical seal
    09.0751

single-stage harmonic gear drive
    10.0424

single-start ball screw   10.0719

single-start thread   09.0019

single wave   10.0397

sintered bearing material   09.0557

sintered metalic friction material
    07.0055

sinuate disc handwheel   09.0974

sinuate handwheel   09.0972

size analysis by sieving   09.1017

size distribution curve   09.1018

size factor   05.0055

sketch   04.0068

skew [helical] bevel gear   10.0342

slack side tension   10.0583

sleeve coupling   09.0262

sleeve-shape rubber spring   09.0857

slenderness ratio   09.0874

slider   01.0189

slider and swing guide-bar mechanism
    01.0213

slider-crank mechanism   01.0204

slider-rocker mechanism   01.0207

sliding   07.0005

sliding component   09.0342

sliding-contact bearing   09.0473

sliding friction   07.0012

sliding mode crack   05.0068

sliding ratio   10.0580

sliding surface   09.0510

sliding velocity   09.0564

slip   09.0387, 10.0886

slip-on-welding plate flange   09.0937

slippage phenomenon   10.0411

slipping time   07.0034

slotted capstan screw   09.0116

slotted cheese head screw   09.0112

slotted cheese head thread cutting
    screw   09.0120

slotted countersunk flat head drive
    screw   09.0119

slotted countersunk flat head screw
    09.0114

slotted countersunk flat head wood
    screw   09.0134

slotted headless screw with flat cham-
    fered end   09.0111

·slotted pan head screw   09.0113

slotted pan head tapping screw
    09.0118

slotted raised countersunk oval head
    screw   09.0115

slotted raised countersunk oval head
    wood screw   09.0135

slotted round head screw   09.0117

slotted round head wood screw

09.0133

slotted round nut   09.0164

slotted round nut for hook-spanner
    09.0165

sludge   07.0138

slumpability   07.0133

small handle with sleeve   09.0953

small handwheel   09.0971

small roller   10.0697

small sinuate handwheel   09.0970

smearing   07.0088

snap ring   09.0199, 09.0784

snap ring groove depth   09.0695

snap ring groove diameter   09.0693

snap ring groove width   09.0694

$S$-$N$ curve   05.0047

soft impact   01.0286

soft shock   01.0286

soil corrosion   08.0036

solenoid operated directional valve
    10.0744

solenoid valve   10.0740

solid bearing   09.0474

solid bearing bush   09.0521

solid bearing liner   09.0520

solid-film lubrication   07.0162

solid height   09.0876

solid load   09.0875

solid long cotter   10.0702

solid pin   10.0693

Sommerfeld number   07.0148

sound   02.0002

space   09.0861

space blade   10.0796

spacer ball   10.0725

spacer [ring]   09.0660

spacewidth half angle   10.0228

space width of wormwheel   10.0550

spalling   07.0083

span   09.0898

span under load   09.0900

spatial cam mechanism   01.0232

spatial linkage mechanism   01.0193

spatial mechanism   01.0038

specific unbalance 03.0031

specified load 09.0864

specified representation 04.0011

speed changing 10.0005

speed control valve 10.0756

speed factor 09.0735

speed increasing gear pair 10.0032

speed increasing gear train 10.0034

speed increasing ratio 10.0004

speed ratio 10.0002

speed reducer 10.0010

speed reducing gear pair 10.0031

speed reducing gear train 10.0033

speed reducing ratio 10.0003

speed regulator 01.0162

sphere-pin pair 01.0026

sphere-trough pair 01.0027

spherical cam 01.0241

spherical involute 10.0118

spherical involute helicoid 10.0121

spherical mechanism 01.0039

spherical pair 01.0025

spherical pivot four-bar mechanism
    01.0198

spin friction 07.0013

spiral bevel gear 10.0325

spiral bevel gear with circular arc tooth
    profile 10.0348

spiral bevel gear with constant teeth
    depth 10.0340

spiral spring 09.0833

spiroid 10.0492

spiroid gear 10.0493

spiroid gear pair 10.0494

spline 09.0216

spline coupling 10.0481

split bearing 09.0601

split coupling 09.0264

split pin 09.0237

split plain bearing 09.0475

spool valve 10.0750

sprag 09.0347

sprag clutch 09.0299

spray-coated friction plate 09.0373

spring 09.0820

spring bolt 09.0084

spring clip 10.0701

spring index 09.0871

spring pin 09.0224

spring pressure 09.0799

spring rotating mechanical seal
    09.0749

spring seat 09.0781

spring standing mechanical seal
    09.0750

spring-type straight pin 09.0224

spring washer 09.0177

sprocket 10.0703

sprocket for double chain 10.0708

sprocket for multiple chain 10.0709

sprocket for simplex chain 10.0707

sprocket with hub 10.0710

spur gear 10.0181

spur gear pair 10.0185

spur rack 10.0183

square head screw 09.0108

square head screw with collar
    09.0109

square head wood screw 09.0132

square nut 09.0147

square nut with collar 09.0150

square nut without chamfer 09.0148

square taper washer 09.0176

square washer with round hole
    09.0174

square weld nut 09.0151

squeeze effect 07.0152

stack mounting 09.0671

stage 10.0778

stall condition 10.0868

stall torque condition 10.0867

stall torque ratio 10.0859

standard gears for cylindrical worm
    gear 10.0495

standard tolerance 04.0103

standard tolerance unit 04.0104

stand-by redundancy system
    06.0085

star grip knob 09.0978

starting condition 10.0872

starting moment 01.0119

starting overload ratio 10.0884

starting torque 09.0717, 10.0880

star wheel 09.0346

static balance of rotor 01.0165

static friction 07.0014

static friction force 07.0042

static friction torque 07.0030

static load 01.0101

static unbalance 03.0018

stating characteristic 10.0874

stationary cam 01.0235

stationary ring 09.0769

steadily loaded plain bearing
    09.0480

steady-state vibration 02.0048

steel ball clutch 09.0328

steel pipe flange 09.0931

step 10.0828

stepless speed changing 10.0007

step mechanism 01.0299

step motion electric drive 10.0946

step pulley 10.0572

step speed changing 10.0006

stiffness 02.0013

stiffness of spring 09.0918

stirring torque 09.0816

stirrup bolt 09.0073

stochastic force 01.0112

stokes 07.0120

stop 01.0308

straight bevel gear 10.0319

straight grooved pin 09.0231

straight handle 09.0952

straight-line mechanism 01.0221

straight pin 09.0220

straight sided axial worm 10.0500

straight[-sided] link plate 10.0689

straight sided normal worm 10.0502

straight-side profile 10.0078

strain amplitude 05.0023

strain concentration 05.0040

strain range 05.0025

stranded wire helical spring 09.0827

stray-current 08.0078

stray-current corrosion 08.0067

stress amplitude 05.0022

stress at solid position 09.0877

stress concentration 05.0038

stress corrosion 08.0056

stress corrosion cracking 08.0058

stress corrosion threshold intensity factor 08.0019

stress corrosion threshold stress 08.0018

stress-intensity factor 05.0074

stress-intensity factor range 05.0077

stress range 05.0024

stress ratio 05.0026

stress relaxation 05.0039

stress-strength interference model 06.0090

Stribeck curve 07.0146

stroke 09.0063

stroke throttle valve 10.0918

structural formula of mechanism 01.0053

structure of mechanism 01.0049

strut angle 09.0385

stud 09.0072

stud bolt 09.0092

stud with undercut [groove] 09.0090

subassembly 01.0008

substitutive mechanism 01.0054

sub-unit 09.0675

sudden failure 06.0019

sulfochlorinated lubricant 07.0189

sulfurized lubricant 07.0187

sun gear 10.0239

supersynchronous Scherbius electric drive 10.0950

supplemental components 10.0934

supporting plate 09.0341

surface hardening 05.0056

surface machining factor 05.0057

surface of action 10.0145

surface strengthening factor 05.0058

surfactant 07.0193

sweating 07.0051

swing bevel gear 10.0260

symmetrical motion curve 01.0276

symmetrical triangular shock pulse 02.0089

symmetry cycle 05.0027

synchro clutch 09.0310

synchronizing universal coupling with ball and sacker 09.0272

synchronous belt 10.0605

synchronous belt drive 10.0565

synchronous pulley 10.0636

syneresis [of grease] 07.0128

synthesis of mechanism 01.0055

systematic failure 06.0022

systematic fault 06.0049

system reliability 06.0078

# T

tabular drawing 04.0051

tab washer with long tab 09.0190

tab washer with long tab and wing 09.0191

tandem arrangement 09.0674

tandem mechanical seal 09.0759

tangent cam 01.0243

tangent circle 01.0074

tangential deflection 10.0403

tangential key 09.0214

tapered bore bearing 09.0615

tapered patten handle 09.0956

tapered roller bearing 09.0639

tapered roller thrust bearing 09.0645

taper grooved pin 09.0232

taper key 09.0211

taper knob 09.0961

taper pin 09.0225

taper pin with external thread 09.0228

taper pin with internal thread 09.0227

taper pin with split 09.0229

taper screw thread 09.0015

tapping screw 09.0096

tapping screw thread 09.0027

tearing mode crack 05.0069

temperature adjustable fluid 09.0793

tensioner 10.0713

[tension] prestressing 09.0924

tension pulley 10.0575

test mass 03.0052

test sieve 09.0992

test sieving 09.1010

T-head bolt 09.0087

theoretical air consumption 10.0902

theoretical head 10.0837

theoretical stress concentration factor 05.0041

theory contact area 10.0554

theory of mechanisms 01.0002

thermally induced unbalance 03.0038

thermal wear 07.0102

thermal wedge 07.0151

thermic load value 09.0463

thermogalvanic corrosion 08.0071

thick-film lubrication 07.0174

thickness of bearing liner 09.0547

thickness of blade 10.0821

thick walled half bearing 09.0519

thick walled half liner 09.0519

thin cylinder 10.0929

thin-film lubrication 07.0175

thin [flat] key 09.0209

thin head rivet 09.0249

10.0152

transverse arc of transmission
10.0149

transverse chordal tooth thickness
10.0223

transverse contact ratio 10.0155

transverse module 10.0091

transverse path of contact 10.0144

transverse pitch 10.0211

transverse plane 10.0039

transverse plane of worm 10.0558

transverse plane of wormwheel
10.0539

transverse profile 10.0073

transverse profile of wormwheel
10.0540

transverse spacewidth 10.0225

transverse tooth thickness 10.0221

transvevse pressure angle 10.0229

trapezoidal shock pulse 02.0092

travel 01.0224

tree-like kinematic chain 01.0035

trial mass 03.0055

triangle nut with collar 09.0152

tribology 07.0001

triple-roller wave generator 10.0446

triple wave 10.0399

triplex roller chain 10.0658

true strain 05.0033

true stress 05.0032

truss head rivet 09.0247

truss head semi-tubular rivet
09.0252

T-slot screw 09.0105

tubular rivet 09.0257

turbine 10.0789

turbine torque 10.0853

twin-direction clutch 09.0307

twin impeller torque converter
10.0777

twin turbine torque converter
10.0782

twist angle of strands 09.0884

two disk wave generator 10.0439

two-dwell motion 01.0273

two-out-of-three voting system
06.0084

two-plane [dynamic] balancing
03.0043

two-shoe brake 09.0424

two-space fluid coupling 10.0769

type of weave 09.0989

types of lubrication 07.0158

# U

U-bolt 09.0073

ultimate load 09.0865

ultimate torsion-angle 09.0879

unadjustable speed electric drive
10.0945

unbalance 03.0017

unbalance couple 03.0030

unbalanced mechanical seal 09.0753

unbalance force 03.0026

unbalance mass 03.0023

unbalance moment 03.0028

unbalance vector 03.0025

uncompensaing ring adaptor

09.0780

uncompensated ring 09.0771

uncoupled modes 02.0075

undercut 10.0138

undersize 09.1012

uni-directional brake 09.0398

uni-directional valve 10.0743

uniform corrosion 08.0037

unit friction power 09.0456

unit friction work 09.0455

unit impulse response function
02.0022

universal coupling with spider

09.0271

universal joint 09.0269

universal joint type output mechanism
10.0251

universal matching bearing 09.0618

unlubricated bearing 09.0488

unreliability 06.0008

unsymmetrical motion curve
01.0277

up and down test method 05.0093

upper deviation 04.0080

usable flank 10.0065

useful thread 09.0026

# V

vacuum side of blade 10.0812

valumetric efficiency 10.0850

valve 10.0738, 10.0916

vane air motor 10.0931

vane pump 10.0733

variable amplitude loading 05.0014

variable frequency electric drive

10.0951

variable mass system 01.0182

variable pitch cylindrical helical spring
09.0826

variable rate full-elliptic spring
09.0844

variable rate semi-elliptic spring

09.0841

variable speed clutch 09.0332

variable speed fluid coupling
10.0767

variation of fit 04.0110

varnish 07.0136

V-belt 10.0592

V-belt drive   10.0563

velocity polygon lever method
   01.0133

velocity ratio of link   01.0062

ventilation losses   10.0844

versine shock pulse   02.0090

vertical braking   09.0450

V-grooved pulley   10.0615

vibration of parametric excitation

02.0056

vibration severity   02.0078

vibration test   02.0101

view   04.0034

VI improver   07.0192

virtual cylindrical gear of bevel gear
   10.0345

virtual cylindrical gear pair   10.0346

virtual gear   10.0180

virtual number of teeth   10.0096

visco-elasticity   07.0118

viscosity   07.0117

viscosity index improver   07.0192

volumetric losses   10.0847

volute spring   09.0832

voting system   06.0083

# W

waisted plate   10.0688

waisted stud   09.0091

wall thickness of cylinder   10.0473

wall thickness of flexspline   10.0471

warp   09.0994

washer   09.0171

washer faced hexagon nut   09.0144

washer height   09.0703

washout thread   09.0025

waterline corrosion   08.0043

water whirlpool brake   09.0431

wave generator   10.0393

wave generator of positive control
   10.0430

wave height   10.0400

wave number   10.0396

wave spring washer   09.0180

weakness failure   06.0015

weakness fault   06.0039

wear   07.0003

wear extent   09.0583

wear intensity   09.0571

wear-out failure   06.0018

wear-out failure period   06.0034

wear-out fault   06.0042

wear rate   07.0109

wear resistance   07.0113

weathering   08.0072

weathering resistance   08.0013

wedge angle   10.0612

wedge brake   09.0419

wedge effect   09.0578

wedge mechanism   01.0296

weft   09.0995

weld corrosion   08.0049

welded flange   09.0936

welded stud   09.0093

welding neck flange   09.0935

wet brake   09.0401

wet clutch   09.0331

wet friction   07.0040

wet sieving   09.1022

wettability   07.0197

wheel   10.0021

wheel pin   10.0281

wheel roller   10.0282

white noise   02.0045

wide angle V-belt   10.0597

wide contact face flange   09.0930

wide V-belt   10.0595

width angle   10.0542

width at tooth root   10.0635

width at tooth space root   10.0649

width at tooth tip   10.0651

width-diameter ratio   09.0542

width of contact surface   09.0890

width of flow path   10.0819

width series   09.0682

wing nut   09.0168

wing screw   09.0098

wire diameter   09.0993

wire spring   09.0849

woodruff key   09.0210

wood screw   09.0130

wood screw thread   09.0028

working backlash   10.0308

working depth   10.0084

working flank   10.0061

working height   09.0863

working $p_c v$ value   09.0813

working pitch point   10.0512

working pressure   09.0907

working pressure angle   10.0232

working $pv$ value   09.0810

working space   10.0802

working torsion-angle   09.0878

working ultimate load   09.0866

working ultimate torsion-angle
   09.0880

worm   10.0485

worm drive   10.0484

worm face width   10.0519

worm gearing modified with varying of
   transmission ratio   10.0507

worm gear pair   10.0487

worm thread   10.0517

worm wheel   10.0486

woven wire cloth   09.0990

wrapped bearing bush   09.0516

wrench   01.0129

wrench chain   10.0677

wrenching allowance   09.0062

# X

X-gear pair 10.0166
X-gear pair with modified center dis-
tance 10.0178
X-gear pair with reference center dis-
tance 10.0177
X-zero gear 10.0162

# Y

yoke radial cam with flat-faced follo-
wer 01.0246
yoke radial cam with roller follower
01.0247

# Z

zerol bevel gear 10.0327
zero line 04.0098
zero teeth difference type output
mechanism 10.0252
zone of action 10.0147
zone of approach 10.0416
zone of meshing 10.0415
zone of recess 10.0417

# 汉 文 索 引

## A

阿基米德螺线 10.0105
阿基米德螺旋面 10.0120
阿基米德蜗杆 10.0500
阿蒙东定律 07.0044
*阿蒙东－库仑定律 07.0044
阿苏尔杆组 01.0036

鞍形弹性垫圈 09.0179
鞍形键 09.0215
安全离合器 09.0303
安全销 09.0238
安全制动器 09.0432
安装距 10.0367

安装图 04.0054
*凹齿面 10.0386
凹弧面凸轮 01.0239
凹面 10.0386
凹凸面法兰 09.0944
凹形变形 07.0052

## B

八角螺母 09.0153
八角头螺栓 09.0082
巴勒斯方程 07.0125
把手 09.0975
白噪声 02.0045
摆动从动件 01.0258
摆动导杆滑块机构 01.0213
摆动载荷 09.0722
摆动锥齿轮 10.0260
摆线 10.0106
摆线齿廓 10.0079
摆线齿轮 10.0273
摆线齿锥齿轮 10.0326
摆线少齿差齿轮副 10.0257
摆线少齿差传动 10.0256
摆线[圆柱]齿轮 10.0190
摆线针轮减速机 10.0271
摆线针轮行星传动机构 10.0272
*扳手链 10.0677
板式链 10.0665
板式平焊法兰 09.0937
板式新边松套法兰 09.0941
板弹簧 09.0837
半沉头铆钉 09.0245
半交叉传动 10.0568
半金属摩擦材料 07.0057
半空心铆钉 09.0250
半宽V带 10.0596

半液体润滑 07.0161
半圆键 09.0210
半圆头铆钉 09.0241
半正弦冲击脉冲 02.0086
包角 10.0458, 10.0578
包络线机构 01.0295
包围齿数 10.0552
薄壁轴瓦 09.0518
薄膜润滑 07.0175
薄型平键 09.0209
薄型气缸 10.0929
保持架 09.0668
保持时间 05.0051
保护电流密度 08.0099
保护电位范围 08.0097
保护度 08.0027
保护性气氛 08.0015
宝石轴承 09.0505
*抱闸式制动器 09.0417
鲍尔点 01.0081
爆炸波 02.0098
杯形柔轮 10.0461
背对背配置 09.0672
背锥齿廓 10.0076
背锥角 10.0376
背锥距 10.0363
背锥[面] 10.0353
贝尔 02.0028

倍频振动 02.0041
被密封介质 09.0796
泵 10.0729
泵轮 10.0788
泵轮液力转矩 10.0854
泵轮转矩 10.0852
比例 04.0003
*比例阀 10.0753
比例控制阀 10.0753
比例流量阀 10.0754
彼得罗夫方程 07.0143
闭合力 09.0800
闭环控制系统 10.0957
闭式运动链 01.0033
闭锁式液力偶合器 10.0770
闭锁液力变矩器 10.0775
闭型轴承 09.0607
边界润滑 07.0171
边宽 09.0998
编织平带 10.0590
编织形式 09.0989
扁环螺母 09.0170
扁平头半空心铆钉 09.0255
扁平头铆钉 09.0249
扁圆头半空心铆钉 09.0251
扁圆头固定螺栓 09.0074
扁圆头铆钉 09.0246
变幅系数 10.0312

变幅载荷　05.0014
变刚度弓形板弹簧　09.0841
变刚度椭圆形板弹簧　09.0844
变矩系数　10.0858
变频电气传动　10.0951
变速　10.0005
变速比修形蜗杆传动　10.0507
变速器　10.0009
＊变位　10.0159
变位齿轮　10.0163
变位齿轮副　10.0166
＊变位系数　10.0165
变位圆柱蜗杆传动　10.0496
变形量　09.0916
变载荷　09.0723
变质量系统　01.0182
标称冲击脉冲　02.0093
标定质量　03.0054
标定转矩　10.0882
标高投影　04.0029
标牌铆钉　09.0259
标题栏　04.0007
＊标准齿轮　10.0162
标准公差　04.0103
＊标准收缩齿锥齿轮　10.0338
标准圆柱蜗杆传动　10.0495
标准中心距　10.0157
表格图　04.0051

表决系统　06.0083
2/3 表决系统　06.0084
表面活性剂　07.0193
表面加工系数　05.0057
表面强化系数　05.0058
表面硬化　05.0056
表图　04.0067
宾厄姆固体　07.0126
并联系统　06.0080
波动比　10.0891
波发生器　10.0393
波发生器长轴　10.0450
波发生器短轴　10.0453
波高　10.0400
波高系数　10.0401
波数　10.0396
波纹管联轴器　09.0277
波纹管座　09.0782
波纹手轮　09.0972
波纹圆轮缘手轮　09.0974
波形弹性垫圈　09.0180
波状变形　07.0053
剥落　07.0083
剥蚀　07.0094
泊　07.0121
补偿环　09.0770
补偿环组件　09.0772

补偿环座　09.0779
补偿系统　10.0763
补偿压力　10.0863
补偿作用　07.0153
不等节距圆柱螺旋弹簧　09.0826
不对称循环　05.0028
不可靠度　06.0008
不可逆电气传动　10.0943
不平衡　03.0017
不平衡度　03.0031
不平衡力　03.0026
不平衡力矩　03.0028
不平衡力偶　03.0030
不平衡量　03.0022
不平衡灵敏度　03.0039
不平衡矢量　03.0025
不平衡相角　03.0024
＊不平衡相位　03.0024
不平衡质量　03.0023
不完全齿轮机构　01.0300
不完整螺纹　09.0024
不修理的产品　06.0054
步进电气传动　10.0946
步进运动机构　01.0299
部分故障　06.0044
部分失效　06.0024
部件　01.0008

# C

擦伤　07.0090
参数振动　02.0056
操纵离合器　09.0292
槽角　10.0617
＊槽宽　10.0225
槽宽半角　10.0228
槽轮　01.0302
槽轮机构　01.0303
槽销　09.0230
草图　04.0068
侧面带孔圆螺母　09.0166
侧面开槽圆螺母　09.0165
侧弯链　10.0672

测量带轮　10.0646
测量带轮的齿侧间隙　10.0647
测量高出度　09.0551
测量平面　03.0049
层间腐蚀　08.0052
层状橡胶弹簧　09.0856
插装阀　10.0749
差动机构　01.0310
差动螺旋机构　01.0293
差异充气电池　08.0075
产形齿轮　10.0049
产形齿面　10.0050
产形齿条　10.0048

颤振　02.0060
常闭制动器　09.0397
＊常规试验法　05.0091
常规试验筛组　09.1006
常合离合器　09.0309
常开离合器　09.0308
常开制动器　09.0396
长幅摆线　10.0107
长幅内摆线　10.0113
长幅外摆线　10.0110
长幅外摆线的等距曲线　10.0289
长幅系数　10.0311
＊长径法兰　09.0932

# D

# E

# F

分度圆齿根高　10.0548
分度圆齿距　10.0544
分度圆螺旋线　10.0206
分度圆直径　10.0215
分度圆柱面　10.0194
分度圆锥角　10.0372
分度圆锥面　10.0349
分角　04.0014
分离过程　09.0379
分离机构　09.0336
分离时间　09.0381
分离弹簧　09.0360
＊分锥　10.0349
分锥顶点　10.0356
＊分锥角　10.0372
分子机械磨损　07.0105
粉红噪声　02.0046
粉末冶金轴承　09.0503
封油面　09.0536
缝隙腐蚀　08.0041
辐照腐蚀　08.0066

幅高　10.0309
浮动盘输出机构　10.0249
浮环轴承　09.0494
辅助密封　09.0775
辅助密封圈　09.0776
辅助系统　10.0762
俯视图　04.0036
腐蚀　08.0001
腐蚀产物　08.0007
腐蚀电池　08.0073
腐蚀电位　08.0079
腐蚀膏试验　08.0115
腐蚀环境　08.0004
腐蚀剂　08.0005
腐蚀磨损　07.0100
腐蚀疲劳　05.0009
腐蚀疲劳极限　08.0020
腐蚀深度　08.0008
腐蚀试验　08.0105
腐蚀速率　08.0009
腐蚀损伤　08.0006

腐蚀体系　08.0003
腐蚀效应　08.0002
腐蚀性　08.0011
副密封　09.0774
副密封摩擦力　09.0806
副片　09.0903
覆盖系数　07.0047
复摆　01.0142
复波谐波齿轮传动　10.0426
复合齿形的摆线轮　10.0276
复合分流液力机械变矩器　10.0783
复合铰链　01.0023
复合平带　10.0591
复合轴承材料　09.0558
复式螺旋机构　01.0292
复制图　04.0071
负变位　10.0161
负角变位齿轮副　10.0169
附加空气室　09.0915
附加容积　09.0913
附加振动　02.0064

# G

改进等速运动轨迹　01.0283
改进正弦加速度运动轨迹　01.0284
概率-疲劳应力-寿命曲线
　05.0048
概率密度函数　06.0051
概率纸　06.0053
盖形薄螺母　09.0160
盖形螺母　09.0159
干涸润滑　07.0156
干磨损　07.0068
干摩擦　07.0039
＊干扰力　01.0097
＊干扰力矩　01.0117
干筛分　09.1021
干式离合器　09.0330
干式制动器　09.0400
杆　01.0184
刚度　02.0013
＊刚轮　10.0395
刚性齿轮　10.0395

刚性冲击　01.0285
刚性构件　01.0010
刚性离合器　09.0305
刚性联接　10.0477
刚性联轴器　09.0261
刚性轴承　09.0598
刚性转子　03.0007
钢管法兰　09.0931
钢球离合器　09.0328
钢丝挡圈　09.0200
钢丝锁圈　09.0202
钢丝锁销　10.0702
高背压式机械密封　09.0745
高变位齿轮副　10.0170
高变位圆柱齿轮副　10.0177
高变位锥齿轮副　10.0381
高度　10.0610
高度系列　09.0683
高副　01.0031
高副机构　01.0041

高径比　09.0874
＊高斯随机噪声　02.0044
高弹性摩擦片　07.0062
高温疲劳　05.0004
高周疲劳　05.0002
隔离件　09.0669
隔离流体　09.0792
隔模片　09.0338
隔膜离合器　09.0326
隔圈　09.0660
个体　06.0005
根圆　10.0205
根圆直径　10.0219
根圆锥角　10.0375
＊根锥　10.0352
根锥顶点　10.0341
＊根锥角　10.0375
工作齿面　10.0061
工作高度　10.0084
工作极限扭转角　09.0880

# H

海洋腐蚀　08.0035
焊接方螺母　09.0151
焊接腐蚀　08.0049
焊接六角螺母　09.0146
焊接螺柱　09.0093
耗气量　10.0901
＊耗损故障　06.0042
＊耗损失效　06.0018
耗损失效期　06.0034
合成不平衡力　03.0027
合成不平衡力矩　03.0029
合格界限　03.0060
合格试验筛　09.1003
赫西数　07.0145
恒定失效率期　06.0033
恒定失效密度期　06.0032
恒幅载荷　05.0013
恒流量阀　09.0539
喉圆　10.0534
厚壁轴瓦　09.0519
厚膜润滑　07.0174
后峰锯齿冲击脉冲　02.0087
后倾叶片　10.0799
后视图　04.0040
弧齿锥齿轮　10.0325
弧高　09.0894
弧面分度凸轮机构　01.0252
护圈　09.0663
互斥事件　06.0011
花键　09.0216
花键联接　10.0481
滑差　09.0387
滑动　07.0005
滑动表面　09.0510

滑动角　10.0553
滑动率　10.0580
滑动摩擦　07.0012
＊滑动摩擦系数　07.0019
滑动时间　07.0034
滑动轴承　09.0473
滑动轴承半径间隙　09.0544
[滑动轴承]滑动速度　09.0564
滑动轴承孔　09.0512
滑动轴承孔径　09.0540
滑动轴承宽度　09.0541
[滑动轴承]偏心距　09.0574
滑动轴承系统　09.0476
滑动轴承相对间隙　09.0546
[滑动轴承]压缩数　09.0570
滑动轴承直径间隙　09.0543
[滑动轴承]轴套　09.0515
[滑动轴承]轴瓦　09.0517
滑动轴承轴向间隙　09.0545
滑动轴承座　09.0513
滑动轴承座孔　09.0514
滑阀　10.0750
滑键　09.0208
滑开型裂纹　05.0068
滑块　01.0189
滑块联接　10.0478
滑块联轴器　09.0267
＊滑摩功　09.0455
＊滑摩功率　09.0456
滑移件　09.0342
划伤　07.0089
化学腐蚀　08.0030
环点　01.0077
环点曲线　01.0078

环境　02.0004
环境条件　06.0073
环境振动　02.0063
环面蜗杆　10.0490
环面蜗杆副　10.0491
环形腐蚀　08.0044
环形柔轮　10.0460
环形弹簧　09.0836
缓冲接合过程　09.0378
换向阀　10.0739
黄铜脱锌　08.0046
簧片联轴器　09.0275
灰铸铁管法兰　09.0948
灰铸铁螺纹管法兰　09.0949
恢复　09.0390
回程　01.0264
回程运动角　01.0266
回位弹簧　09.0359
回转半径　01.0152
回转叶片　10.0792
毁坏性磨损　07.0067
混沌　02.0062
混合控制　08.0094
混联系统　06.0081
活齿　10.0263
活齿架　10.0265
活齿轮　10.0264
活齿少齿差齿轮副　10.0266
活化剂　08.0023
活节螺栓　09.0085
活态　08.0021
活态－钝态电池　08.0076
活套法兰　09.0933

# J

基本齿廓　10.0046
基本齿条　10.0047
基本尺寸　04.0074

基本额定寿命　09.0729
基本偏差　04.0084
基本容积　09.0912

基本事件　06.0009
基本牙型　09.0031
基本运动轨迹　01.0274

# K

卡箍螺栓 09.0077
卡环 09.0784
开槽半沉头螺钉 09.0115
开槽半沉头木螺钉 09.0135
开槽沉头螺钉 09.0114
开槽沉头木螺钉 09.0134
开槽沉头强攻螺钉 09.0119
开槽带孔球面柱头螺钉 09.0116
开槽盘头螺钉 09.0113
开槽盘头自攻螺钉 09.0118
开槽无头倒角端螺钉 09.0111
开槽圆螺母 09.0164
开槽圆头螺钉 09.0117
开槽圆头木螺钉 09.0133
开槽圆柱头螺钉 09.0112
开槽圆柱头自切螺钉 09.0120
开环控制系统 10.0956
开口传动 10.0566
开口挡圈 09.0198
开口销 09.0237
开启力 09.0801
开式运动链 01.0034
开尾圆锥销 09.0229
开型轴承 09.0604
抗疲劳性 09.0563
抗咬性 07.0112
颗粒尺寸 09.1016
可拆链 10.0671

可拆销轴 10.0695
可动支承 01.0172
可互换分部件 09.0676
可靠度的置信度 06.0063
可靠寿命 06.0062
可靠性 06.0001
可靠性参数 06.0072
可靠性分配 06.0094
可靠性框图 06.0088
可靠性模型 06.0089
可靠性设计 06.0064
可靠性预计 06.0093
可逆电气传动 10.0942
可倾瓦块轴承 09.0496
可调连杆机构 01.0219
可调式液力变矩器 10.0776
可用齿面 10.0065
可用性 06.0058
空白图 04.0052
空程 10.0408
空间机构 01.0038
空间连杆机构 01.0193
空间凸轮机构 01.0232
空间叶片 10.0796
空气干燥器 10.0909
空气弹簧 09.0859
空气调解单元 10.0912

空蚀 08.0054
空心铆钉 09.0257
空心销轴 10.0694
孔 04.0072
孔距 09.0991
*孔蚀 08.0040
*孔蚀电位 08.0089
*孔蚀系数 08.0029
控制阀 10.0741
控制系统 10.0953
库伦摩擦 07.0041
跨越 01.0287
跨越冲击 01.0288
块链 10.0666
*块式离合器 09.0320
块式制动器 09.0416
快速排气阀 10.0919
快卸销 09.0239
宽 V 带 10.0595
宽带随机振动 02.0038
宽度系列 09.0682
宽径比 09.0542
宽面法兰 09.0930
框图 04.0061
扩散控制 08.0092
扩散磨损 07.0101
扩散效应 09.0584

# L

拉曳链 10.0676
老化 08.0072
老化故障 06.0042
老化失效 06.0018
雷诺方程 07.0142
累积概率分布函数 06.0052
*P类滚珠丝杠副 10.0717
*T类滚珠丝杠副 10.0718
冷冻式干燥器 10.0910

冷焊 07.0087
冷却流体 09.0794
冷贮备 06.0087
犁沟 07.0079
*犁皱 07.0079
离合器 09.0291
离散系统 02.0011
离心拉力 10.0585
离心离合器 09.0302

离心力 01.0103
离心调速器 01.0163
离心叶轮 10.0785
离心制动器 09.0407
理论耗气量 10.0902
理论接触面 10.0554
理论能头 10.0837
理论应力集中系数 05.0041
理想冲击脉冲 02.0085

平键　09.0205

平均动摩擦力　07.0035

平均动摩擦系数　07.0021

平均恢复前时间　06.0066

平均摩擦半径　07.0036

平均失效间隔时间　06.0067

平均失效前时间　06.0068

平均首次失效前时间　06.0069

平均寿命　06.0060

平均修复时间　06.0065

平均应变　05.0021

平均应力　05.0020

平均有效载荷　09.0726

平均制动减速度　09.0462

平面包络环面蜗杆　10.0510

*平面产形齿轮　10.0385

*平面齿轮　10.0323

平面二次包络蜗轮　10.0559

平面副　01.0029

平面机构　01.0037

平面铰链四杆机构　01.0197

平面连杆机构　01.0192

平面凸轮机构　01.0231

平面图　04.0045

平面蜗轮　10.0560

平面涡卷弹簧　09.0833

平面旋转矩阵　01.0083

平面叶片　10.0793

平面转换　03.0056

平片头螺钉　09.0103

平头固定螺栓　09.0075

平头铆钉　09.0248

平行力系　01.0131

平行四边形机构　01.0202

平行投影法　04.0021

平行轴齿轮副　10.0015

平锥头半空心铆钉　09.0253

平锥头铆钉　09.0243

破损安全结构　05.0084

剖分式滑动轴承　09.0475

剖分轴承　09.0601

剖面图　04.0043

剖视图　04.0042

普通 V 带　10.0593

普通平带　10.0589

普通平键　09.0206

普通楔键　09.0212

普通型液力偶合器　10.0765

普通圆柱销　09.0221

普通圆锥销　09.0226

# Q

漆膜　07.0136

启动工况　10.0872

启动过载系数　10.0884

启动力矩　01.0119

启动转矩　09.0717，09.0817，
　10.0880

气动传感器　10.0937

气动放大器　10.0938

气动辅助元件　10.0934

气动回路　10.0896

气动机构　01.0057

气动技术　10.0894

气动控制　10.0897

气动控制元件　10.0915

气动逻辑控制元件　10.0925

气动逻辑元件　10.0924

气动气液阻尼缸　10.0936

气动式波发生器　10.0436

气动系统　10.0895

气动消声器　10.0933

气动真空发生元件　10.0914

气动执行元件　10.0927

气阀　10.0916

气缸　10.0928

气击　07.0157

气控换向阀　10.0921

气马达　10.0930

*气门　10.0916

气膜刚度　09.0590

气膜振荡　09.0591

*气蚀　08.0054

气蚀磨损　07.0075

气胎　09.0364

气胎离合器　09.0327

气胎制动器　09.0427

气体动力润滑　07.0163

气体动压轴承　09.0484

气体腐蚀　08.0032

气体静力润滑　07.0164

气体静压轴承　09.0485

气体侵蚀　07.0078

气体润滑　07.0159

气穴现象　09.0814

气压传动　10.0893

[气压传动]梭阀　10.0922

气压离合器　09.0301

气压制动器　09.0403

汽车 V 带　10.0598

牵引工况性能试验　10.0877

前锋锯齿冲击脉冲　02.0088

前倾叶片　10.0798

前锥[面]　10.0354

嵌合式离合器　09.0312

嵌入性　09.0562

强拉处理　09.0924

强扭处理　09.0926

强压处理　09.0922

切齿干涉　10.0128

切向变形[量]　10.0403

切向键　09.0214

*切向位移　10.0403

切向圆　01.0074

擒纵机构　01.0309

侵蚀磨损　07.0074

轻微磨损　07.0065

氢脆　08.0063

氢鼓泡　08.0064

倾斜叶片　10.0797

球　09.0665

球槽副　01.0027

*球铰　01.0025

球笼式同步万向联轴器　09.0272

球面副 01.0025
球面机构 01.0039
球面渐开螺旋面 10.0121
球面渐开线 10.0118
球面铰链四杆机构 01.0198
球面凸轮 01.0241
球头手柄 09.0957
球销副 01.0026
球直径 09.0704
球轴承 09.0626
球总体内径 09.0713
球总体外径 09.0714
球组的节圆直径 09.0707
球组内径 09.0709
球组外径 09.0710

曲柄 01.0186
曲柄摆动导杆机构 01.0210
曲柄存在条件 01.0227
曲柄滑块机构 01.0204
曲柄摇杆机构 01.0199
曲柄移动导杆机构 01.0212
曲柄转动导杆机构 01.0211
曲度系数 09.0872
曲拐元件 10.0261
*曲率中心点曲线 01.0080
*曲率驻点 01.0077
曲面手柄 09.0951
曲面转动手柄 09.0955
曲线齿锥齿轮 10.0343

驱动点导纳 02.0024
驱动点阻抗 02.0017
驱动力 01.0098
驱动力矩 01.0118
去钝化 08.0022
圈数 10.0723
全浸试验 08.0109
全螺纹螺柱 09.0092
全套试验筛 09.1005
缺油 07.0155
确定力 01.0111
确定性故障 06.0047
确定性振动 02.0035
确动凸轮 01.0250

# R

扰动力 01.0097
扰动力矩 01.0117
热斑 07.0049
热腐蚀 08.0065
热磨损 07.0102
热偶腐蚀 08.0071
热疲劳 05.0006
热衰退 09.0466
热楔 07.0151
热影响层 07.0048
热载荷值 09.0463
热致不平衡 03.0038
热贮备 06.0086
*人工老化试验 08.0116
人力制动器 09.0409
人造海水 08.0017
人字齿轮 10.0188
任务剖面 06.0077

溶解氧 08.0016
容积损失 10.0847
容积效率 10.0850
柔度 02.0014
*柔轮 10.0394
柔轮长度 10.0468
柔轮长径比 10.0472
柔轮长轴 10.0452
柔轮衬环 10.0465
柔轮齿渐开线起始圆 10.0467
柔轮齿圈 10.0464
柔轮齿圈壁厚 10.0471
柔轮齿圈壁厚中性层 10.0466
柔轮短轴 10.0455
柔轮内径 10.0469
柔轮筒体壁厚 10.0473
柔轮外径 10.0470
柔性齿轮 10.0394

柔性冲击 01.0286
柔性滚动轴承 10.0449
*柔性转子 03.0008
润滑 07.0004
润滑方式 07.0176
润滑剂 07.0186
润滑剂相容性 07.0195
*润滑角 10.0553
润滑类型 07.0158
润滑性 07.0116
润滑脂时效硬化 07.0131
[润滑脂]脱水收缩 07.0128
[润滑脂]针入度 07.0129
*润滑状态 07.0158
润湿性 07.0197
弱质故障 06.0039
弱质失效 06.0015

# S

三波 10.0399
三点接触球轴承 09.0632
三滚轮波发生器 10.0446
三角凸缘螺母 09.0152
三排滚子链 10.0658

三心定理 01.0067
三圆盘波发生器 10.0440
筛板厚度 09.0999
筛分 09.1009
筛分粒度分析 09.1017

筛分面积百分率 09.0988
筛分试验 09.1010
筛分终点 09.1014
筛盖 09.1001
筛孔尺寸 09.0987

# T

# W

# X

楔块制动器 09.0419
楔效应 09.0578
斜齿轮 10.0182
斜齿轮副 10.0186
斜齿条 10.0184
斜齿锥齿轮 10.0342
斜挡圈 09.0656
斜交锥齿轮 10.0332
斜交锥齿轮副 10.0331
斜投影 04.0025
斜投影法 04.0024
谐波齿轮传动 10.0391
谐波齿轮传动机构 10.0392
谐波齿轮减速器 10.0422
谐波齿轮增速器 10.0423
泄漏量 09.0819
＊谢比乌斯电气传动 10.0949
芯片 09.0352
星轮 09.0346
星形把手 09.0978
＊Ⅰ型裂纹 05.0067
＊Ⅱ型裂纹 05.0068
＊Ⅲ型裂纹 05.0069
型面联接 09.0009
型线图 04.0050
T形槽螺钉 09.0105
形封闭的凸轮机构 01.0245

T形螺栓 09.0087
U形螺栓 09.0073
形状公差 04.0093
行程 01.0224
行程节流阀 10.0918
行程偏差 09.0070
行程速度变化系数 01.0225
行星齿轮 10.0236
行星齿轮传动机构 10.0253
行星齿轮系 10.0241
行星架 10.0237
＊行星轮 10.0236
＊行星轮系 10.0241
行星式波发生器 10.0431
修复率 06.0057
修复性维修 06.0071
修根 10.0133
修理产品 06.0055
修缘 10.0132
修正额定寿命 09.0730
锈蚀等级 08.0118
虚约束 01.0048
＊许用滑摩功 09.0457
＊许用滑摩功率 09.0458
许用摩擦功 09.0457
许用摩擦功率 09.0458
许用摩擦面温度 07.0027

许用热载荷值 09.0464
$pv$ 许用值 09.0810
$p_cv$ 许用值 09.0813
＊许用制动功 09.0457
＊许用制动功率 09.0458
悬臂板弹簧 09.0845
旋棒螺钉 09.0104
旋紧余量 09.0062
旋量 01.0095
旋绕比 09.0871
旋转定位手轮座 09.0982
旋转环 09.0768
旋转轴 03.0003
旋转转矩 09.0718
选择性腐蚀 08.0045
选择性转移 07.0092
循环 02.0019
循环计数法 05.0094
循环列数 10.0722
循环流量 10.0835
循环球[滚子]直线轴承 09.0625
循环软化 05.0045
循环润滑 07.0179
循环应力－应变曲线 05.0046
循环硬化 05.0044
循环圆 10.0803
循环载荷 05.0012

# Y

压并高度 09.0876
压并应力 09.0877
压并载荷 09.0875
压花把手 09.0976
压紧弹簧 09.0358
＊压力阀 10.0746
＊压力角 10.0229
压力控制阀 10.0746
压黏系数 07.0124
压盘 09.0357
＊压强－速度值 09.0582
压缩式橡胶弹簧 09.0852
压缩特性数 07.0149
压缩效应 09.0579

牙侧 09.0035
牙侧角 09.0041
牙侧角偏差 09.0069
牙底 09.0034
牙底高 09.0037
牙底圆弧半径 09.0043
牙顶 09.0033
牙顶高 09.0036
牙顶圆弧半径 09.0042
牙嵌离合器 09.0313
牙嵌式联接 10.0482
牙嵌式联轴器 09.0278
牙嵌式制动器 09.0411
牙型半角 09.0040

牙型高度 09.0038
牙型角 09.0039
咽喉面 10.0533
咽喉母圆 10.0535
咽喉母圆半径 10.0543
盐雾试验 08.0113
严重磨损 07.0066
延长节距滚子链 10.0662
延伸公差带 04.0102
延伸渐开线 10.0116
阳极保护 08.0100
阳极控制 08.0090
氧化磨损 07.0093
仰视图 04.0039

# Z